新工科建设之路·数据科学与大数据系列教材

Python科学计算

王英强　张文胜　孟晓鑫　主编

電子工業出版社
Publishing House of Electronics Industry
北京·BEIJING

内容简介

本书主要介绍利用 Python 进行科学计算的方法，其内容从基础知识到实际开发应用，由浅入深，通俗易懂。本书每章均配有针对性的案例，供读者实践练习，以提高读者数据分析能力和实践动手能力。本书的主要内容包括 Python 开发的环境搭建，Python 基础，对文本文件、CSV 文件、Excel 文件、JSON 文件的操作，访问 SQLite 数据库与 MySQL 数据库，使用 NumPy 类库、Pandas 类库、SciPy 类库进行科学计算，使用 Matplotlib、Seaborn、pyecharts 等类库实现数据可视化。本书通过探索真实的郑州二手房数据集，帮助读者逐步掌握数据的采集、清洗、整理及分析计算，并结合数据可视化组件，实现从数据图表到可视化的转换，进而提高读者解决实际问题的能力。

本书既可以作为高等本科院校 Python 科学计算课程的教材，也可以作为应用型本科、高职高专院校相应课程的教材。

图书在版编目（CIP）数据

Python 科学计算 / 王英强，张文胜，孟晓鑫主编. —北京：电子工业出版社，2022.1

ISBN 978-7-121-42788-6

I. ①P… II. ①王… ②张… ③孟… III. ①软件工具—程序设计—高等学校—教材 IV. ①TP311.561

中国版本图书馆 CIP 数据核字（2022）第 018394 号

责任编辑：孟　宇
印　　刷：三河市君旺印务有限公司
装　　订：三河市君旺印务有限公司
出版发行：电子工业出版社
　　　　　北京市海淀区万寿路 173 信箱　　邮编：100036
开　　本：787×1092　1/16　印张：14　　字数：360 千字
版　　次：2022 年 1 月第 1 版
印　　次：2022 年10月第 2 次印刷
定　　价：49.80 元

凡所购买电子工业出版社图书有缺损问题，请向购买书店调换。若书店售缺，请与本社发行部联系，联系及邮购电话：(010)88254888，88258888。

质量投诉请发邮件至 zlts@phei.com.cn，盗版侵权举报请发邮件至 dbqq@phei.com.cn。

本书咨询联系方式：mengyu@phei.com.cn。

推 荐 序 1

基于数十年的持续发展，数据分析及人工智能技术在近十年被爆发式地广泛应用。这是因为人们深刻地认识了数据的价值，所以为此投入了巨大的资源用于收集数据和存储数据。发挥数据价值离不开数据分析技术。

人工智能的发展已经上升为国家战略。以营销为例，在利用数据支持营销的问题上，人们最初经常采用所谓的“数据库营销”技术，即通过统计汇总并结合业务分析，筛选客户并支持营销运营。“数据库营销”这个名词虽然在之前较少被使用，但其代表的核心理念“数据分析支持营销”却一直在延续并大放异彩。现在人们经常采用“数据驱动营销”“智慧营销”等专有名词代表基于数据分析的营销，这是以人工智能为代表的数据分析技术不断发展的结果，数据分析技术支撑了人们营销理念的不断提升。目前，某个行业若不采用数据分析技术，则该行业在竞争、运营、风控等方面肯定会出现问题。

在数据分析的工具层面，近些年出现了“开源、自动化、体系化”的趋势。开源是指开源的技术被广泛地采用，这导致传统的数据分析软件供应商的市场份额严重萎缩；自动化是指数据分析的很多过程可以被自动执行，如自动化数据探索、自动化建模等技术都已经逐步趋于成熟；体系化是指有些工具已经开始支持数据分析的全生命周期，包括数据分析模型的构建、部署、监控等全流程。

刚开始接触数据分析技术的学生应该尽快掌握市场上比较流行的工具，这对其将来的求职有很大的帮助。王英强老师的这本教材介绍了较为流行的 Python 工具的相关数据分析技术。我仔细阅读了部分章节，发现他花费了很多精力在细节的描述上，并且附有大量的示例，这对学生快速理解理论知识和提高动手实践能力都有很大的帮助。这不禁让我想起二十年前在大学课堂上刚开始接触编程时，是通过对深入浅出的教材学习开始编写 VB 程序的，后来就开始了编程的职业生涯，这对我的影响很大。我相信，肯定也有和我一样的学生，可以基于王英强老师的教材和课程，开始新的人生征途。

王英强老师与我的相识在十八年前，当时我们还都是青涩的职场小青年，还有一段时间经常在同一幢年轻教师公寓里见面，有一次搬家他还热情地帮助我。现在回想起来，这些事情还历历在目。这些年，王英强老师在传道授业解惑的路上，孜孜不倦地培养了很多优秀的学生，同时从未间断教学、科研的提升，我对他很敬佩。愿他能够不断前行，培养出越来越多的优秀学生、做出更大的成绩。

恩耐博人工智能创始人

德勤原首席数据科学家、IBM 认知与分析团队原 CTO

《发现数据之美》《增强型分析》作者

彭鸿涛

推 荐 序 2

随着计算机技术突飞猛进的发展，海量的社交、电商、行为及科研大数据扑面而来，如果我们不能对这些数据进行很好的洞察，就会浪费海量的有效数据，错失宝贵的数字化信息。而要对这些数据进行分析，算法就显得尤为重要了。纵观当前的算法语言，Python语言的应用相对成熟，在学术界非常受欢迎。

Python 语言的语法非常简单、易懂，初学者很容易入门；不是程序员的读者也可以通过学习写一些简单的小程序，从而让生活变得精彩起来，不管是基于兴趣，还是其他目的，都让人有了一些追求。Python 语言的普及程度越来越高，我家三年级的小朋友都已经开始学习简单的 Python 编程了。近两年，随着人工智能、机器学习、大数据及云计算的兴起，Python语言的发展势如破竹，很多企业开始进入该行列，Python 人才的需求量也在不断上升。

本书是一本介绍如何使用 Python 语言进行科学计算的学习指南，深入浅出地介绍Python 语言的基本语法和数据操作，以及一些基本参数的操作。本书使用 SciPy、NumPy、Pandas 等相关类库，结合应用实例，介绍如何使用 Python 语言来处理数据科学研究中可能遇到的现实问题，以及如何写出清晰、优美的代码。本书“麻雀虽小，五脏俱全”，不仅探讨了 Python 语言作为科学计算工具本身及其相关的顶级资源库，还阐释了在数据科学研究中的一些必要的基础概念，是使用 Python 语言的数据科学研究人员阅读、参考的理想选择。

上海汽车集团股份有限公司信息系统架构师
闫　涛

前　言

大数据已经渗透到当今的每一个行业和业务职能领域，随着大数据时代的来临，在商业、经济及其他领域中，人们将对海量数据进行挖掘和运用，并根据数据的统计、分析结果做出各种决策，而并非基于以前的方法、经验和直觉。

Python 作为目前流行的编程语言，不但入门容易，而且可以编写较为复杂的程序，特别是在数据分析、数据挖掘和可视化中的应用优势明显，受到了广大程序员和编程爱好者的青睐。

本书从 Python 数据分析的基础知识入手，结合大量的数据分析实例，系统地介绍数据分析和可视化绘图的方法，特别是通过一个真实的数据集（郑州市二手房数据）带领读者逐步掌握 Python 数据的采集、清洗、整理及分析计算工作，并结合数据可视化组件，实现从数据图表到可视化的转换，以提高读者解决实际问题的能力。

本书特色如下。

（1）讲解通俗易懂，易于初学者上手。

（2）提供多个有较高应用价值的项目案例，并且有很强的实用性。

（3）提供详细的案例源代码，供读者参考学习。

本书分为 3 篇，共 10 章，主要内容如下。

第 1 章：介绍 Python 开发环境的搭建、常用的科学计算库及其安装方法。

第 2 章：介绍 Python 的基础知识，为后续各个章节做准备。有 Python 语言基础的读者，可以跳过本章内容。

第 3 章：通过实际应用案例介绍 Python 对文本文件、CSV 文件、Excel 文件、JSON 数据的读/写与处理。

第 4 章：通过实际应用案例介绍对 SQLite3 数据库、MySQL 数据库的访问与操作。

第 5 章：通过实际应用案例介绍 NumPy 数据处理的方法与实现过程。

第 6 章：通过实际应用案例介绍 Pandas 科学计算的方法与实现过程。

第 7 章：通过实际应用案例介绍 SciPy 科学计算的方法与实现过程，本章内容需要读者具备扎实的数学基础，可以根据实际情况作为选学内容。

第 8 章：通过实际应用案例介绍如何使用 Matplotlib 对数据进行可视化。

第 9 章：通过实际应用案例介绍如何使用 Seaborn 对数据进行可视化。

第 10 章：通过实际应用案例介绍如何使用 pyecharts 对数据进行可视化。

本书图文并茂，条理清晰，内容丰富，配套资源完整，每个案例都提供完整的代码，并且对主要代码进行了详细的解释，方便读者学习、练习。本书主要由王英强、张文胜、孟晓鑫主持编写，同时也得到了其他老师的大力支持。第 1～4 章由王英强编写，第 5～7 章由孟晓鑫编写，第 8～10 章由张文胜编写。此外，在编写本书的过程中，电子工业出版社的孟宇老师也提出了很多宝贵的意见，为本书的出版付出了很多的努力；彭鸿涛、闫涛两位技术专家在百忙之中分别为本书撰写了推荐序；太原科技大学杨斌鑫教授对本书的内容进行了校对并提出了很多宝贵意见。在此，编者对他们表示衷心的感谢。

为了方便教学，本书提供 PPT、案例源代码、数据文件等教学资源。由于编者水平有限，本书难免有不足之处，欢迎广大读者批评指正。如果需要上述教学资源或者有宝贵意见，请与编者联系，电子信箱 trieagle@126.com。

编　者

2021 年 12 月

目　　录

第 1 篇　数据获取篇

第 3 篇　数据展示篇

第 1 篇　数据获取篇

小孟在接到对郑州市二手房相关数据进行分析的工作任务后，对公司提供的文件进行了分析，发现有各种类型的文件。于是，小孟先将收集到的数据进行了分类，发现主要有以下类型的文件：文本文件（.txt 文件）、CSV 文件、JSON 文件和 Excel 文件。为了对数据进行更有效的分析，小孟需要先将各种类型文件的数据进行整理、拆分、合并、清理。在此之前，需要学习 Python 的安装环境、基础语法等内容。

第1章 概　　述

本章主要内容

- 科学计算概述
- Python 概述
- Python 开发环境部署
- Python 科学计算与可视化常用类库

在现代科学和工程技术中，经常会遇到大量复杂的数学计算问题，这些问题用传统的工具来解决效率低、难度大，而利用计算机来处理却非常容易。随着软件技术的发展，通过计算机完成程序编制、调试、运算、分析等一系列工作，为科学计算提供了合适的应用程序和软件工具，使科学计算的工作效率和可靠性大为提高。Python 作为一种跨平台的计算机程序设计语言，随着版本的不断更新和语言新功能的增加，拥有了丰富的模块，被广泛应用于科学计算、人工智能、网络爬虫和 Internet 开发等方面。

1.1 科学计算概述

互联网发展了多年，已经积累了海量的数据。这些数据包含了各方面的信息，可能隐藏了某些规律或者某些有用的信息。如果能够利用计算机从这些浩如烟海的数据中提炼出对人们有用的信息，那么将是一件非常有意义且有趣的事情。这个对数据提炼的过程就是数据分析。

什么是科学计算？简单地说，科学计算是指利用计算机再现、预测和发现客观世界运动规律和演化特性的全过程，包括建立物理模型、研究计算方法、设计并行算法、研制应用程序、开展模拟计算和分析计算结果等过程。应用程序在计算机上运行，也就是利用计算机求解方程组，获得方程组在特定约束条件下的解。与解析理论得到方程或方程组的解不同，计算机求得的解不是一个表达式或一组表达式，而是一个数据集——海量数据集。使用应用程序进行科学计算之前的工作主要依靠研究人员，是“人脑”的事情，而之后的工作不仅要依靠研究人员，还需要有计算机硬件作为基础与前提，是“人脑”+“计算机”的事情。高性能的计算机系统和数据分析处理系统是做好科学计算的必要条件，是科学计算的重要组成部分。特别要强调的一点是，对于科学计算来说，计算机是不可或缺的，但是只有充分发挥了人脑的作用，才能最大限度地发挥计算机的作用，做好科学计算，达到科学计算的根本目的。科学计算需要物理、数学与计算机等方面人才的合作，需要多学科交叉融合。只有物理建模、计算方法、并行算法、程序研制和高性能计算机等方面有机结合，物理、数学与计算机等学科的人才真正融合，才能做好科学计算。

1.2　Python 概述

Python 语言在 20 世纪 90 年代初诞生，创始人是荷兰人吉多·范罗苏姆。2004 年以后，Python 的使用率呈线性增长。Python 2 于 2000 年 10 月 16 日发布，其稳定版本是 Python 2.7，目前，使用较多的版本是 Python 3.7。在最近几年的 TIOBE 编程语言社区发布的编程语言排行榜中，Python 排名一直处于前列，2016—2018 年排名第 4 位，2019 年排名第 3 位，在最新的 2021 年 1 月的排行榜中排名第 3 位。在 PYPL 编程语言排行榜（根据榜单对象在 Google 上相关的搜索频率进行统计排名，即某项语言或者某款 IDE（集成开发环境）在 Google 上搜索频率越高，表示它越受欢迎）中，Python 以 31.59%的比例大幅度领先 Java（比例为 16.9%），牢牢占据第 1 位，这意味着越来越多的人想要了解和学习 Python 这门语言。

Python 是一种跨平台、面向对象的高级编程语言，具有丰富强大的类库，语法简洁、清晰，已经成为最受欢迎的程序设计语言之一，被广泛应用于 Web 和 Internet、科学计算、人工智能、桌面界面、服务器端、客户端、网络爬虫等多个方面。

Python 语言提供了非常庞大的标准库，可以处理各种工作，包括正则表达式、文档生成、单元测试、线程、数据库、网页浏览器、CGI、FTP、电子邮件、XML、XML-RPC、HTML、WAV 文件、密码系统、GUI（图形用户界面）和其他与系统有关的操作。由于 Python 语言的简洁性、易读性及可扩展性，众多开源的科学计算软件包都提供了 Python 的调用接口，如著名的计算机视觉类库 OpenCV、三维可视化类库 VTK、医学图像处理类库 ITK。而 Python 专用的科学计算扩展库就更多了，如 NumPy、Pandas、SciPy 和 Matplotlib，它们分别为 Python 提供了快速数组处理、数值计算及绘图功能。因此 Python 语言及其众多的扩展库构成的开发环境十分适合工程技术人员、科研人员处理实验数据、制作图表、开发科学计算应用程序。

在设计 Python 语言时，尽量使用其他语言经常使用的标点符号和英文单词，因此由 Python 编写的代码具有非常高的可阅读性；同时使用设计限制性很强的语法，让代码看起来更加整洁。Python 编程语言的特色之一就是强制使用空格字符来进行代码的缩进，例如，if 或者 for 语句的下一行必须向右缩进。通过这种限制性，Python 确实使程序结构更加清晰和美观。

Python 是一个完全面向对象的语言，函数、模块、数字、字符串都是对象，并且完全支持继承、重载、派生、多继承、运算符重载和动态类型，有益于增强源代码的复用性。Python 还提供了丰富的 API（应用程序接口）和工具，使程序员能够轻松地使用 C、C++、Cython 等语言来编写扩充模块。Python 编译器本身也可以被集成到其他需要脚本语言的程序内。Python 在执行时，首先会将.py 文件中的源代码编译成 Python 的 byte code（字节码），然后再由 Python Virtual Machine（Python 虚拟机）执行这些编译好的字节码。这种机制的基本思想与 Java、.NET 是一致的。然而，与 Java 或.NET 的虚拟机不同的是，Python 虚拟机是一种更高级的虚拟机。这里的高级并不是说 Python 虚拟机比 Java 或.NET 的虚拟机功能更强大，而是和 Java 或.NET 的虚拟机相比，Python 虚拟机距离真实计算机更远。或者可以这么说，Python 虚拟机是一种更高抽象层次的虚拟机。除此之外，Python 还可以使用交互模式运行，在主流系统 UNIX/Linux、macOS、Windows 上都可以直接在命令模式下使用操作指令运行 Python 程序，进而实现交互操作。

1.3 Python 开发环境搭建

在学习 Python 语言前，需要搭建好 Python 的开发环境。可以直接使用记事本开发 Python 程序，也可以使用各种集成开发环境（IDE）来开发，不过在大多数项目中，一般都会采用 IDE 来开发，因为 IDE 可以提供代码高亮、智能提示、可视化等功能，从而大大提高开发效率。目前，有非常多的 Python IDE 可以选择，如 Eclipse、PyCharm 等。本节主要介绍 Python 及 PyCharm 的安装和使用。

1.3.1 Python 运行环境安装

在编写 Python 程序时，无论使用什么开发工具，都需要安装 Python 的运行环境。因为 Python 有多个平台的版本，如 Windows、macOS、UNIX/Linux，所以在安装 Python 前，需要先确定在哪一个操作系统平台上进行安装。本书中，以 Windows 10 为例介绍 Python 运行环境的安装。

1. 下载 Python 安装包

开发人员可以直接从 Python 官方网站上下载相应操作系统平台的相应版本的 Python 安装包（本书中使用的版本是 Python 3.7），如图 1-1 所示。

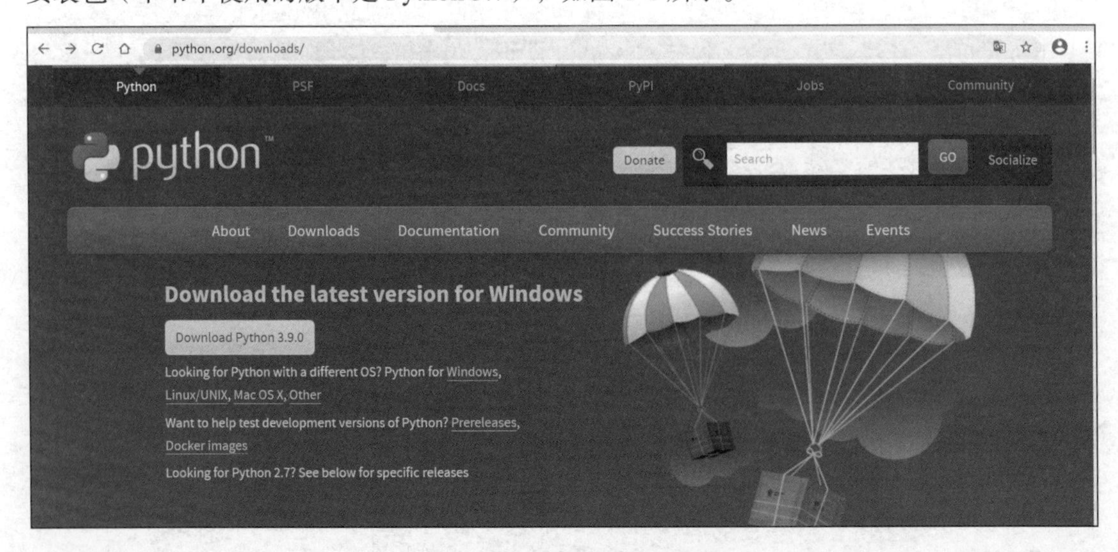

图 1-1 下载 Python 安装包

若需要以前某个版本的 Python 安装包，则需要向下滚动下载页面，选择相应的版本（如 Python 3.7.9），然后单击“下载”按钮，再选择相应的操作系统，如图 1-2 和图 1-3 所示。

Looking for a specific release?

Python releases by version number:

Release version	Release date		Click for more
Python 3.9.0	Oct. 5, 2020	Download	Release Notes
Python 3.8.6	Sept. 24, 2020	Download	Release Notes
Python 3.5.10	Sept. 5, 2020	Download	Release Notes
Python 3.7.9	Aug. 17, 2020	Download	Release Notes
Python 3.6.12	Aug. 17, 2020	Download	Release Notes
Python 3.8.5	July 20, 2020	Download	Release Notes
Python 3.8.4	July 13, 2020	Download	Release Notes

图 1-2　选择 Python 版本

Files

Version	Operating System	Description	MD5 Sum	File Size	GPG
Gzipped source tarball	Source release		bcd9f22cf531efc6f06ca6b9b2919bd4	23277790	SIG
XZ compressed source tarball	Source release		389d3ed26b4d97c741d9e5423da1f43b	17389636	SIG
macOS 64-bit installer	Mac OS X	for OS X 10.9 and later	4b544fc0ac8c3cffdb67dede23ddb79e	29305353	SIG
Windows help file	Windows		1094c8d9438ad1adc263ca57ceb3b927	8186795	SIG
Windows x86-64 embeddable zip file	Windows	for AMD64/EM64T/x64	60f77740b30030b22699dbd14883a4a3	7502379	SIG
Windows x86-64 executable installer	Windows	for AMD64/EM64T/x64	7083fed513c3c9a4ea655211df9ade27	26940592	SIG
Windows x86-64 web-based installer	Windows	for AMD64/EM64T/x64	da0b17ae84d6579f8df3eb24927fd825	1348904	SIG
Windows x86 embeddable zip file	Windows		97c6558d479dc53bf448580b66ad7c1e	6659999	SIG
Windows x86 executable installer	Windows		1e6d31c98c68c723541f0821b3c15d52	25875560	SIG
Windows x86 web-based installer	Windows		22f68f09e533c4940fc006e035f08aa2	1319904	SIG

图 1-3　针对各个操作系统平台的 Python 3.7.9 的下载链接

2．安装 Python

下载好安装文件后，就可以进行 Python 的安装了。下面以 Windows 10 操作系统为例，介绍 Python 的安装步骤。首先，运行下载的 Python 安装包（.exe 文件），弹出如图 1-4 所示的界面。在这个界面中，开发人员可以选择“Install Now”选项或者“Customize installation”选项。若选择前者，则会采用默认的安装方式（如安装路径、安装标准库等），只需要耐心等待 Python 安装完毕即可；若选择后者，则在后续步骤中可以自行选择安装选项、高级选项及安装路径，如图 1-5 和图 1-6 所示。若开发人员不熟悉这些选项，则可以选择“Install Now”选项。建议开发人员在安装时，选中界面下方的“Add Python 3.7 to PATH”复选框，这样安装程序就会自动将 Python 的路径添加到 PATH 环境变量中。安装完成后，将会提示安装成功。

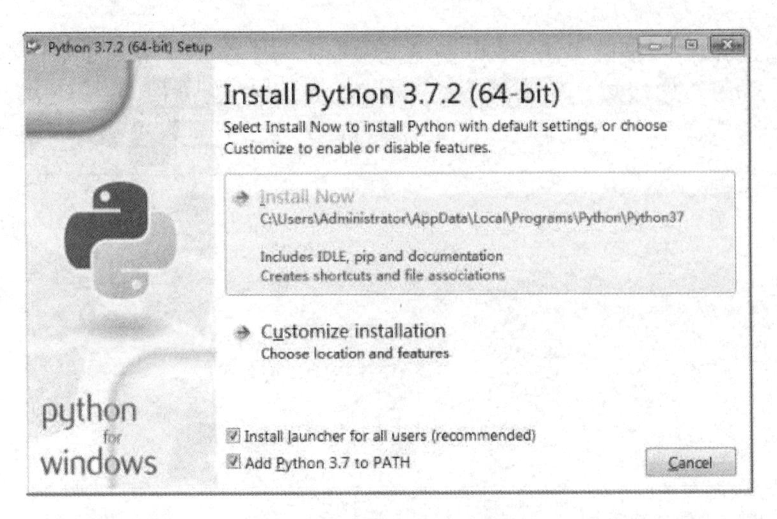

图 1-4　Python 安装界面

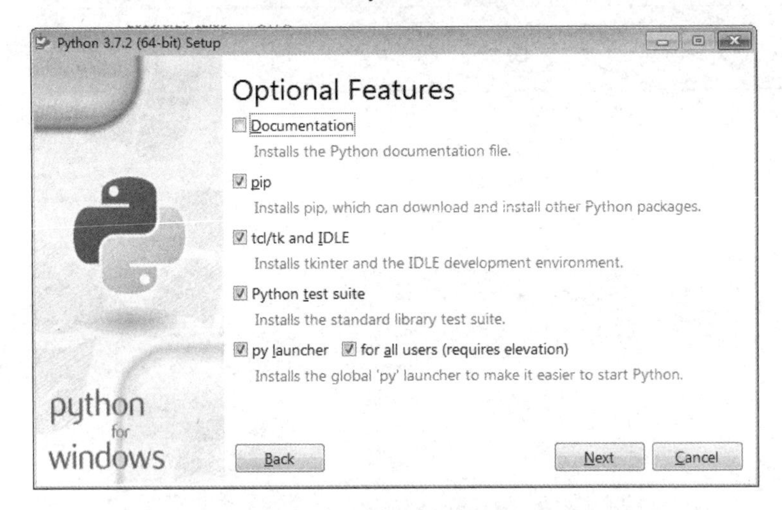

图 1-5　选择安装选项界面

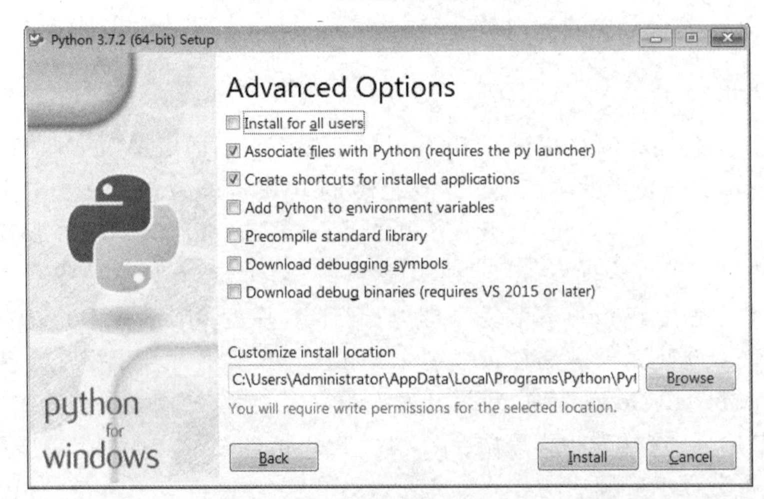

图 1-6　选择高级选项及安装路径界面

3．配置环境

在安装 Python 运行环境时，若在图 1-4 中没有选中“Add Python 3.7 to PATH”复选框，则安装程序不会将 Python 的安装目录添加到 PATH 环境变量中，这样就无法在 Windows 命令行下执行 Python 命令。为了能够更方便地执行 Python 命令，需要开发人员将 Python 的安装目录添加到 PATH 环境变量中。以 Windows 10 为例，相关步骤如下。

步骤 1：在 Windows 桌面上，右击“此电脑”，在弹出的快捷菜单中选择“属性”菜单项，显示“系统”窗口，如图 1-7 所示。

图 1-7 “系统”窗口

步骤 2：单击“系统”窗口左侧的“高级系统设置”选项（图 1-7 中方框指示的地方），弹出“系统属性”窗口，如图 1-8 所示。

步骤 3：单击“系统属性”窗口下方的“环境变量（N）”按钮（图 1-8 中方框指示的地方），弹出“环境变量”窗口，如图 1-9 所示。

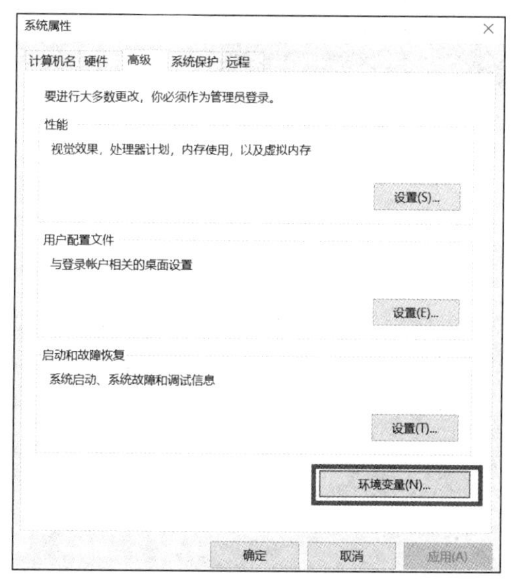

图 1-8 “系统属性”窗口

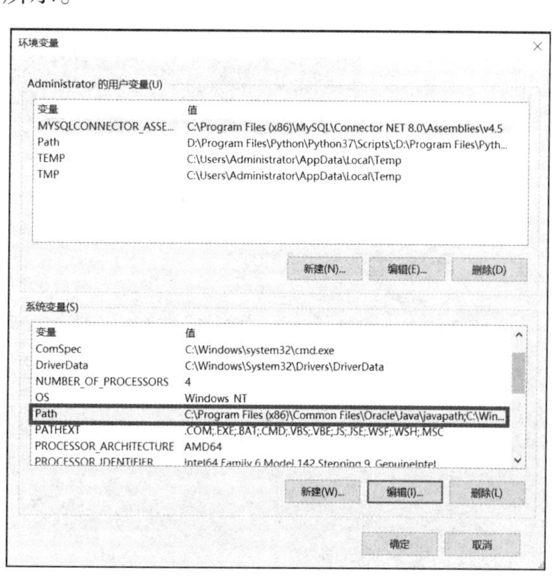

图 1-9 “环境变量”窗口

步骤 4：在“环境变量”窗口下方的“系统变量”栏中，双击“Path”变量（图 1-9 中方框指示的地方），弹出“编辑环境变量”窗口，对 Path 环境变量进行编辑，如图 1-10 所示。

步骤 5：在“编辑环境变量”窗口中，单击“新建”按钮，将 Python 的安装目录增加到新建的变量中（笔者的 Python 安装路径为 D:\Program Files\Python\Python37），如图 1-11 所示，然后单击“确定”按钮即可完成环境变量的配置。

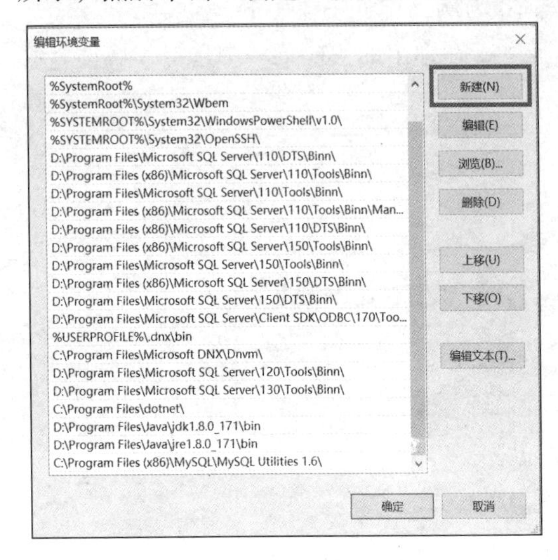

图 1-10 “编辑环境变量”窗口

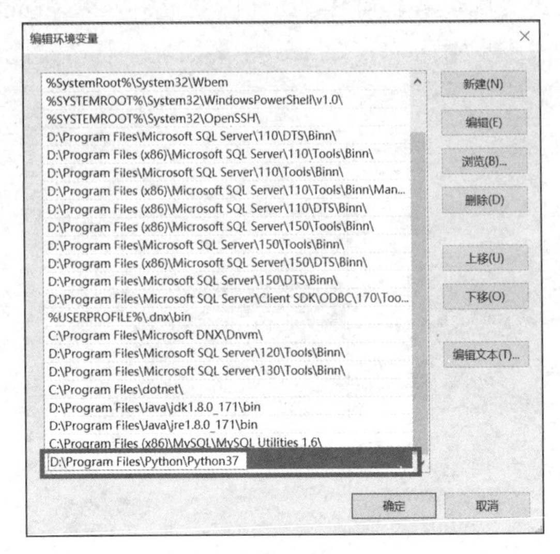

图 1-11 增加 Python 变量

步骤 6：打开 Windows 命令行工具，执行 python --version 命令，若能够显示 Python 的版本，则说明环境变量配置成功，如图 1-12 所示。

图 1-12 在命令行工具中显示 Python 版本

1.3.2 PyCharm 安装

PyCharm 是由 JetBrains 打造的一款功能强大、具有跨平台特性的 Python 集成开发工具，拥有丰富的 IDE 功能，如调试、语法高亮、Project 管理、代码跳转、智能提示、自动完成、单元测试、版本控制等。PyCharm 还提供了一些很好的框架功能用于 Django 的开发，同时支持 Google App Engine，可以帮助程序员节约编辑时间，提高编写代码的效率。

1. 下载 PyCharm

目前，PyCharm 有两个版本：社区版和专业版。社区版是免费的，但功能有限，不过完全可以满足本书实例的开发。开发人员可以在 PyCharm 的官方网站上下载相应版本的安装文件。在首页中单击“Download”按钮，打开下载页面，然后选择相应的版本进行下载即可，如图 1-13 所示。

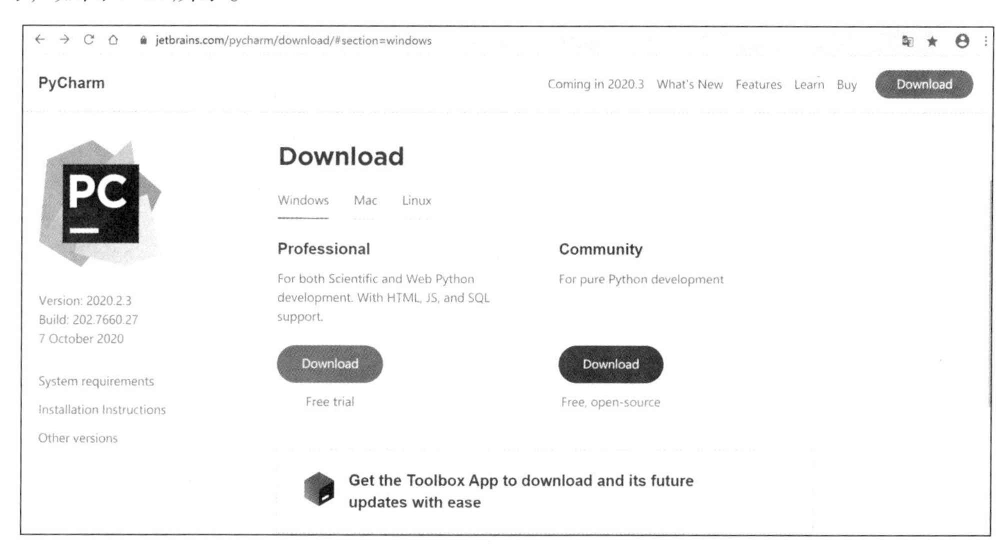

图 1-13 PyCharm 下载页面

2.安装 PyCharm

PyCharm 安装文件下载完成后，开发人员就可以进行 PyCharm 的安装了，安装步骤如下。

步骤 1：运行下载的安装文件，打开 PyCharm 安装欢迎界面，单击“Next”按钮，如图 1-14 所示。

步骤 2：进入 PyCharm 安装路径界面，程序安装路径选择完毕后，单击“Next”按钮，如图 1-15 所示。

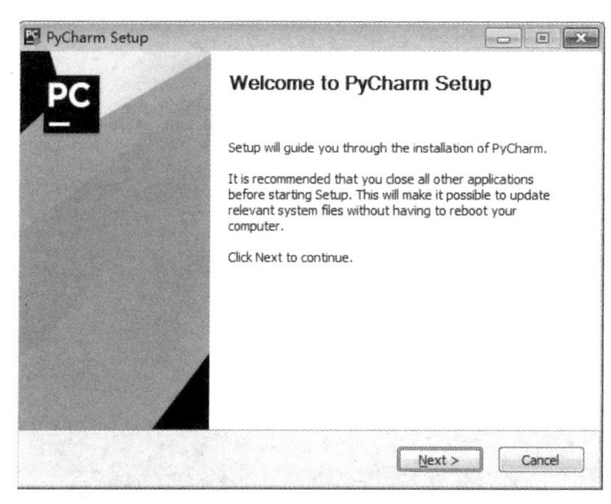

图 1-14 PyCharm 安装欢迎界面

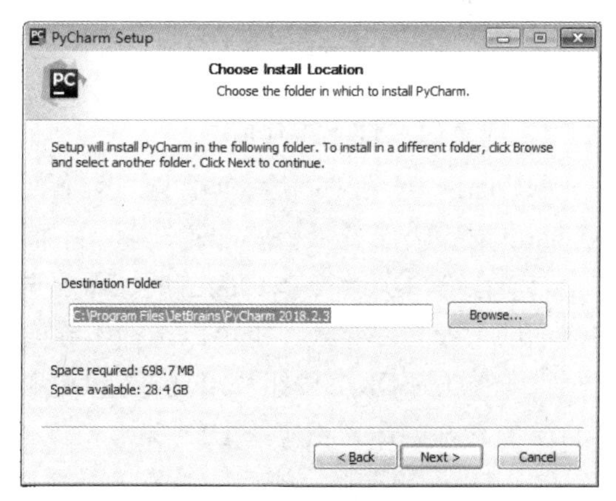

图 1-15 PyCharm 安装路径界面

步骤 3：进入选择 PyCharm 安装选项界面，PyCharm 的桌面图标及关联的文件类型选择完毕后，单击“Next”按钮，如图 1-16 所示。

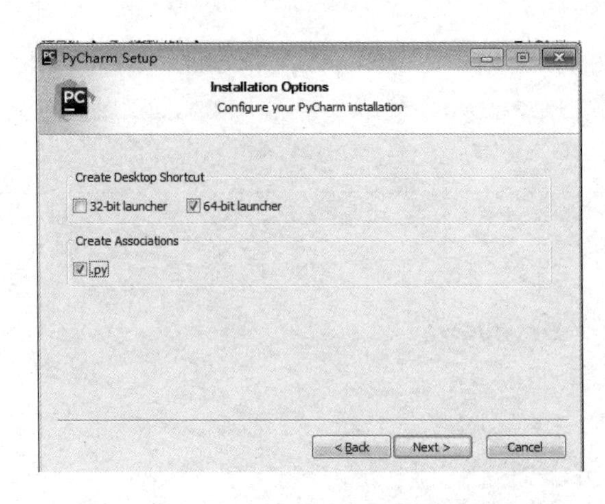

图 1-16 选择 PyCharm 安装选项界面

步骤 4：进入选择开始菜单文件夹界面，开始菜单文件夹选择完毕后，单击“Install”按钮，如图 1-17 所示。

步骤 5：待安装过程结束后，显示安装完成界面，如图 1-18 所示。

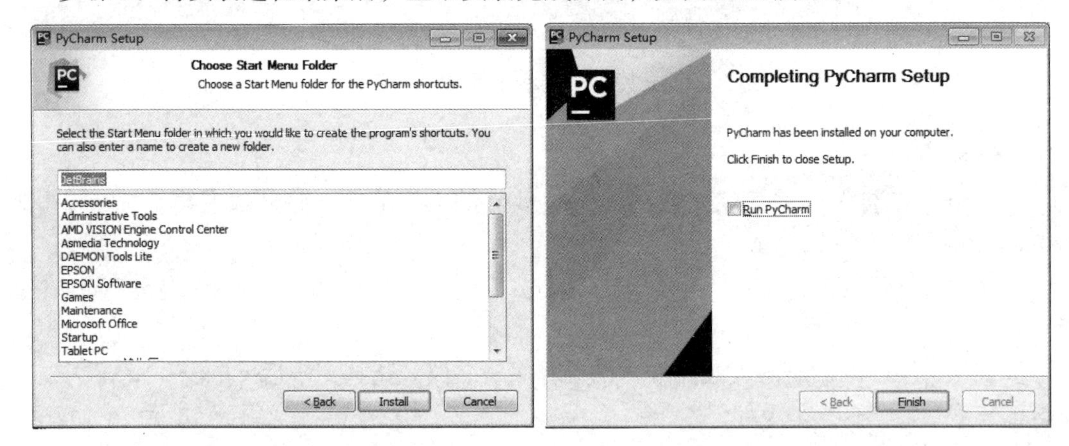

图 1-17 选择开始菜单文件夹界面　　　　图 1-18 安装完成界面

3. 配置与运行 PyCharm

PyCharm 安装完成后，就可以运行了，然后即可编写 Python 程序。在第一次运行 PyCharm 时，需要选择一些配置选项。下面对这些配置选项分别进行说明。

（1）在第一次运行 PyCharm 时，需要选择是否导入 PyCharm 配置，开发人员可以选择将之前的配置文件导入，也可以选择不导入，如图 1-19 所示。

（2）单击“OK”按钮，出现选择 UI 主题插件界面，如图 1-20 所示。开发人员可以根据自己的喜好，选择相应的 UI 主题。

（3）UI 主题选择完毕后，开发人员可以选择相应的插件进行安装，如图 1-21 所示。

（4）选择激活或者使用免费的 PyCharm。本书中使用的是免费的 PyCharm 版本，如图 1-22 所示。

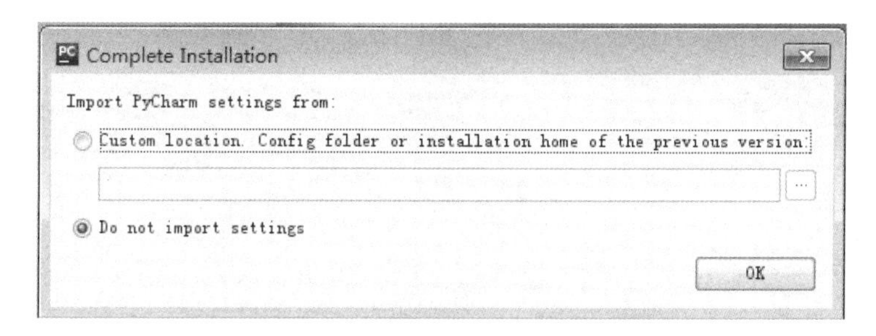

图 1-19　不导入 PyCharm 配置

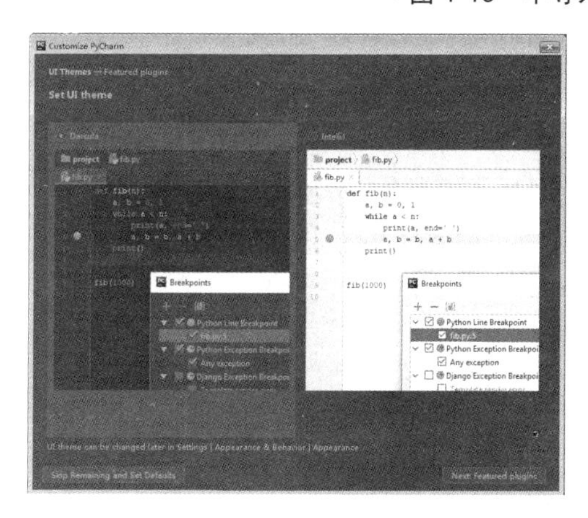

图 1-20　选择 UI 主题插件界面

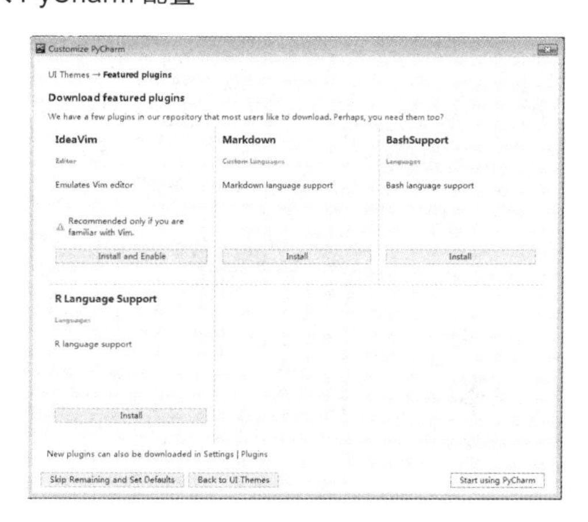

图 1-21　安装插件界面

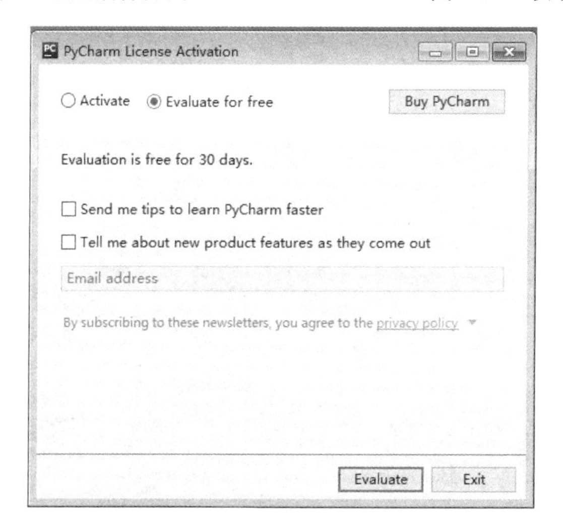

图 1-22　选择激活 PyCharm 或者免费使用 PyCharm 界面

（5）选项配置完毕后，待 PyCharm 启动后，即可选择创建新的项目还是打开以前的项目，如图 1-23 所示。

（6）在图 1-23 中，选择创建新项目后，进入新建项目界面，如图 1-24 所示。

（7）在图 1-24 中，选择“Pure Python”选项，打开 PyCharm 工作窗口，如图 1-25 所示。

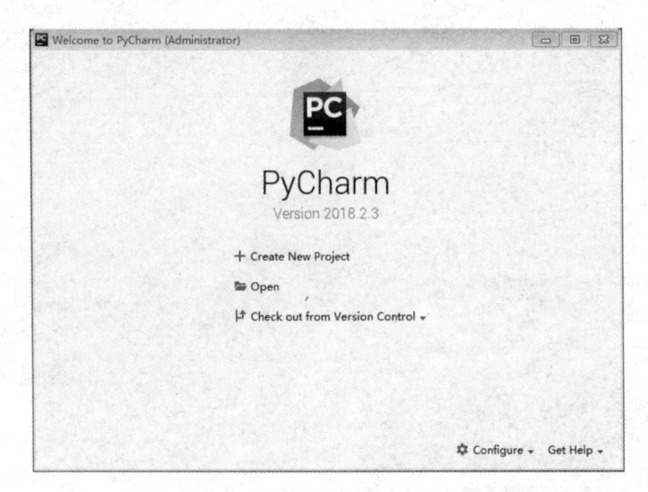

图 1-23　选择创建新项目或者打开以前的项目界面

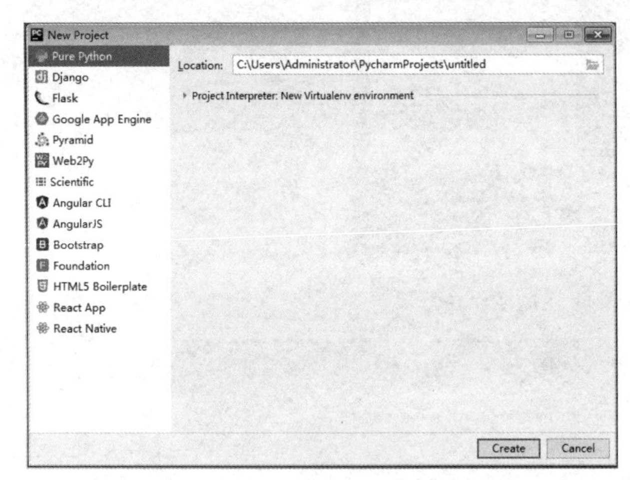

图 1-24　新建项目界面

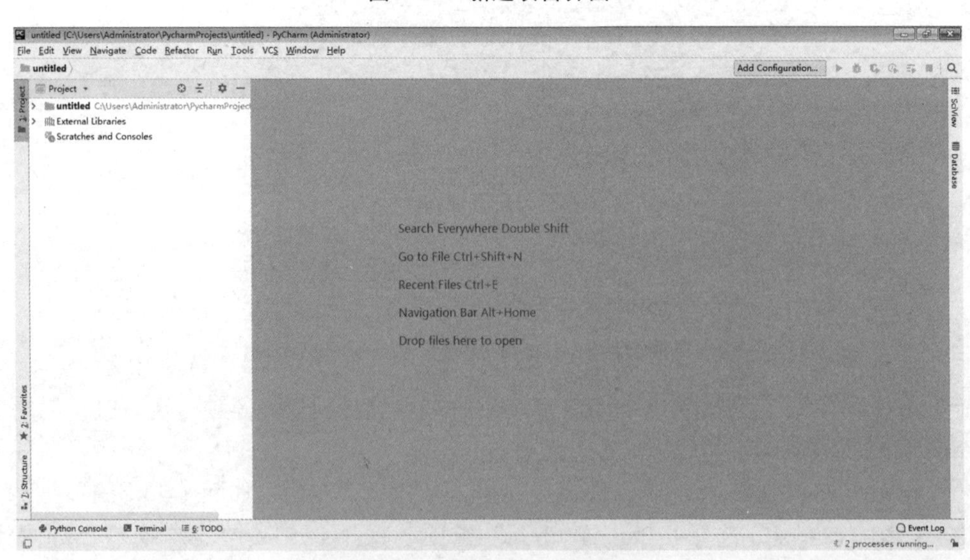

图 1-25　PyCharm 工作窗口

（8）选中项目名称（图 1-25 中项目名称为 untitled），右击选择“New | Python File”选项，输入文件名，即可创建一个 Python 文件，此时可进行 Python 代码的编写，如图 1-26 所示。

图 1-26　Python 代码编写窗口

1.4　Python 科学计算与可视化常用类库

1.4.1　Python 科学计算与可视化常用类库介绍

在使用 Python 进行科学计算及数据可视化的过程中，除使用自身的类库外，还会用到很多第三方类库。这些功能强大的第三方类库可以大大减少开发人员编写代码的工作量，提高工作效率。在 Python 语言中，进行科学计算与可视化常用的第三方类库如下。

（1）NumPy：NumPy 是 Python 语言中进行数据分析、机器学习与科学计算的基础，可以说是数值计算中使用频率最高的一个类。它提供了多种数据结构、算法及大部分涉及 Python 计算需要的接口，最大程度上简化了向量和矩阵的处理过程。NumPy 的另外一个主要作用是在算法和库之间作为数据传递的数据容器，NumPy 数组比 Python 内置的数据结构更为高效地存储和操作数据。Python 的很多第三方类库（如 Pandas、SciPy、TensorFlow）都是以 NumPy 为架构基础的，即利用 NumPy 数组作为基础的数据结构，对数值数据进行切片、切块等。

（2）Pandas：Pandas 是基于 NumPy 的一种数据分析工具，提供了大量便捷的数据处理方法和函数。Pandas 中主要的数据结构有：Series、DataFrame 和 Pannel，其中 Series 是一维数组，DataFrame 是二维数组，Pannel 是三维数组。Pandas 将表格和关系数据库的数据操作能力与 NumPy 相结合，提供了复杂的索引函数，使得数据的重组、切块、切片、聚合、子集选择更为简单，并且可以对数据进行预处理、清理等操作。Pandas 库使处理结构化、表格化的数据变得更简单、快速，尤其是处理商业过程中产生的时间索引数据。

（3）SciPy：SciPy 是基于 NumPy 的高级模块，是 Python 科学计算程序的核心，包括 Python 科学计算中常见问题的各个功能模块。SciPy 提供了许多数据算法和函数的实现，可以快速解决科学计算中的一些标准问题，如数值积分、微分方程求解及最优化、插值、优化、图像处理、信号处理等。

（4）Matplotlib：Matplotlib 是 Python 的绘图库，用于生成出版质量级别的图形，可以生成直方图、功率谱、条形图、误差图、散点图等；可以与 NumPy 一起使用，提供有效的 MATLAB 开源替代方案；也可以与图形工具包一起使用，如 PyQt 等，让开发人员能够很轻松地将数据图形化，制作具有更多特色的图，同时它还提供了多样化的输出格式。

（5）Seaborn：Seaborn 是在 Matplotlib 基础上进行了更高级的 API 封装而提供的一个绘制统计图形的高级类库，能高度兼容 NumPy 与 Pandas 的数据结构及 SciPy 与 Statsmodels 等统计模块，为数据的可视化分析工作提供了很大的便利，使绘图更加轻松。Seaborn 可以当作 Matplotlib 的补充，而不是替代物，满足数据分析 90%的绘图需求。因此，在大多数情况下，可以使用 Seaborn 绘制出具有吸引力的图。

（6）pyecharts：pyecharts 是一个用于生成 Echarts 图表的类库。Echarts 是百度开源的一个数据可视化 JS 库，为了与 Python 进行对接，方便在 Python 中直接使用数据生成图，就产生了 pyecharts。

1.4.2 安装第三方类库

为了满足本书案例开发的需要，需要在 PyCharm 中安装上述的第三方类库。安装方法主要有三种：使用 pip 命令行安装第三方类库、手动下载并安装第三方类库、通过 PyCharm 下载并安装第三方类库。下面以 NumPy 为例，介绍第三方类库的安装。

1．使用 pip 命令行安装 NumPy

打开 cmd 命令窗口，通过命令“pip install 包名”进行安装，此方法简单快捷，如图 1-27 所示。

2．手动下载并安装 NumPy

手动下载并安装 NumPy 的步骤如下。

（1）从第三方库网站上下载 NumPy 安装包，下载时要注意 Python 的版本，如图 1-28 所示，下载列表中的 cp39 表示 Python 的版本为 Python 3.9；win32 表示 32 位版本，win_amd64 表示 64 位版本。

（2）下载完毕后，打开 cmd 命令窗口，通过命令 pip install 安装 NumPy，如图 1-29 所示。

3．通过 PyCharm 下载并安装 NumPy

通过 PyCharm 下载并安装第三方类库，相关步骤如下。

（1）在 PyCharm 中的菜单栏中依次选择“File | Settings | Project Interpreter”选项，打开可用包窗口，查看已经安装的库包，如图 1-30 所示。

（2）单击“+”按钮，在弹出的新窗口中搜索“Numpy”，然后单击“Install Package”按钮，安装 NumPy 库，如图 1-31 所示。

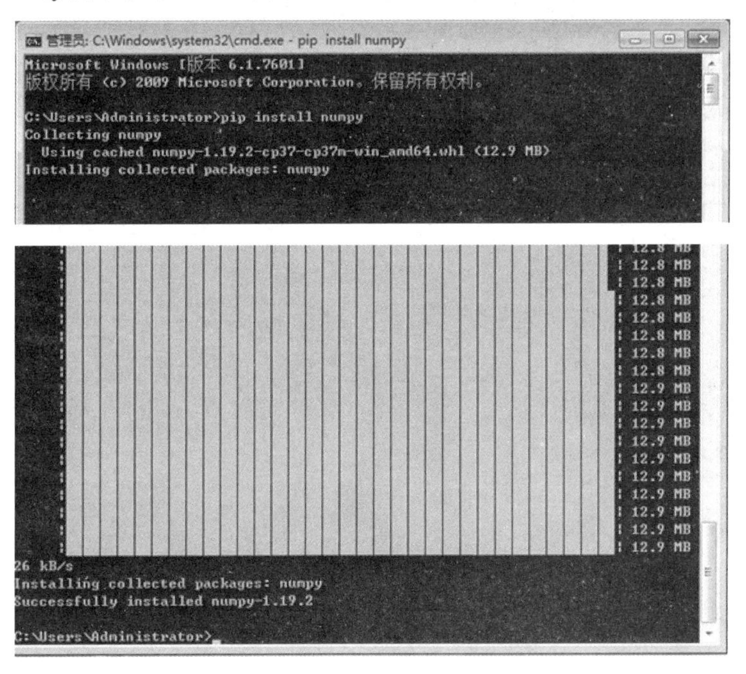

图 1-27 使用 pip 命令行安装 NumPy

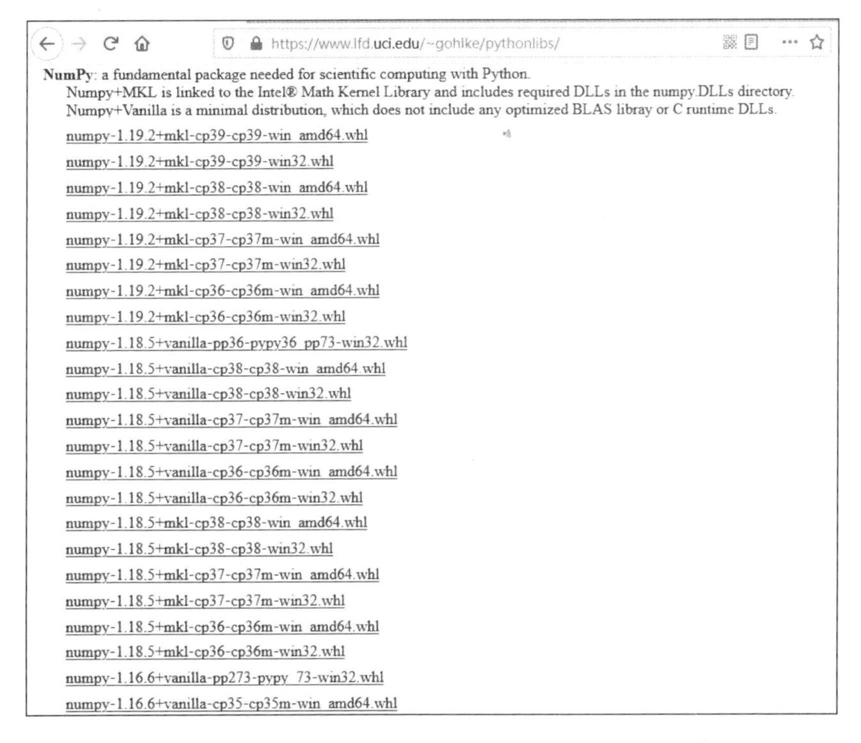

图 1-28 手动下载安装包

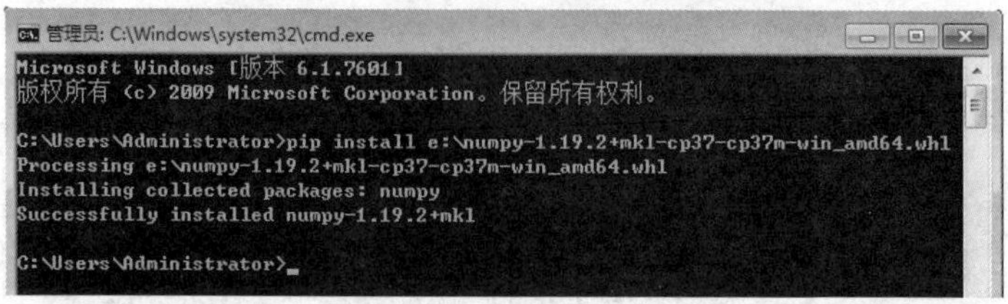

```
管理员: C:\Windows\system32\cmd.exe
Microsoft Windows [版本 6.1.7601]
版权所有 (c) 2009 Microsoft Corporation。保留所有权利。

C:\Users\Administrator>pip install e:\numpy-1.19.2+mkl-cp37-cp37m-win_amd64.whl
Processing e:\numpy-1.19.2+mkl-cp37-cp37m-win_amd64.whl
Installing collected packages: numpy
Successfully installed numpy-1.19.2+mkl

C:\Users\Administrator>_
```

图 1-29　安装 NumPy

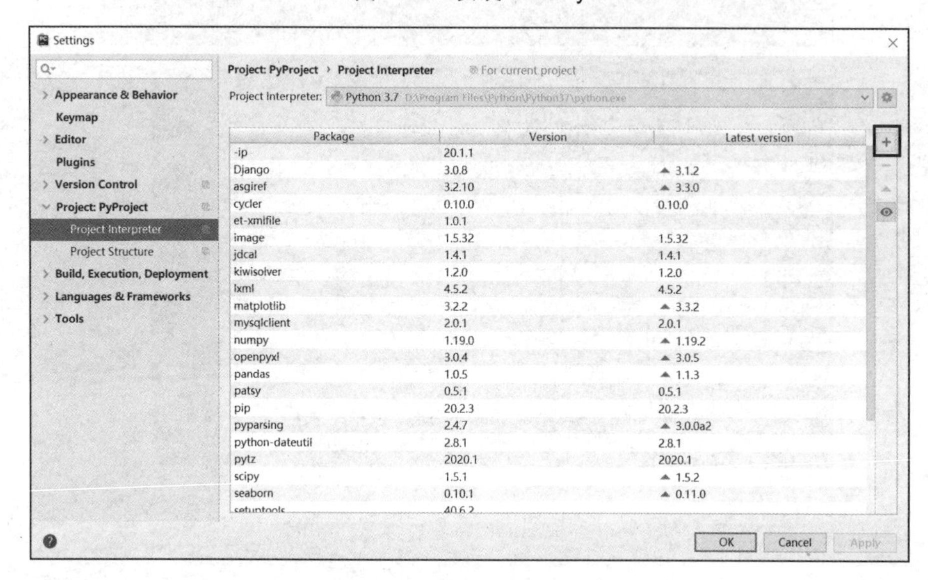

图 1-30　“Project Interpreter”窗口

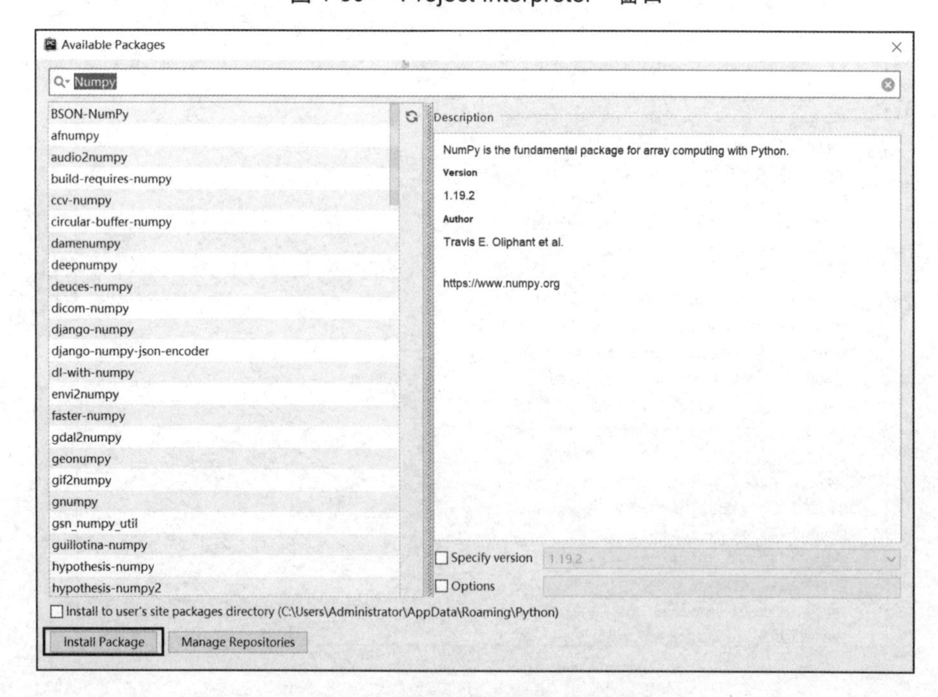

图 1-31　搜索并安装 NumPy 库

第 2 章　Python 基础

本章主要内容

- 基本语法
- 复杂数据类型
- 流程控制
- 函数
- 类
- 文件操作

Python 是一种表示简单主义思想的语言，是一种结合了解释性、变异性、互动性的高级程序设计语言，其结构简单，语法清晰，既支持面向过程的编程，又支持面向对象的编程。在面向过程的语言中，程序是由过程或可重用代码的函数构建起来的；在面向对象的语言中，程序是由数据和功能组合而成的对象构建起来的。本章主要介绍 Python 编程的基础内容，为后续章节打基础，如果读者已经具有 Python 编程语言的基础，那么可以跳过本章的学习。

2.1　基 本 语 法

2.1.1　基本数据类型

Python 3 中有 6 种标准的数据类型：Number、String、List、Tuple、Set、Dictionary。其中，不可变数据的数据类型有 3 个：Number、String、Tuple；可变数据的数据类型有 3 个：List、Dictionary、Set。Python 3 支持的 Number 类型主要包括：int、float、bool、complex。

在 Python 3 中，只有一种整数类型 int，表示为长整型，它可以表示非常大的数据，这对于科学计算非常有帮助；float 表示小数；bool 表示布尔类型数据，有两个取值：true 与 false；complex 表示由实部和虚部构成的复数：a+bj；字符串表示字符的集合，

在 Python 中，字符串使用单引号、双引号或者三引号括起来，并且必须配对使用，如 'hellopython'、"apythonprogram"。其中三引号允许一个字符串跨多行，字符串中可以包含换行符、制表符及其他特殊字符。三引号的语法是一对连续的单引号或者双引号（通常都是成对使用的）。如''' This is my first python program'''

列表是最具有灵活性的集合对象类型之一，可以嵌套任意类型的数据，也可以对列表中的元素进行修改，如['abcd',786,2.23,'runoob',70.2,['a','b','c']]。

元组是一种固定长度、数据不可变的对象序列，即不能给元组中的某个元素进行赋值。元组写在圆括号中，元素之间用半角逗号隔开，元组中元素的数据类型也可以不同，如('abcd',786,2.23,'runoob',70.2)。

集合是由一个或数个形态各异的对象组成的，构成集合的事物或对象称为元素或者成员。集合中的元素是不能重复的，且没有特定顺序，如{'Python','C++','C#','Java'}。

字典是一种映射类型，用{}标识，是一个无序的键（key）:值（value）的集合。键必须使用不可变类型，在同一个字典中，键必须是唯一的，如{'name':'phei','code':1,'site':'www.phei.com.cn'}。列表是有序的对象集合，字典是无序的对象集合。两者之间的区别在于：字典中的元素是通过键来存取的，而列表中的元素是通过索引来存取的。

2.1.2 标识符

在 Python 中，标识符由英文字母、数字、下画线组成，并且区分大小写。所有标识符都可以包括英文字母、数字及下画线“_”，但不能以数字开头。

以下画线开头的标识符是有特殊意义的。以单下画线开头的标识符（如_fool）表示不能直接访问的类属性，需要通过类提供的接口进行访问，不能用 from xxx import *直接将类导入。以双下画线开头的标识符（如_ _foo）表示类的私有成员，以双下画线开头和结尾的标识符（如_ _foo_ _）表示 Python 特殊方法专用的标识符，如_ _init_ _()表示类的构造函数。

2.1.3 变量和赋值

对于基于变量的数据类型，解释器会为其分配指定的内存，并决定什么数据可以被存储在内存中。因此，变量可以指定不同的数据类型，既可以存储整数，又可以存储小数或字符。因此，在 Python 中定义变量时，不需要声明数据类型。每个变量在内存中创建时，都包括变量的标识、名称和数据这些信息。每个变量在使用前都必须被赋值，赋值后该变量才会被创建。等号“=”用来给变量赋值，等号左边是变量名，等号右边是存储在变量中的值。例如：

```
stu_name='张三'
age=19
score=90.5
```

在 Python 中，可以同时为多个变量赋值，例如：

```
Stu_name,age,score='张三',19,90.5
```

可以反复给同一个变量赋值，并且可以是不同类型的数据，例如：

```
var='This is a python program'
var=100
var=True
```

2.1.4　运算符和表达式

运算符主要对变量、数据进行各种运算。在 Python 中，主要有算术运算符、比较（关系）运算符、赋值运算符、逻辑运算符。下面对 Python 中常用的运算符进行说明，假设 x=100，y=3，运算符的类型、描述及实例如表 2-1 所示。

表 2-1　运算符的类型、描述及实例

类　型	运 算 符	描　述	实　例
算术运算符	+	加：两个对象相加	x + y 输出结果为 103
	-	减：得到负数或一个数减去另一个数	x - y 输出结果为 97
	*	乘：两个数相乘或返回一个被重复若干次的字符串	x * y 输出结果为 300
	/	除：x 除以 y	x/y 输出结果为 33.33
	%	取模：返回除法的余数	x % y 输出结果为 1
	**	幂：返回 x 的 y 次幂	x**y 为 100 的 3 次方，输出结果为 1000000
	//	整除：返回商的整数部分（向下取整）	x//y 输出结果为 33
比较运算符	==	等于：比较对象是否相等	(x == y) 返回 false
	!=	不等于：比较两个对象是否不相等	(x != y) 返回 true
	>	大于：返回 x 是否大于 y	(x > y) 返回 true
	<	小于：返回 x 是否小于 y	(x < y) 返回 false
	>=	大于或等于：返回 x 是否大于或等于 y	(x >= y) 返回 true
	<=	小于或等于：返回 x 是否小于或等于 y	(x <= y) 返回 false
赋值运算符	=	简单的赋值运算符	c = x + y，将 x + y 的运算结果赋值给 c
逻辑运算符	and	布尔“与”：若 x 为 false，则 x and y 返回 false；否则返回 y 的计算值	(x and y) 返回 3
	or	布尔“或”：若 x 是非 0，则 x or y 返回 x 的值；否则返回 y 的计算值	(x or y) 返回 100
	not	布尔“非”：若 x 为 true，则返回 false；若 x 为 false，则返回 true	not(x and y) 返回 false

2.1.5　代码的嵌套与对齐

Python 与其他语言最大的区别就是，Python 的代码块不使用花括号{}来控制类、函数及其他逻辑判断。Python 最大的特点就是用缩进来表示模块。缩进的空格数量是可变的，但是所有代码块语句必须包含相同的缩进空格数量，这个必须严格执行。例如：

```
if True:
    print ("True")
else:
    print ("False")
```

2.1.6 注释

在编写程序时，为了能够让别人更好地理解程序，或者方便以后查阅，需要对程序中的某些语句进行说明或者解释。但是为了不影响程序的执行，需要将这些文字注释掉。也可以对某些暂时不需要运行的代码进行注释。在 Python 中，有单行注释和多行注释两种方式。

单行注释以“#”开头。例如：

```
#第一个注释
print ("Hello,Python!")      #第二个注释
```

多行注释使用三个单引号（'''）或三个双引号（"""）。例如：

```
'''
这是使用单引号的多行注释。
这是使用单引号的多行注释。
这是使用单引号的多行注释。
'''
"""
这是使用双引号的多行注释。
这是使用双引号的多行注释。
这是使用双引号的多行注释。
"""
```

2.2 复杂数据类型

2.2.1 字符串

1. 字符串基础知识

字符串是 Python 中最常用的数据类型，可以使用单引号或者双引号来创建。创建字符串很简单，只要为变量分配一个值即可。例如：

```
str1='hello python'
str2="hello"
```

当需要在字符串中使用特殊字符时，用反斜杠“\”表示转义字符，Python 中常用的转义字符如表 2-2 所示。

表 2-2 Python 中常用的转义字符

转义字符	描述
\（在行尾时）	续行符
\\	反斜杠符号
\'	单引号

续表

转义字符	描述
\"	双引号
\n	换行
\t	横向制表符
\r	回车

在 Python 中，除了可以访问字符串的成员字符、截取子串，还可以对字符串进行其他各种运算操作，如拼接、重复输出字符串等。常用的字符串运算符如表 2-3 所示（假设 a 的值为 "hello"，b 的值为 "python"）。

表 2-3　常用的字符串运算符

运　算　符	描　　述	实　　例
+	字符串连接	a+b 的结果为 "hellopython"
*	重复输出字符串	a*2 的结果为"hellohello"
[]	通过索引获取字符串的字符	a[1]的结果为'e'
[m:n]	截取字符串中的一部分，从第 m+1 个字符开始，到第 n 个字符结束；若 n 大于字符串的长度，则截取到最后一个字符	a[1:4]的结果为"ell"
in	若字符串中包含给定的字符，则返回 true	"e" in a 的结果为 true
not in	若字符串中不包含给定的字符，则返回 true	"e" not in b 的结果为 true

2．字符串常用方法

Python 提供了非常丰富的字符串内建方法。通过这些字符串内建方法，可以对字符串进行更加丰富的操作，常用的字符串内建方法如表 2-4 所示。

表 2-4　常用的字符串内建方法

方　　法	描　　述
string.capitalize()	把字符串的第一个字符大写
string.center(width)	返回一个原字符串居中，并使用空格填充至长度为 width 的新字符串
string.count(str, beg=0, end=len(string))	返回 str 在 string 中出现的次数，若指定 beg 或者 end，则返回指定范围内 str 出现的次数
string.decode(encoding='UTF-8', errors='strict')	以 encoding 指定的编码格式解码 string，若出错，则默认上报一个 ValueError 异常，除非 errors 指定的是'ignore'或者'replace'
string.encode(encoding='UTF-8', errors='strict')	以 encoding 指定的编码格式编码 string，若出错，则默认上报一个 ValueError 异常，除非 errors 指定的是'ignore'或者'replace'
string.find(str, beg=0, end=len(string))	检测 str 是否包含在 string 中，若指定 beg 和 end，则检查是否包含在指定范围内。若是，则返回开始的索引值；否则返回–1
string.format()	格式化字符串
string.index(str, beg=0, end=len(string))	与 find()方法一样，只不过若 str 不在 string 中，则会上报一个异常
string.isdecimal()	若 string 只包含十进制数，则返回 true；否则返回 false
string.isdigit()	若 string 只包含数字，则返回 true；否则返回 false
string.islower()	若 string 中包含至少一个区分大小写的英文字母，并且所有这些（区分大小写的）英文字母都是小写，则返回 true；否则返回 false

续表

方　法	描　述
string.isnumeric()	若 string 中只包含数字字符，则返回 true；否则返回 false
string.istitle()	若 string 是标题化的（见 title()），则返回 true；否则返回 false
string.isupper()	若 string 中包含至少一个区分大小写的英文字母，并且所有这些（区分大小写的）英文字母都是大写，则返回 true；否则返回 false
string.join(seq)	以 string 作为分隔符，将 seq 中所有的元素（字符串表示）合并为一个新的字符串
string.lower()	将 string 中的所有大写英文字母均转换为小写英文字母
string.lstrip()	截掉 string 左边的空格
max(str)	返回字符串 str 中排序最靠后的英文字母
min(str)	返回字符串 str 中排序最靠前的英文字母
string.replace(str1, str2, num=string.count(str1))	将 string 中的 str1 替换成 str2，若 num 已指定，则替换不超过 num 次
string.rstrip()	删除 string 字符串末尾的空格
string.split(str="", num=string.count(str))	以 str 为分隔符切片 string，若 num 有指定值，则仅分隔 num+1 个子字符串
string.strip([obj])	在 string 上执行 lstrip()和 rstrip()
string.title()	返回“标题化”的 string，即所有单词都是以大写英文字母开头的，其余英文字母均为小写
string.upper()	将 string 中的所有小写英文字母均转换为大写英文字母
string.zfill(width)	返回长度为 width 的字符串，字符串 string 右对齐，前面填充 0

3. 字符串使用案例

下面演示字符串的运算符及内建方法的使用方法，代码如下（程序清单：Chapter2\EX02_2_1.py）：

```
1    a = "Hello"
2    b = "Python"
3    print("a + b 输出结果: ", a + b)
4    print("a * 2 输出结果: ", a * 2)
5    print("a[1] 输出结果: ", a[1])
6    print("a[1:5] 输出结果: ", a[1:6])
7    if ("H" in a):
8       print("H 在变量 a 中")
9    else:
10       print("H 不在变量 a 中")
11    if ("e" not in a):
12       print("e 不在变量 a 中")
13    else:
14       print("e 在变量 a 中")
15    #切片
16    s1='helloworld'
17    print(s1[2:5])
18    print(s1[5:])
19    print(s1[:5])
```

```
20    name = "my name is {name} and my age is {age}"
21    #首字母大写
22    str=name.capitalize()
23    print(str)
24    #统计字符 a 出现的个数
25    print(name.count("a"))
26    #name 放到中间，一共打印 50 个字符，若不足则用-补上
27    print(name.center(50, "-"))
28    #判断字符串是否以“ai”结尾，返回 Boolean 类型值
29    print(name.endswith("ai"))
30    #把字符串中的 Tab 符号（'\t'）转为空格
31    print(name.expandtabs())
32    #获取字母 y 在字符串 name 中的索引
33    print(name.find("y"))
34    print(name.format(name="xiaosai", age=18))
35    print(name.format_map({"name": "xiaosai", "age": 18}))
36    #是否为一个阿拉伯数字（包含所有的英文字母和数字 1～9）
37    print(name.isalnum())
38    #是否为纯英文字符（大小写英文字母）
39    print(name.isalpha())
40    #是否为小数
41    print(name.isdecimal())
42    #是否为整数
43    print(name.isdigit())
44    #判断是否为一个合法的标识符（是否为一个合法的变量名）
45    print("3Sink".isidentifier())
46    #是否为小写英文字母
47    print("sink".islower())
48    #是否为一个数字
49    print("36663".isnumeric())
50    #是否为空格
51    print("36663".isspace())
52    #检测字符串中所有的单词拼写首字母是否为大写，且其他字母是否均为小写
53    print("My Name Is Trieagle".istitle())
54    #判断字符串中所有字符是否都是可打印的字符
55    print("My Name Is Trieagle".isprintable())
56    #是否为大写英文字母
57    print("XIAOSAI".isupper())
58    #以“-”为分隔符，将列表中的元素合并为一个字符串
59    print('-'.join(['1','2','3']))
60    #左边对齐
61    print(name.ljust(50,"-"))
62    #右边对齐
63    print(name.rjust(50,"-"))
64    #大小写英文字母转换
65    print("NiuMoWang".lower())
```

```
66    print("NiuMoWang".upper())
67    '''strip 用于去掉字符串两边的空格，lstrip 用于去掉字符串左边的空格，rstrip 用于去掉字符串右边的空格'''
68    print("\nname\n".strip())
69    print("\nname".lstrip())
70    print("name\n".rstrip())
71    #将 string 中的 str1 替换成 str2，若指定 num，则替换不超过 num 次
72    print("xiaosai".replace("a", "A", 1))
73    #以“,”为分隔符，将字符中分隔为一个列表
74    print("xiao,sai".split(","))
75    #swapcase，翻转 string 中的大小写英文字母
76    print("xiao sai".swapcase())
77    #每个单词的首字母均大写，将字符串标题化
78    print("xiao sai".title())
79    #返回长度为 width 的字符串，原字符串 string 右对齐，前面填充 0
80    print("xiaosai".zfill(30))
81    #定位子串 in，当 index 在字符串中没找到子串时，会返回异常
82    #若找到子串，则返回第一个字符的位置；若没找到，则返回-1
83    print('asdf' in 'sdfsdfdsf')
84    #查找最后一个字符的位置
85    print("xiaosai".rfind("a"))
```

2.2.2 列表

列表是 Python 中最常用的一种数据序列。列表中的数据项不需要具有相同的类型，数据项之间用“,”分割，然后使用方括号“[ ]”将所有数据项括起来即可。列表为每个数据项分配一个索引，第一个索引是 0，第二个索引是 1，依此类推。例如：

```
#定义一个空列表
list1 = []
#定义一个列表，其元素包括字符串、整数、列表、布尔值
list2 = ['C++', 'Python', 30,[ 'A', 'B', 'C'],True]
```

其中，'C++'字符串的索引为 0，'Python'的索引为 1，依此类推。

1. 列表的初始化与访问

对于列表的访问，既可以使用下标索引来访问列表中的数据项，又可以使用方括号的形式进行切片来获取列表元素，还可以通过迭代方式（循环遍历）访问列表中的每个元素。例如：

```
list2 =  ['C++', 'Python', 30,[ 'A', 'B', 'C'],True]
print("list2[0]: ", list2[0])
print("list2[1:3]: ", list2[1:4])
for item in list2:
    print(item)
```

输出结果为：

```
list2[0]:  C++
list2[1:3]:  ['Python', 30, ['A', 'B', 'C']]
C++
Python
30
['A', 'B', 'C']
True
```

2. 更新列表

开发人员既可以对列表的数据项进行修改，又可以使用 append()方法来添加新的列表项，例如：

```
list2 =  ['C++', 'Python', 30,[ 'A', 'B', 'C'],True]
list2[2]=50
list2.append('DataAnalysis')
print(list2)
```

输出结果为：

```
['C++', 'Python', 50, ['A', 'B', 'C'], True, 'DataAnalysis']
```

3. 删除列表元素

开发人员可以使用 del 方法对列表中的元素进行删除。例如：

```
list2 =  ['C++', 'Python', 30,[ 'A', 'B', 'C'],True]
del list2[0]
print(list2)
del list2[2:4]
print(list2)
```

输出结果为：

```
['Python', 30, ['A', 'B', 'C'], True]
['Python', 30]
```

4. 列表常用的运算符

在列表中，运算符“+”“*”“in”的运算方式与字符串的运算方式相似。“+”表示组合列表，“*”表示重复列表，“in”表示检查元素是否在列表中。例如：

```
list1=[1,2,3]
list2 = ['C++', 'Python', 30,[ 'A', 'B', 'C'],True]
print(list1+list2)
print(list1*4)
print('C++' in list2)
```

输出结果为：

```
[1, 2, 3, 'C++', 'Python', 30, ['A', 'B', 'C'], True]
[1, 2, 3, 1, 2, 3, 1, 2, 3, 1, 2, 3]
True
```

5．列表的常用方法

Python 提供了非常丰富的列表内建方法，通过这些列表内建方法，可以对列表进行更加丰富的操作，常用的列表内建方法如表 2-5 所示。

表 2-5　常用的列表内建方法

方　法	描　述
len(list)	返回列表元素个数
max(list)	返回列表元素最大值
min(list)	返回列表元素最小值
list(seq)	将元组转换为列表
list.append(obj)	在列表末尾添加新的对象
list.count(obj)	统计某个元素在列表中出现的次数
list.extend(seq)	在列表末尾一次性追加另一个序列中的多个值（用新列表扩展原来的列表）
list.index(obj)	从列表中找出某个值，即第一个匹配项的索引位置
list.insert(index，obj)	将对象插入列表
list.pop([index=-1])	移除列表中的一个元素（默认为最后一个元素），并且返回该元素的值
list.remove(obj)	移除列表中某个值的第一个匹配项
list.reverse()	反向列表中的元素
list.sort(cmp=None, key=None, reverse=False)	对原列表进行排序

6．列表使用案例

下面演示列表的使用方法，代码如下（程序清单：Chapter2\EX02_2_2.py）：

```
1    list1=[1,2,3]
2    list2 =  ['C++', 'Python', 30,[ 'A', 'B', 'C'],True]
3    #访问列表元素
4    print("list2[0]: ", list2[0])
5    #列表切片，包含起始位置，不包含结束位置
6    print("list2[1:3]: ",list2[1:3])
7    #修改列表中元素的值
8    list2[2]=50
9    print(list2)
10    #向列表中追加数据
11    list2.append('DataAnalysis')
12    print(list2)
13    #迭代访问列表中的元素
14    for item in list2:
15        print(item)
16    #删除列表中的第一个元素
17    del list2[0]
18    print(list2)
19    #删除列表中的第三个元素与第四个元素
20    del list2[2:4]
```

```
21    print(list2)
22    #列表的连接
23    print(list1+list2)
24    #列表的重复输出
25    print(list1*4)
26    #判断元素是否在列表中
27    print('C++' in list2)
28    #求 list1 的元素个数
29    print(len(list1))
30    #求列表中的最大数据与最小数据
31    print(max(list1),min(list1))
32    #使用 count 方法统计某个元素在列表中的个数
33    print(list1.count(1))
34    #在列表末尾一次性追加另一个序列中的多个值
35    list1.extend((4,5,6))
36    print(list1)
37    #从列表中找出数据 2 的第一个匹配项的索引位置
38    print(list1.index(2))
39    #在列表中的第二个位置插入数据 5
40    list1.insert(1,5)
41    print(list1)
42    #移除列表中的一个元素（默认为最后一个元素），并且返回该元素的值
43    print(list1.pop())
44    #移除列表中数据 5 的第一个匹配项
45    list1.remove(5)
46    print(list1)
47    #反向列表中的元素
48    list1.reverse()
49    print(list1)
50    #对列表中的元素进行排序
51    list1.sort()
52    print(list1)
```

2.2.3　元组

Python 的元组与列表类似，也是一种数据序列，不同之处在于元组的元素不能修改，并且元组使用圆括号（列表使用方括号）。

1. 元组的初始化与访问

创建元组很简单，只需要在圆括号中添加元素，并使用逗号隔开即可。例如：

```
tup1=1,2,3,4,5,6
tup2=(1,2,3),(4,5)
tup3=('foo',[1,2],234,True)
print("tup1[0]: ", tup1[0])
print("tup1[1:5]: ", tup1[1:5])
for t in tup3:
    print(t)
```

输出结果为：

```
tup1[0]:  1
tup1[1:5]:  (2, 3, 4, 5)
foo
[1, 2]
234
True
```

2．修改元组中的值

元组中的值是不允许被修改的，但开发人员可以对元组进行连接组合。

元组一旦创建，各个位置上的对象便无法修改了。若元组中的对象是可变的，则可以在其内部进行修改。tup3[0]是一个字符串，使用 replace()后，会重新生成一个字符串对象，但是元组中的 tup3[0]不会发生改变，此时，若使用 tup3[0]='aaa'，则会报错。例如：

```
print(tup1+tup2)
tup3[1].append(3)
print(tup3)
tup3[0].replace('o','a')
print(tup3)
```

输出结果为：

```
(1,2,3,4,5,6,(1,2,3),(4,5))
('foo',[1,2,3],234,True)
('foo',[1,2,3],234,True)
```

3．元组常用的运算符与方法

Python 提供了非常丰富的元组内建方法，通过这些元组内建方法，可以对元组进行更加丰富的操作，常用的元组内建方法如表 2-6 所示。

表 2-6　常用的元组内建方法

方　法	描　述
len(tuple)	计算元组的元素个数
max(tuple)	返回元组中元素的最大值
min(tuple)	返回元组中元素的最小值
tuple(seq)	将列表转换为元组

4．元组使用案例

下面演示元组的使用方法，代码如下（程序清单：Chapter2\EX02_2_3.py）：

```
1    #元组初始化
2    tup1=1,2,3,4,5,6
3    tup2=(1,2,3),(4,5)
4    tup3=('foo',[1,2],234,True)
5    #通过索引访问元组中的元素
```

```
6    print("tup1[0]: ",tup1[0])
7    print("tup1[1:5]: ",tup1[1:5])
8    #通过迭代访问元组中的元素
9    for t in tup3:
10       print(t)
11    #元组连接
12    print(tup1+tup2)
13    #向 tup3 的第二个元素（第二个元素为列表）追加数据 3
14    tup3[1].append(3)
15    print(tup3)
16    '''tup[0]是一个字符串，使用 replace()后，会重新生成一个对象，所以元组中的 tup[0]不
      会发生改变，此时，若使用 tup[0]='aaa'，则会报错'''
17    tup3[0].replace('o','a')
18    print(tup3)
19    #计算 tup3 元组的长度
20    print('元组 tup3 的长度为：',len(tup3))
21    #计算 tup1 元组中的最大值
22    print('元组 tup1 的最大值为：',max(tup1))
23    #计算 tup1 元组中的最小值
24    print('元组 tup1 的最小值为：',min(tup1))
```

2.2.4　字典

字典是 Python 中的一种可变容器模型，可以存储任意类型的对象。字典可以通过关键字快速查询数据，而且查询的速度与字典中数据量的多少没有关系，因此可以使用字典存储类似电话簿这样的大批量数据。

1．字典的初始化与访问

字典中包含若干个键值对。在键值对中，键与值之间用冒号“:”分割，每个键值对之间均用逗号“,”分割，整个字典在花括号“{}”中，其格式如下：

```
d = {key1:value1,key2 : value2 }
```

字典值可以没有限制地存储任何 Python 对象，既可以是标准的对象，又可以是用户定义的对象。在使用字典时，需要注意以下两点：

（1）在一个字典中，键的名称不能出现两次。若同一个键被赋值两次，则前一个值会被后一个值覆盖。

（2）键必须不可变，所以可以用数字、字符串或元组充当，但是不能使用列表。

在访问字典时，把相应的键放入方括号“[]”中，即可访问到该键所对应的值。若使用的字典中没有出现键访问数据，则会报错。例如：

```
dict = {'Name': 'Runoob','Age': 7,'Class': 'First'}
print(dict['Name'])
```

输出结果为：

```
dict['Name']:  Runoob
```

2. 修改字典

修改字典中的值，主要有两种情况：向字典中增加新的键值对、修改已有键值对。例如：

```
dict['Sex']='男'
print(dict)
dict['Name']='Trieagle'
print(dict)
```

输出结果为：

```
{'Name':'Trieagle','Age':7,'Class':'First','Sex':'男'}
```

3. 删除字典元素

在删除字典中的元素时，可以删除单一的元素，也可以清空字典。清空字典使用 clear() 方法。删除字典元素或者删除字典均可以使用 del 方法，需要注意的是，在删除一个字典后，该字典就不存在了，若再访问该字典，则会报错。例如：

```
del dict['Sex']
print(dict)
dict.clear()
print(dict)
del dict
```

输出结果为：

```
{'Name': 'Runoob','Age': 7,'Class': 'First'}
{}
```

4. 字典的内建方法

Python 提供了非常丰富的字典内建方法，通过这些字典内建方法，可以对字典进行更加丰富的操作，常用的字典内建方法如表 2-7 所示。

表 2-7　常用的字典内建方法

方　法	描　述
len(dict)	计算字典中元素的个数，即键的总数
str(dict)	输出字典可打印的字符串表示
dict.clear()	清空字典中所有的元素
dict.copy()	返回一个字典的浅复制
dict.fromkeys(seq[，val])	创建一个新字典，以序列 seq 中的元素作为字典的键，val 为字典所有键对应的初始值
dict.get(key，default=None)	返回指定键的值，若该值不在字典中，则返回 default 值
dict.has_key(key)	若键在字典 dict 中，则返回 true；否则返回 false
dict.items()	以列表形式返回可遍历的（键，值）元组数组

续表

方　法	描　述
dict.keys()	以列表形式返回一个字典中所有的键
dict.setdefault(key, default=None)	与 get()类似，但若键不存在于字典中，则会添加键并将值设为 default
dict.update(dict2)	将字典 dict2 中的键值对更新到 dict 中
dict.values()	以列表形式返回字典中所有的值
pop(key[,default])	删除字典中给定键 key 所对应的值，其返回值为被删除的值。此时，key 值必须给出，否则返回 default 值
popitem()	返回并删除字典中的最后一对键值

5. 字典使用案例

下面演示字典的使用方法，代码如下（程序清单：Chapter2\EX02_2_4.py）：

```
1    #字典的初始化与访问
2    dict = {'Name': 'Runoob', 'Age': 7,'Class': 'First'}
3    print("dict['Name']: ",dict['Name'])
4    #修改字典中的值
5    dict['Name']='Trieagle'
6    print(dict)
7    #向字典中增加元素
8    dict['Sex']='男'
9    print(dict)
10   #删除字典元素
11   del dict['Sex']
12   print(dict)
13   #复制字典
14   dict1=dict.copy()
15   print(dict1)
16   #清空字典
17   dict1.clear()
18   print(dict1)
19   #计算字典元素的个数，即键的总数
20   print(len(dict))
21   #输出字典，用可打印的字符串表示
22   print(str(dict))
23   #返回输入的变量类型，若变量是字典，则返回字典类型
24   print(type(dict))
25   '''函数 fromkeys()用于创建一个新字典，以序列 seq 中的元素作为字典的键，value
     为字典所有键对应的初始值'''
26   newdict={}
27   newdict=newdict.fromkeys(dict)
28   print("newdict:",newdict)
29   #返回指定键的值，若其值不在字典中，则返回 default 值
30   print(dict.get("Name",'aaaa'))
31   #遍历字典
32   for key,value in dict.items():
```

```
33        print(key,value)
34    #若键在字典 dict 中，则返回 true；否则返回 false
35    print('Sex' in dict)
36    '''dict.keys()返回字典中的所有键，values 返回字典中的所有值，可以使用 list()将
      字典转换为列表'''
37    print(dict.keys())
38    print(dict.values())
39    #newdict.update(dict)把字典 dict 的键值对更新到 newdict 中
40    newdict.update(dict)
41    print("update:",newdict)
42    '''pop(key[,default])删除字典中给定键 key 所对应的值，返回值为被删除的值。
      若要使删除的 key 不存在，则需要添加默认值'''
43    print(newdict.pop("Age"))
44    print(newdict)
45    #返回并删除字典中的最后一对键值
46    print(dict.popitem())
47    print("popitem:",dict)
```

2.3 流 程 控 制

在 Python 编程中，对于程序的流程控制主要有条件与循环两种形式。

2.3.1 条件控制

Python 条件控制是通过一条或多条语句的执行结果（true 或者 false）来决定所要执行的代码块的。if 语句用于控制程序的执行，其基本形式如下：

```
if 判断条件:
      执行语句…
else:
      执行语句…
```

书写时，需要注意的是：判断条件不需要放在括号内，后面使用“:”；执行语句要缩进对齐，表示一个语句块。

if 语句的判断条件可以用>（大于）、<（小于）、==（等于）、>=（大于或等于）、<=（小于或等于）来表示其关系。当判断条件为多个值时，可以使用以下形式：

```
if 判断条件 1:
    执行语句 1
elif 判断条件 2:
    执行语句 2
elif 判断条件 3:
    执行语句 3
else:
    执行语句 4…
```

由于 Python 3.7 并不支持 switch 语句，因此对于多个条件判断，只能用 elif 来实现，若需要同时判断多个条件，则可以使用 or 或 and。or 表示若两个条件中有一个条件成立，则判断条件成立；and 表示只有两个条件同时成立的情况下，判断条件才成立。

下面演示条件控制的使用方法，代码如下所示（程序清单：Chapter2\EX02_3_1.py）。

```
1   str_score=input('请输入学生成绩:')
2   score=int(str_score)
3   if score>=90:
4       print('学生成绩等级为: 优秀')
5   elif score>=80:
6       print('学生成绩等级为: 良好')
7   elif score>=70:
8       print('学生成绩等级为: 中等')
9   elif score>=60:
10      print('学生成绩等级为: 及格')
11  else:
12      print('学生成绩等级为: 不及格')
```

2.3.2　循环控制

Python 编程语言除提供选择控制外，还提供了循环控制，允许更复杂的执行路径。循环语句允许多次执行一个语句或语句组，所以重复执行的工作或者代码非常适合使用循环语句。在使用循环控制时，主要有以下 4 个元素。

- 循环控制变量初值：判断循环是否执行。
- 循环结束条件：终止循环的条件，若结束条件一直为 true，则会造成死循环。
- 循环语句：需要重复执行的语句。
- 修改循环控制变量：使循环向前执行，最终满足循环的结束条件。

Python 提供了 while 循环、for 循环、循环嵌套。

- while 循环：在给定的判断条件为 true 时，执行循环体；否则退出循环体。
- for 循环：重复执行语句，主要用于数据的遍历。
- 循环嵌套：while 循环与 for 循环可以相互嵌套。

循环控制语句可以更改语句执行的顺序。Python 支持以下循环控制语句。

- break 语句：在语句块执行过程中终止循环，并且跳出整个循环。
- continue 语句：在语句块执行过程中终止当前循环，跳出该次循环，执行下一次循环。
- pass 语句：pass 是空语句，其主要作用是保持程序结构的完整性。

1. while 循环

while 语句用于循环执行程序，即在满足某个条件下，循环执行某段程序，以完成需要重复执行的任务。执行语句可以是单个语句或语句块，判断条件可以是任何表达式。需要注意的是，任何非零或非空（null）的值均为 true。当判断条件为 false 时，循环结束。

while 循环的基本形式如下：

```
while 判断条件(condition):
        执行语句(statements)
```

下面演示 While 循环的使用方法，计算 1～100 内所有整数的和，代码如下所示（程序清单：Chapter2\EX02_3_2.py）。

```
1   i=1
2   count=0
3   while i<=100:
4       count=count+i
5       i=i+1
6   print('1 到 100 的累加求和结果为: ',count)
```

2．for 循环

在 Python 中，for 循环主要用于遍历任何序列的项目，如一个列表或者一个字符串。不能像 C、C++或者其他语言一样，使用循环控制变量进行循环控制。for 循环的语法格式如下：

```
for iterating_var in sequence:
   statements(s)
```

下面演示 for 循环的使用方法。遍历字符串中的每个字符及列表中的每个数据项，代码如下所示（程序清单：Chapter2\EX02_3_3.py）。

```
1   for letter in 'Python':         #第一个实例
2       print('当前字母 :',letter)
3   citys = ['北京', '上海', '广州','天津']
4   for city in citys:              #第二个实例
5       print('当前城市 :',city)
```

3．循环嵌套

Python 语言允许在一个循环体内嵌入另一个循环，也可以在循环体内嵌入其他循环体。例如，可以在 while 循环中嵌入 for 循环，也可以在 for 循环中嵌入 while 循环。

Python 中 for 循环嵌套的语法如下：

```
for iterating_var in sequence:
   for iterating_var in sequence:
      statements(s)
   statements(s)
```

Python 中 while 循环嵌套的语法如下：

```
while expression:
   while expression:
      statement(s)
   statement(s)
```

下面演示 while 循环嵌套的使用方法，打印一个由*组成的三角形，代码如下所示（程序清单：Chapter2\EX02_3_4.py）。

```
1   cnt=int(input("请输入打印行数: "));
2   i=0;
3   while i<int(cnt):
4       j=int(cnt)-i;
5       while j>0:
6           print(" ",end="");
7           j=j-1;
8       k=0;
9       while k<2*i+1:
10          print("*",end="");
11          k=k+1;
12      print("");
```

2.4 函　　数

开发人员在编写程序时，可能需要在不同地方执行很多次相同代码或者多次执行功能相同、数据不同的代码。在这种情况下，为了提高编写程序的效率及代码的重复使用率，可以将这一段重复执行的代码封装成一个函数，然后在不同的地方对该函数进行调用。

2.4.1 函数的定义

在 Python 中，定义函数的方法如下：

- 函数代码块以 def 关键词开头，后接函数标识符名称和圆括号，在圆括号中可以定义参数。
- 任何传入的参数和自变量均必须放在圆括号中。
- 函数的第一行语句可以选择性地使用文档字符串，用于存放函数说明。
- 函数内容以冒号开始，并且有缩进。
- 使用 return [表达式]，返回一个值。不带表达式的 return 相当于返回 None 值。

语法格式如下：

```
def 函数名(参数列表):
  语句…
  return [表达式]
```

例如：

```
1   def Addnumbers(*numbers):
2       result=0
3       for v in numbers:
4           result=result+v
5       return result
```

2.4.2 lambda 匿名函数

Python 使用 lambda 来创建匿名函数，方法如下：

- lambda 只是一个表达式，函数体比 def 简单很多。
- lambda 的主体是一个表达式，而不是一个代码块。
- 在 lambda 表达式中，可以封装有限的逻辑。
- lambda 函数拥有自己的命名空间，不能访问自有参数列表以外或全局命名空间中的参数。
- lambda 函数看起来只能写一行，但不同于 C 或 C++的内联函数，后者的目的是调用函数时不占用栈的内存，进而提高运行效率。

lambda 的语法格式如下：

```
lambda [arg1 [,arg2,.....argn]]:expression
```

2.4.3 函数调用

定义函数时，指定了函数的名称、函数中包含的参数及相应的代码块结构。在该函数的基本结构定义完成后，开发人员可以通过另一个函数调用执行，也可以直接使用 Python 命令提示符执行。

下面演示函数的定义及调用方法，通过传递参数，对数据进行加、减、乘、除运算，代码如下（程序清单：Chapter2\EX02_4_1.py）：

```
1   def Addnumbers(*numbers):
2       result=0
3       for v in numbers:
4           result=result+v
5       return result
6   def Caculator(type,*numbers):
7       result=0
8       if type=="add":
9           for v in numbers:
10              result = result + v
11      elif type=="sub":
12          for v in numbers:
13              result=result-v
14      elif type=="mul":
15          temp=1
16          for v in numbers:
17              temp=temp*v
18          result=temp
19      elif type=="div":
20          for v in numbers:
21              result=result/v
22      return result
23  def Caculator2(type,*numbers,radio=4):
24      return Caculator(type,*numbers)*radio
25  print(Addnumbers(1,2,3,4,5,6))
26  print(Caculator("mul",1,2,3,4,5,6))
27  print(Caculator2("mul",1,2,3,4,5,6,radio=5))
```

2.5 类

面向对象（Object Oriented）是一种软件开发方法，是相对于面向过程来讲的。面向对象方法将相关的数据和方法组织成一个整体来看待，从更高层次进行系统建模，更贴近事物的自然运行模式。在现实生活中，每个事物都具有一些属性和行为，如学生有学号、姓名、性别等属性，以及上课、考试、做实验等行为。因此，可以通过属性和行为来描述任何事物。在面向对象的编程语言中，将现实世界中存在的事物的属性与行为绑定在一起，即封装到类中。类将所描述事物的属性隐藏起来，外界对事物内部属性的所有访问均只能通过提供的用户接口来实现。这样做既可以实现对事物数据的保护目的，又可以提高软件系统的可维护性。

2.5.1 面向对象基本概念

Python 是一门面向对象的语言，正因为如此，在 Python 中，创建一个类和对象是很容易的。在使用面向对象编程语言前，需要先了解面向对象的基本概念。

- 类：用来描述具有相同的属性和方法的对象集合，定义了该集合中每个对象所共有的属性和方法。
- 数据成员：是指用于表示类及其实例对象的相关数据。
- 方法：是指类中定义的函数。
- 对象：是指类的一个实例，包括数据成员和方法。
- 实例化：是指创建一个类的实例，类的具体对象。
- 继承：是指一个派生类（Derived Class）继承基类（Base Class）的字段和方法。继承也允许把一个派生类的对象作为一个基类对象对待。例如，有这样一个设计：一个 Dog 类型的对象派生自 Animal 类，这是模拟“是一个（is-a）”的关系，一个 Dog 对象也是一个 Animal 对象。
- 方法重写：若从父类继承的方法不能满足子类的需求，则可以对其进行重写，这个过程称为方法的覆盖（Override），也称为方法的重写。

2.5.2 类的定义及实现

在 Python 中，使用 class 语句来创建一个新类，class 语句后的内容是类的名称，并以冒号“:”结尾。

```
class ClassName:
    '类的帮助信息'      #类文档字符串
    class_suite        #类体
```

面向对象编程的优点之一是代码的重用，实现这种重用的方法之一是使用继承机制。通过继承创建的新类称为子类或派生类，被继承的类称为基类、父类或超类。在 Python 中，类继承的语法如下：

```
class 派生类名(基类名)
    ...
```

Python 中的继承具有以下特点。

（1）若需要在子类中调用父类的构造方法，则需要显式地调用父类的构造方法，或者不重写父类的构造方法。

（2）在调用基类的方法时，需要加上基类的类名作为前缀，且需要加上 self 参数变量。

（3）在调用成员方法时，先在本类中查找调用的方法，若不能在本类中找到对应的方法，则再从基类中查找相应的方法。

下面演示类的定义及使用方法，代码如下（程序清单：Chapter2\EX02_5_1.py）：

```
1    class Person:
2        #成员数据
3        id=""
4        name=""
5        sex=""
6        '''__init__()是一种特殊的方法，被称为类的构造函数或初始化方法，当创建
         了这个类的实例时就会调用该方法'''
7        '''self 表示类的实例，在定义类的方法时 self 是必须要有的，但在调用时不必传入
         相应的参数'''
8        def __init__(self,id,name,sex):
9            self.id=id
10           self.name=name
11           self.sex=sex
12       #定义类的成员方法
13       def getPerson(self):
14           return self.id,self.name,self.sex
15       def setName(self,name):
16           self.name=name
17       def Greet(self):
18           print("大家好,我是{0}".format(self.name))
19   #Teacher 类继承于 Person 类
20   class Teacher(Person):
21       #Teacher 类新的成员数据
22       age=0
23       #Teacher 类继承 Person 类的 id，name，sex 的成员数据
24       def __init__(self,id,name,sex,age):
25           self.id=id
26           self.name=name
27           self.sex=sex
28           self.age=age
29       #重写父类的 Greet 方法
30       def Greet(self):
31           print("大家好,我是{0},今年{1}岁".format(self.name,self.age))
32
33   p=Person("1","王三","男")
34   print(p.getPerson())
35   print("p 的姓名: ",p.name,"性别: ",p.sex)
```

```
36    p.Greet()
37    t=Teacher(2,"李四","女",32)
38    print(t.getPerson())
39    print("t 的姓名: ",t.name,"性别: ",t.sex)
40    t.Greet()
```

运行结果如下：

```
('1', '王三', '男')
p 的姓名:  王三 性别:  男
大家好,我是王三
(2, '李四', '女')
t 的姓名:  李四 性别:  女
大家好, 我是李四, 今年 32 岁
```

2.6　文件操作

Python 同样提供了丰富的文件访问方法，可以很方便地访问文本文件、CSV 文件、Excel 文件。在本节中，主要介绍 Python 如何对文本文件进行操作，CSV 文件和 Excel 文件在后续章节会进行详细介绍。

2.6.1　文件处理过程

在 Python 中，文件的处理过程如下：

（1）使用 open()方法打开文件；

（2）使用 read()、readline()、readlines()方法读取数据，或者使用 write()方法向文件中写入数据；

（3）对读取出的数据进行处理；

（4）使用 close()方法关闭文件。

在访问文件时，open()方法用于打开一个文件，并返回文件对象，即文件对象（File 对象）通过 open()方法来创建。在对文件进行处理的过程中都需要使用到 open()这个函数，若该文件无法被打开，则抛出 OSError。需要注意的是，使用 open()方法一定要保证关闭文件对象，即调用 close()方法。

open()方法常用的形式是接收两个参数：文件名（file）和模式（mode）。其中，file 是必需的，表示文件路径（相对路径或者绝对路径）。mode 是可选的，表示文件打开模式。常用的文件打开模式如表 2-8 所示。

表 2-8　常用的文件打开模式

模　式	描　述
t	文本模式（默认）
x	写模式，新建一个文件，若该文件已存在，则会报错
b	二进制模式

续表

模　式	描　述
+	打开一个文件并进行更新（可读、可写）
U	通用换行模式（不推荐）
r	以只读方式打开文件。文件的指针将会指向文件的开头，这是默认模式
rb	以二进制格式打开一个文件用于只读。文件指针将会指向文件的开头，这是默认模式，一般用于非文本文件（如图片）等
r+	打开一个文件且用于读/写。文件指针将会指向文件的开头
rb+	以二进制格式打开一个文件且用于读/写。文件指针将会指向文件的开头，一般用于非文本文件（如图片）等
w	打开一个文件且只用于写入。若该文件已存在，则打开该文件，并从文件开头开始编辑，即原有内容会被删除；若该文件不存在，则创建新文件
wb	以二进制格式打开一个文件且只用于写入。若该文件已存在，则打开文件，并从文件开头开始编辑；即原有内容会被删除；若该文件不存在，则创建新文件。一般用于非文本文件（如图片）等
w+	打开一个文件且用于读/写。若该文件已存在，则打开文件，并从文件开头开始编辑，原有内容会被删除；若该文件不存在，则创建新文件
wb+	以二进制格式打开一个文件且用于读/写。若该文件已存在，则打开文件，并从文件开头开始编辑，即原有内容会被删除；若该文件不存在，则创建新文件。一般用于非文本文件（如图片）等
a	打开一个文件且用于追加。若该文件已存在，则文件指针将会指向文件的结尾处，也就是说，新的内容将会被写入到已有内容之后；若该文件不存在，则创建新文件并对其进行写入
ab	以二进制格式打开一个文件且用于追加。若该文件已存在，则文件指针将会指向文件的结尾处，也就是说，新的内容将会被写入到已有内容之后；若该文件不存在，则创建新文件并对其进行写入
a+	打开一个文件且用于读/写。若该文件已存在，则文件指针将会指向文件的结尾处；若文件打开，则为追加模式；若该文件不存在，则创建新文件并用于读/写
ab+	以二进制格式打开一个文件并用于追加。若该文件已存在，则文件指针将会指向文件的结尾处；若该文件不存在，则创建新文件并用于读/写

在使用 open()方法打开文件，并且创建文件对象后，就可以使用 file 类提供的各种方法对文件进行操作。常用的文件操作方法如表 2-9 所示。

表 2-9　常用的文件操作方法

方法	描述
file.close()	关闭文件。关闭文件后，不能再对其进行读/写操作
file.next()	返回文件的下一行
file.read([size])	从文件读取指定的字节数，若未给定或为负，则读取所有字符
file.readline([size])	读取整行，包括"\n"字符
file.readlines([sizeint])	读取所有行并返回列表，若给定 sizeint>0，则设置一次读多少字节，这是为了减轻读取压力
file.tell()	返回文件的当前位置
file.write(str)	将字符串写入文件中，返回写入的字符长度
file.writelines(sequence)	向文件写入一个序列字符串列表，若需要换行，则要手动加入每行的换行符

2.6.2　数据的读取

在上一节中，叙述了 Python 文件的读取过程及 file 类的主要方法。下面演示文件的访问及数据的读取，代码如下（程序清单：Chapter2\EX02_6_1.py）：

```
1    #打开文件，创建文件对象 f1
2    f1=open(r'..\datafile\再别,康桥.txt')
```

```
3    #读取文件中所有的内容
4    content=f1.read()
5    #打印读取出的数据
6    print(content)
7    #关闭文件
8    f1.close()
9    #打开文件，创建文件对象 f2
10    f2=open(r'..\datafile\再别,康桥.txt')
11    #通过循环读取文件中的每行数据，并进行打印
12    for row in f2.readlines():
13        print(row,end='')
14    #关闭文件
15    f2.close()
```

2.6.3　数据的写入

在 Python 中，write()方法用于向文件中写入指定的字符串；writelines()方法用于向文件中写入一个字符串序列，这一字符串序列可以是由迭代对象产生的，如一个字符串列表。在向文件中写入数据时，需要在使用 open()方法打开文件时，指定文件的打开模式为“w”“a”“a+”等（详细内容见表 2-8），换行需要指定换行符“\n”。下面演示文件的访问及数据的写入，代码如下（程序清单：Chapter2\EX02_6_2.py）：

```
1    #定义一个函数，生成要写入的数据
2    def GenerateLine(i,lines):
3        str=' '*(lines-i)+'*'*(2*i-1)
4        return str
5    #提示输入数据
6    lines=int(input("请输入一个奇数:"))
7    if lines%2==0:
8        print("行数输入错误，请输入一个奇数")
9    else:
10        #打开文件，打开模式为"a"
11        f=open(r'..\datafile\star.txt','a+')
12        #通过循环向文件中写入多行数据
13        for i in range(1,lines+1):
14            #调用 GenerateLine()方法，生成每行要写入的数据
15            str=GenerateLine(i,lines)
16            #向文件中写入数据
17            f.write(str+"\n")
18        j=lines-1
19        while j>0:
20            str=GenerateLine(j,lines)
21            f.write(str+"\n")
22            j=j-1
23        f.close()
```

打开 star.txt 文件，查询程序运行结果，其结果如图 2-1 所示。

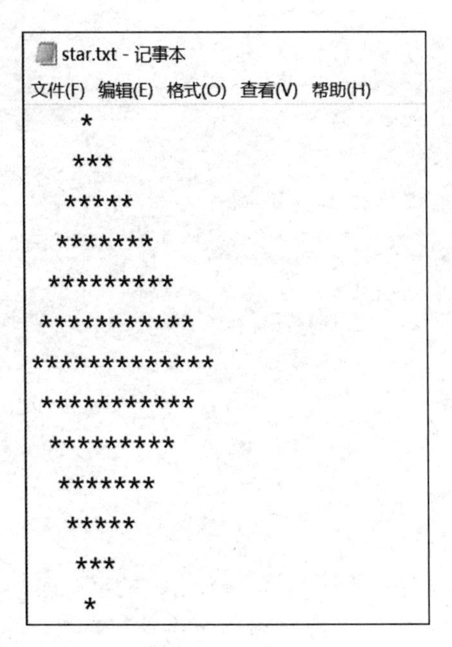

图 2-1 运行结果

第 3 章　读/写文件

本章主要内容

- 读/写文本文件
- 读/写 CSV 文件
- 读/写 Excel 文件
- 读/写 JSON 文件

文本文件是计算机中最常用的一种存储数据的文件，它由若干行字符构成，可以将文件中的每个字节的内容都表示成字符的数据。由于文本文件的结构简单，因此被用于记录信息，并且可以被各种应用程序进行读取。为了更方便地存储记录信息，人们又强制地对文本文件中数据的格式进行分类或者规定，例如，为了更好地将数据对齐（易于阅读），使用制表符或者逗号将每条信息中各个数据的组成部分隔开，这样就形成了人们常见的制表符分隔文件、CSV 文件、JSON 文件。虽然文本文件记录的数据比较简单，但是对数据的查询、修改、统计等操作比较困难，所以人们也常用 Excel 等电子表格工具对数据进行记录。相对于文本文件来说，对 Excel 文件更容易进行统计、筛选和修改。

3.1　读/写文本文件

3.1.1　读/写文本文件的方法介绍

对于文本文件的处理，Python 提供了功能强大的内置类库。利用内置类库的各种方法，可以实现对文本文件的读取、遍历、保存等功能。在完成本节案例前，先对内置类库中常用的读/写文件的方法进行介绍，如表 3-1 所示，文件打开模式见表 2-8。

表 3-1　内置类库中常用读/写文件的方法

方 法 名 称	方 法 说 明
open(file,mode='r',buffering=-1, encoding=None,errors=None, newline=None,closefd=True, opener=None)	打开一个文件，并返回文件对象，在对文件进行处理的全过程中都需要用到该函数，若该文件无法被打开，则会抛出 OSError
file.close()	关闭文件。文件关闭后，不能再对该文件进行读/写操作
file.next()	返回文件的下一行
file.read([size])	从文件读取指定的字节数，若未给定或为负，则读取所有数据

续表

方 法 名 称	方 法 说 明
file.readline([size])	读取整行，包括 "\n" 字符
file.readlines([sizeint])	读取所有行并返回列表，若给定 sizeint>0，则返回总和大约为 sizeint 字节的行
file.seek(offset[, whence])	设置文件当前位置
file.tell()	返回文件当前位置
file.truncate([size])	截取文件，截取的字节通过 size 指定，默认为当前文件位置
file.write(str)	将字符串写入文件，返回的是写入的字符长度
file.writelines(sequence)	向文件写入一个序列字符串，若需要换行，则需要自行加入每行的换行符

3.1.2 读/写文本数据实例

在公司采集到的郑州市二手房数据文件中，包括了三个文本文件，其中每条数据均使用制表符分隔。对于本次的数据分析任务，首先要完成一个基本任务，即统计郑州市各区域的房源总数及房屋均价。为了能圆满完成本项任务，小孟计划分以下几个步骤进行，逐步迭代完成。

（1）分析单个文本文件中的数据。

（2）扩展到对多个文本文件的数据进行分析。

（3）保存分析结果。

1．分析单个文本文件中的数据

在观察和分析了数据文件后，小孟发现了数据存在以下问题：

（1）区域名称不统一，大部分的区域名称比较规范，如郑东新区、金水区、新郑市等，但是有些区域名称不够完善，例如，在数据行中，有些区域名称为金水、新郑，那么在分析数据时，需要对这些数据进行统一，例如，新郑市和新郑都应归类到新郑市的数据中。

（2）有些数据行的区域名称为 NULL，需要将这一部分数据过滤掉。

小孟对本次任务的实现过程进行了设计，其具体步骤如下：

步骤 1：打开文件。

步骤 2：通过循环获取文本文件中的每行数据，并将每行数据均分割为一个列表；区域名称为列表的第 2 个元素，房屋单价为列表的第 10 个元素。

步骤 3：定义一个列表 area_list，用来存储已经获取到的区域名称。

步骤 4：判断获取到的区域名称是否为 NULL，若为 NULL，则进行下一次循环；若不为 NULL，则跳到步骤 5。

步骤 5：定义一个 IsExists()方法，检测新获取的区域名称在列表中是否已经存在。若存在，则跳转到步骤 7；若不存在，则跳转到步骤 6。

步骤 6：若不存在，则说明该区域的数据尚不存在，是一个新的区域，故需要在数据结果中新建一项，key 为区域名称，将房屋总数初始化为 1，房屋单价总和为当前房屋的单价。

步骤 7：若存在，则说明该区域的数据已经存在。通过 area in key()方法或者 key in area()方法得到相应的关键字，然后获取该区域的相应数据，对房屋总数进行累计加 1，房屋单价总和加上当前房屋的单价得到最新的房屋总价。

本案例的主要代码如下（程序清单为：chapter3/EX03_1_1）：

```
1   #通过一个循环，检测新的区域名称是否存在于列表中
2   def IsExists(area,area_list):
3       flag=False
4       for t in area_list:
5           if area in t or t in area:
6               flag=True
7               break
8       return  flag
9   #定义一个字典，用于存储分析结果，键为区域名称，值为房屋总数与房屋单价总和
10   outputdata={}
11   #定义一个列表，用于存储已经获取的区域名称
12   area_list=[]
13   #定义一个布尔变量，表示新读取的区域名称在结果集中是否已经存在
14   flag=False
15   #打开文件
16   input_file=open(r'../datafile/郑州市二手房数据 part1.txt',mode='r',
     encoding='utf-8')
17   #通过 readline 方法，跳过第一行表头数据
18   input_file.readline()
19   #通过循环，获取文本文件的每行数据
20   for row in input_file.readlines():
21       #对每行数据进行分割，每行中的各个数据均以制表符\t 间隔
22       dataList=row.split('\t')
23       #获取区域名称
24       area=dataList[1]
25       #判断区域名称是否为 NULL
26       if area =='NULL':
27           continue
28       else:
29           #调用 IsExists()方法判断新获取的区域的数据是否已经存在
30           flag=IsExists(area,area_list)
31           if not flag:
32             #若区域名称不存在，则将新获取的区域名称追加到区域名称列表中
33               area_list.append(area)
34             #为该区域新建一个字典项
35               outputdata[area]={}
36               #初始化该区域字典的房屋数量与房屋单价总和
37               outputdata[area]['房屋数量']=1
38               outputdata[area]['房屋单价总和']=float(dataList[9])
39               outputdata[area]['房屋均价'] = float(dataList[9])
40           else:
41               #区域名称已存在，遍历输出结果字典，获取相应的区域数据
42               for key in outputdata.keys():
43             #判断区域名称是否出现在关键字中，或者关键字是否出现在区域名称中
44                 if area in key or key in area:
```

```
45              #将相应区域的房屋数量加 1，将当前的房屋单价累加到房屋单价总和中
46               outputdata[key]['房屋总数']=outputdata[key]['房屋数量']+1
47               outputdata[key]['房屋单价总和']=outputdata[key]['房屋单价总和']
48                                              +float(dataList[9])
49              #计算该区域房屋均价//表示整除
50              outputdata[key]['房屋均价'] = outputdata[key]['房屋单价总和']
51                          //outputdata[key]['房屋数量']
52      input_file.close()
53      #通过循环输出结果
54      for key,value in outputdata.items():
55          print(key,value)
```

运行结果如图 3-1 所示。

```
EX03_1_1
郑东新区 {'房屋总数': 68, '房屋单价总和': 1916791.0, '房屋均价': 28188.0}
金水区 {'房屋总数': 185, '房屋单价总和': 3084711.0, '房屋均价': 16674.0}
郑州周边 {'房屋总数': 58, '房屋单价总和': 339342.0, '房屋均价': 5850.0}
登封市 {'房屋总数': 9, '房屋单价总和': 115380.0, '房屋均价': 12820.0}
巩义市 {'房屋总数': 4, '房屋单价总和': 30130.0, '房屋均价': 7532.0}
新密市 {'房屋总数': 60, '房屋单价总和': 500819.0, '房屋均价': 8346.0}
上街区 {'房屋总数': 60, '房屋单价总和': 386374.0, '房屋均价': 6439.0}
航空港 {'房屋总数': 61, '房屋单价总和': 595423.0, '房屋均价': 9761.0}
中牟县 {'房屋总数': 49, '房屋单价总和': 501509.0, '房屋均价': 10234.0}
新郑市 {'房屋总数': 46, '房屋单价总和': 428252.0, '房屋均价': 9309.0}
二七区 {'房屋总数': 56, '房屋单价总和': 923575.0, '房屋均价': 16492.0}
高新区 {'房屋总数': 59, '房屋单价总和': 899953.0, '房屋均价': 15253.0}
中原区 {'房屋总数': 49, '房屋单价总和': 680982.0, '房屋均价': 13897.0}
荥阳市 {'房屋总数': 60, '房屋单价总和': 514148.0, '房屋均价': 8569.0}
经开区 {'房屋总数': 61, '房屋单价总和': 1017958.0, '房屋均价': 16687.0}
惠济区 {'房屋总数': 60, '房屋单价总和': 969679.0, '房屋均价': 16161.0}
管城回族区 {'房屋总数': 48, '房屋单价总和': 687270.0, '房屋均价': 14318.0}
```

图 3-1 运行结果

2．分析多个文本文件的数据

小孟通过上述程序，完成了对单个文本文件数据的分析，获取到部分二手房数据的统计结果，但是这并不是最终结果，因为还有多个文本文件数据需要进行统计。所以，小孟在上述程序的基础上进行了扩展，完成对多个文本文件数据的统计。

实现本案例的步骤如下：

步骤 1：通过 all_files = glob.glob(os.path.join(r'../datafile', '*.txt'))方法，获取所有文本文件数据。

步骤 2：通过循环访问每个文本文件的数据。

步骤 3：对每个文本文件的数据进行统计，过程如 3.2.1 节所述。

步骤 4：将所有文本文件的数据统计完毕后，通过循环计算郑州市二手房房屋的总数及均价。

在分析多个文本文件的数据时，需要导入 glob 与 os 两个类库，进而访问文本目录下的多个文本文件，代码如下：

```
import glob
import os
```

因为本案例是在上一个程序基础上逐步迭代完成的，所以有很多代码与上一个程序相同，因此在这里主要展示与上一个程序不相同的代码，相同的代码自行参考上一个程序，主要代码如下（程序清单为：chapter3/EX03_1_2）：

（1）导入类库：

```
import glob
import os
```

（2）将 EX03_1_1 程序中的第 15～18 行代码更改为以下代码：

```
#用于表示无效数据的行数
rownullcnt = 0
#用于表示所有数据的行数
rowcnt = 0
#获取 datafile 文件夹下所有的文本文件
all_files = glob.glob(os.path.join(r'../datafile', '*.txt'))
#循环访问每个文件
for file in all_files:
    input_file = open(file, mode='r', encoding='utf-8')
    #通过 readline 方法，跳过第一行表头数据
    input_file.readline()
```

（3）将程序 EX03_1_1 的第 53～55 行代码替换为以下代码：

```
#打印所有文本文件中数据的总数及无效数据行数
print("数据总数:",rowcnt,"无效数据行数:",rownullcnt)
#表示所有房屋数量
homecnt=0
#表示所有房屋单价的总和
homepricecount=0
#通过循环计算所有房屋数量与房屋单价总和
for key, value in outputdata.items():
    #打印郑州市每个区域的二手房数据: 区域名、房屋数量、房屋单价总和、房屋均价
    print(key, value)
    homecnt=homecnt+value['房屋数量']
    homepricecount=homepricecount+value['房屋单价总和']
#打印郑州市二手房的数据: 房屋数量及房屋均价
print('郑州市二手房房屋数量为: ',homecnt,"房屋均价为:",homepricecount//homecnt)
```

本案例的运行结果，如图 3-2 所示。

3. 将结果保存到文本文件中

小孟在将所有文本文件数据分析完毕后，为了能够将统计结果重复使用，或者图形化展示，故需要将分析结果进行保存。因为统计结果存储在字典中，需要将字典中的每项统计结果都转换为字符串，各项数据通过制表符“\t”进行分隔，然后将该字符串写入到文本文件中。

```
EX03_1_2
数据总数: 2999 无效数据行数: 29
郑东新区 {'房屋总数': 199, '房屋单价总和': 4656690.0, '房屋均价': 23400.0}
金水区 {'房屋总数': 307, '房屋单价总和': 4962731.0, '房屋均价': 16165.0}
郑州周边 {'房屋总数': 416, '房屋单价总和': 2580354.0, '房屋均价': 6202.0}
登封市 {'房屋总数': 9, '房屋单价总和': 115380.0, '房屋均价': 12820.0}
巩义市 {'房屋总数': 4, '房屋单价总和': 30130.0, '房屋均价': 7532.0}
新密市 {'房屋总数': 420, '房屋单价总和': 3431097.0, '房屋均价': 8169.0}
上街区 {'房屋总数': 407, '房屋单价总和': 2624795.0, '房屋均价': 6449.0}
航空港 {'房屋总数': 418, '房屋单价总和': 4443347.0, '房屋均价': 10630.0}
中牟县 {'房屋总数': 246, '房屋单价总和': 2664811.0, '房屋均价': 10832.0}
新郑市 {'房屋总数': 150, '房屋单价总和': 1400877.0, '房屋均价': 9339.0}
二七区 {'房屋总数': 56, '房屋单价总和': 923575.0, '房屋均价': 16492.0}
高新区 {'房屋总数': 59, '房屋单价总和': 899953.0, '房屋均价': 15253.0}
中原区 {'房屋总数': 49, '房屋单价总和': 680982.0, '房屋均价': 13897.0}
荥阳市 {'房屋总数': 60, '房屋单价总和': 514148.0, '房屋均价': 8569.0}
经开区 {'房屋总数': 61, '房屋单价总和': 1017958.0, '房屋均价': 16687.0}
惠济区 {'房屋总数': 60, '房屋单价总和': 969679.0, '房屋均价': 16161.0}
管城回族区 {'房屋总数': 49, '房屋单价总和': 705920.0, '房屋均价': 14406.0}
郑州市二手房房屋总数为:  2970 房屋均价为: 10983.0
```

图 3-2 运行结果

本案例的实现过程步骤如下：

步骤 1：使用 open()方法打开一个输出文本文件，打开模式为“a”，将数据追加到文本文件的末尾处。

步骤 2：写入数据的表头。

步骤 3：通过循环访问字典中的每条数据；将字典中的每条数据都进行拼接，以制表符隔开，并转换为字符串。

步骤 4：使用 file.write()方法将字符串保存到文本文件中。

步骤 5：写入整个郑州市二手房的统计数据，包括房屋总数及均价。

步骤 6：关闭文本文件。

本案例主要演示最后数据的保存过程，数据的统计不再展示。对第二步最后输出结果的代码进行修改，主要代码如下（程序清单为：chapter3/EX03_1_2）。

```
#打印所有文本文件中的数据总数及无效数据行数
print("数据总数:",rowcnt,"无效数据行数:",rownullcnt)
#表示所有房屋数量
homecnt=0
#表示所有房屋单价总和
homepricecount=0
#打开输出文本文件
out_file=open(r'../datafile/郑州市二手房统计结果.txt',mode='a',encoding='utf-8')
out_file.write('区域名称,房屋数量,房屋单价总和,房屋均价\n')
#通过循环，计算所有的房屋总数与房屋单价总和
for key, value in outputdata.items():
    #打印郑州市每个区域的二手房数据：区名、房屋数量、房屋单价总和及房屋均价
```

```
        print(key, value)
        homeinfo = key + '\t' + str(value['房屋数量']) + '\t' + str(value['房屋
单价总和'])+ '\t' + str(value['房屋均价'])+'\n'
        out_file.write(homeinfo)
        homecnt=homecnt+value['房屋数量']
        homepricecount=homepricecount+value['房屋单价总和']
    #打印郑州市二手房的数据：房屋数量及均价
    print('郑州市二手房房屋数量为：',homecnt,"房屋均价为:",homepricecount//homecnt)
    info='房屋数量为：'+str(homecnt)+'\t'+"房屋均价为:"+'\t'+str (homepricecount//
homecnt)
    out_file.write(info)
    out_file.close()
```

3.2　读/写 CSV 文件

CSV 是一种通用的、相对简单的文件格式，一般使用逗号分隔数据。逗号分隔值（Comma-Separated Values，CSV）也称为字符分隔值，其文件以纯文本形式存储表格数据（数字和文本）。CSV 文件由任意数量的记录组成，每条记录均使用某种换行符分隔；每条记录均由若干个字段组成，每个字段均使用分隔符进行分隔，最常见的是逗号或制表符。通常，在 CSV 文件中，所有记录都有完全相同的字段序列，且结构简单，因此被行业广泛应用。

3.2.1　CSV 类库

在 Python 中，虽然可以使用读取文本文件的方法读取 CSV 文件，但是为了使用户更方便地操作 CSV 文件，Python 内置了 CSV 文件的操作类库 csv。在访问 CSV 文件时，导入 csv 类库即可，其代码为 import csv。

在完成本节案例前，先对内置 csv 类库中常用的方法进行介绍，如表 3-2 所示。

表 3-2　csv 类库中常用的方法

方 法 名 称	参 数 说 明	方 法 说 明
reader(csvfile,dialect='excel', fmtparams)	csvfile：可以进行迭代的 CSV 文件，若 csvfile 是一个文件对象，则应该使用 newline="打开文件 dialect：定义 CSV 文件中的一组参数，可以是 dialect 类的子类的实例，也可以是函数 list_dialects()返回的字符串之一 fmtparams：可以给出关键字参数来覆盖当前各个格式参数；如使用 delimiter=','表示数据之间的分隔符	返回一个 reader 对象，该对象可以逐行遍历 CSV 文件
writer(csvfile,dialect='excel', fmtparams)	csvfile：可以是带有 write()方法的任何对象，若 csvfile 是一个文件对象，则应该使用 newline="打开文件 dialect、fmtparams 方法中的参数含义与 reader 方法中的参数含义相同	将数据在给定的文件类对象上转换成带有分隔符的字符串

3.2.2 读/写 CSV 文件数据实例

在公司采集到的关于郑州市二手房的数据文件中，除了上一节用到的三个文本文件，还包括三个 CSV 文件。小孟统计完文本文件中的数据后，现在还需要对 CSV 文件中的数据进行统计、处理。对于 CSV 文件中的数据，小孟恰好想在近期购买一套二手房，所以对于 CSV 文件中的数据除了像上一节，完成对郑州市二手房数据的统计，还计划筛选出高新区中房屋单价在 10000 元～15000 元范围内的房源。与上一节的处理过程类似，为了圆满完成本次任务，小孟计划分以下几个步骤进行，并逐步迭代完成。

（1）分析单个 CSV 文件中的数据。

（2）扩展到分析多个 CSV 文件中的数据。

（3）保存分析结果。

1．分析单个 CSV 文件中的数据

经过初步分析，对单个 CSV 文件中数据的处理过程与上一节中对单个文本文件数据的处理过程类似，这里不再累述。需要注意的是，为了展示 Python 科学计算灵活与丰富的特性，上一节将统计结果存放在一个字典中，而本节的统计结果将存放在一个列表中。列表中的每个元素均为一个嵌套的列表，用于存放每个区域的统计结果，主要有 4 个数据：区域名称、房屋数量、房屋单价总和、房屋均价。

本案例主要代码如下（程序清单为：chapter3/EX03_2_1）：

```
1    #coding=utf-8
2    import csv
3    #通过一个循环，检测新的区域名称是否在列表中
4    def IsExists(area,area_list):
5        flag=False
6        for t in area_list:
7            if area in t or t in area:
8                flag=True
9                break
10       return  flag
11   #定义一个列表，存放筛选结果
12   selectresult=[]
13   #定义一个列表，存放统计结果
14   outputdata= []
15   #定义统计结果的表头
16   output_header=['区域名称','房屋数量','房屋单价总和','房屋均价']
17   #定义一个列表，用于存储已经获取的区域名称
18   area_list=[]
19   #定义一个布尔变量，表示新读取的区域名称中是否已经存在于结果集中
20   flag=False
21   #用于表示无效数据的行数
22   rownullcnt = 0
23   #用于表示所有数据的行数
```

```
24    rowcnt = 0
25    #打开 CSV 文件
26    input_file=open(r'..\datafile\郑州市二手房数据part4.csv',encoding='utf-8')
27    #使用 reader 方法返回一个 reader 对象，用来遍历 CSV 文件中的所有数据
28    csv_reader=csv.reader(input_file,delimiter=',',)
29    #第一行为数据标题，统计数据时需要跳过 CSV 文件的第一行
30    header=next(csv_reader)
31    #遍历访问 CSV 文件中的每行数据
32    for row in csv_reader:
33        #定义一个列表，存放新的区域房屋数据
34        rowcnt = rowcnt + 1
35        data=[]
36        area=row[1]
37        #row[9]为房屋单价列
38        if row[9]!='NULL':
39            homeprice=float(row[9])
40        else:
41            homeprice=0
42        if area =='NULL':
43            rownullcnt = rownullcnt + 1
44            continue
45        else:
46            #筛选高新区房屋单价在 10000 元～15000 元范围内的房屋信息，并将满足条件的
              #房屋信息存放到 selectresult 列表中
47            if area in '高新区' and homeprice>=10000 and homeprice<=15000:
48                selectresult.append(row)
49            #调用 IsExists 方法，判断新获取的区域数据是否已经存在
50            flag = IsExists(area, area_list)
51            if not flag:
52                #若区域数据不存在，则将新获取的区域名称追加到区域名称列表中
53                area_list.append(area)
54    #在新的区域房屋列表中追加区域名称、房屋数量、房屋单价总和、房屋均价等信息
55                data.append(area)
56                data.append(1)
57                data.append(homeprice)  #增加当前区域房屋单价总和
58                data.append(homeprice)  #增加当前区域房屋均价
59                #将新的区域数据追加到输出结果列表中
60                outputdata.append(data)
61            else:
62                #区域名称已存在，遍历输出结果列表，并对相应区域的数据进行修改
63                for item in outputdata:
64                    if area in item[0] or item[0] in area:
65                      #item[1]表示房屋数量，item[2]表示房屋单价总和
                        #item[3]表示房屋均价
66                       item[1]=item[1]+1
67                       item[2]=item[2]+homeprice
```

```
68                      item[3]=item[2]//item[1]
69      input_file.close()
70      #打印郑州市二手房的数据：房屋数量及房屋均价
71      homecnt=0
72      homepricecount=0
73      print('房屋数据统计结果：')
74      print("数据总数:",rowcnt,"无效数据行数:",rownullcnt)
75      #打印列表表头
76      print(output_header[0],'\t',output_header[1],'\t',output_
        header[2],'\t',output_header[3])
77      #通过循环输出每个区域的统计结果，并计算所有房屋总数与房屋单价总和
78      for d in outputdata:
79          print(d[0],'\t',d[1],'\t',d[2],'\t',d[3])
80          #将每个区域的统计数据进行累加
81          homecnt=homecnt+float(d[1])
82          homepricecount=homepricecount+float(d[2])
83      info='房屋数量为：'+str(homecnt)+'\t'+"房屋均价为:"+'\t'+str
        (homepricecount//homecnt)
84      print(info)
85      print('满足小孟要求的房源信息：')
86      for row in selectresult:
87          print(row)
```

运行结果如图 3-3 所示。

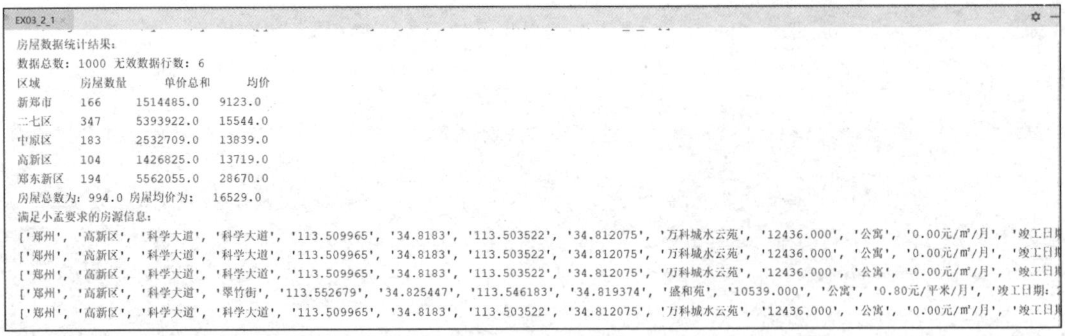

```
EX03_2_1
房屋数据统计结果：
数据总数：1000 无效数据行数：6
区域        房屋数量        单价总和        均价
新郑市      166     1514485.0     9123.0
二七区      347     5393922.0     15544.0
中原区      183     2532709.0     13839.0
高新区      104     1426825.0     13719.0
郑东新区    194     5562055.0     28670.0
房屋总数为：994.0 房屋均价为：   16529.0
满足小孟要求的房源信息：
['郑州', '高新区', '科学大道', '科学大道', '113.509965', '34.8183', '113.503522', '34.812075', '万科城水云苑', '12436.000', '公寓', '0.00元/m²/月', '竣工日
['郑州', '高新区', '科学大道', '科学大道', '113.509965', '34.8183', '113.503522', '34.812075', '万科城水云苑', '12436.000', '公寓', '0.00元/m²/月', '竣工日
['郑州', '高新区', '科学大道', '科学大道', '113.509965', '34.8183', '113.503522', '34.812075', '万科城水云苑', '12436.000', '公寓', '0.00元/m²/月', '竣工日
['郑州', '高新区', '科学大道', '翠竹街', '113.552679', '34.825447', '113.546183', '34.819374', '盛和苑', '10539.000', '公寓', '0.80元/平米/月', '竣工日期：
['郑州', '高新区', '科学大道', '科学大道', '113.509965', '34.8183', '113.503522', '34.812075', '万科城水云苑', '12436.000', '公寓', '0.00元/m²/月', '竣工日
```

图 3-3　运行结果

2. 分析多个 CSV 文件的数据

小孟通过上述程序，完成了对单个 CSV 文件的分析，获取到了郑州市部分二手房数据的统计结果及部分房源数据，但是这并不是最终结果，因为有多个 CSV 文件中的数据需要进行统计。所以，小孟在上述程序基础上，对程序进行了扩展，完成对多个 CSV 文件数据的统计与分析。与上一节类似，这里只展示与 EX03_2_1 程序不同的代码。本节案例的主要源代码如下（程序清单：chapter3/EX03_2_2）：

（1）增加两个类库的导入。

```
import os
import glob
```

（2）将 EX03_2_1 程序的第 25～28 行代码更改为如下代码：

```
#打开 CSV 文件
all_files = glob.glob(os.path.join(r'../datafile', '*.csv'))
for file in all_files:
    input_file=open(file,encoding='utf-8')
    #使用 reader 方法返回一个 reader 对象，用来遍历 CSV 文件中的所有数据
    csv_reader=csv.reader(input_file,delimiter=',')
```

本案例的运行结果如图 3-4 所示。

```
EX03_2_2
房屋数据统计结果:
数据总数: 3000 无效数据行数: 28
区域      房屋数量      单价总和      均价
新郑市    166      1514485.0   9123.0
二七区    347      5393922.0   15544.0
中原区    188      2594605.0   13801.0
高新区    337      4211078.0   12495.0
郑东新区  267      7600282.0   28465.0
荥阳市    352      2888057.0   8204.0
经开区    371      6342261.0   17095.0
惠济区    352      5120383.0   14546.0
管城回族区    211      3004214.0   14237.0
金水区    159      2600231.0   16353.0
郑州周边  182      1457727.0   8009.0
新密市    40       314261.0    7856.0
房屋总数为: 2972.0    房屋均价为:   14482.0
满足小孟要求的房源信息:
['郑州', '高新区', '科学大道', '科学大道', '113.509965', '34.8183', '113.503522', '34.812075', '万科城水云苑', '12436.000', '公寓', '0.00元/m²/月', '竣工日期
['郑州', '高新区', '科学大道', '科学大道', '113.509965', '34.8183', '113.503522', '34.812075', '万科城水云苑', '12436.000', '公寓', '0.00元/m²/月', '竣工日期
```

图 3-4　运行结果

3．将结果保存到 CSV 文件中

小孟在将所有的 CSV 文件数据分析完毕后，为了能够将统计结果重复使用，或者进行图形化展示，故需要将分析结果进行保存。

本案例的实现过程步骤如下：

步骤 1：使用 open 方法打开一个输出文件，打开模式为“a”，将数据追加到文件的末尾处。

步骤 2：写入数据的表头。

步骤 3：通过循环访问统计结果列表中的每条数据；将每条数据进行拼接，以逗号分隔符隔开，将数据转换为字符串。

步骤 4：使用 file.write()方法将字符串保存到 CSV 文件中。

步骤 5：写入整个郑州市二手房的统计数据，包括房屋总数及房屋均价。

步骤 6：关闭 CSV 文件。

本案例主要演示最后数据的保存过程，数据的统计不再展示。主要对 EX03_2_1 中第 70 行以后的代码进行修改，主要代码如下（程序清单为：chapter3/EX03_2_2）：

```
1   #打开输出文件
2   out_file=open(r'..\datafile\郑州市二手房数据统计结果.csv','a',encoding='utf-8')
3   #打印郑州市二手房的数据：房屋总数及房屋均价
4   homecnt=0
5   homepricecount=0
6   print('房屋数据统计结果：')
7   print("数据总数:",rowcnt,"无效数据行数:",rownullcnt)
8   #将列表的表头写入 CSV 文件
9   out_file.write(','.join(map(str, output_header)) + '\n')
10  #打印列表表头
11  print(output_header[0],'\t',output_header[1],'\t',output_
    header[2],'\t',output_header[3])
12  #通过循环，输出每个区域的统计结果，并计算所有房屋数量与房屋单价总和
13  for d in outputdata:
14      print(d[0],'\t',d[1],'\t',d[2],'\t',d[3])
15      #将每个区域的统计数据均写入到 CSV 文件中
16      out_file.write(','.join(map(str, d)) + '\n')
17      homecnt=homecnt+float(d[1])
18      homepricecount=homepricecount+float(d[2])
19  info='房屋数量为：'+str(homecnt)+'\t'+"房屋均价为:"+'\t'+str
    (homepricecount//homecnt)
20  out_file.write(info)
21  print(info)
22  print('满足小孟要求的房源信息：')
23  for row in selectresult:
24      print(row)
```

3.3 读/写 Excel 文件

Excel 作为目前常用的一种电子表格文件，以其功能强大、使用方便，获得了诸多用户的偏爱。Excel 也提供了非常丰富的函数与公式，能够对数据进行筛选、统计、求和等处理，但是当用户需要同时处理多个工作表或者多个工作簿时，操作就略微有些不太方便。在 Python 中，内置了对 Excel 文件操作的模块，可以通过编程的方式，方便灵活地对 Excel 文件进行读/写，对数据进行各种筛选、统计等处理。在本节中，将介绍 Python 对 Excel 文件数据的处理。

3.3.1 Excel 文件相关类库

在操作 Excel 文件前，首先要清楚 Excel 文件的构成。一个 Excel 文件称为一个工作簿（Book），在一个工作簿中有多个工作表（Sheet），一个工作表有多个行和列，行和列之间又形成了多个单元格。在一个工作表中，默认的行号为 1、2、3…，列号为 A、B、C…，

单元格的命名为“列号+行号”，如 A1 表示第一行第一列。

在 Python 中，在操作 Excel 文件时，主要用到两个模块：xlrd 和 xlwt，其中 xlrd 用来读取 Excel 文件，xlwt 用来写入 Excel 文件。因此，在读/写 Excel 文件时，需要导入 xlrd 和 xlwt 两个类库，代码如下：

```
import xlrd
import xlwt
```

下面主要介绍 xlrd 与 xlwt 两个模块常用的方法，分别如表 3-3、表 3-4 所示。

表 3-3　xlrd 模块常用的方法

<table>
<tr><th>方法名称</th><th>参数说明</th><th>方法说明</th></tr>
<tr><td>xlrd.open_workbook(filename[, logfile, file_contents, ...])</td><td>filename：需要操作的文件名（包括文件路径和文件名称）</td><td>打开 Excel 文件，若 filename 不存在，则报错 FileNotFoundError；若 filename 存在，则返回值为 xlrd.book.Book 对象</td></tr>
<tr><td>BookObject.sheet_names()</td><td>—</td><td>获取所有 sheet 名称，以列表方式显示</td></tr>
<tr><td>BookObject.sheets()</td><td>—</td><td>获取所有 sheet 对象，以列表形式显示</td></tr>
<tr><td>BookObject.sheet_by_index (index)</td><td>index：sheet 的索引值，索引从 0 开始计算</td><td>通过 sheet 索引获取所需的 sheet 对象，若 index 超出索引范围，则报错 IndexError；若 index 在索引范围内，则返回值为 xlrd.sheet.Sheet 对象</td></tr>
<tr><td>BookObject.sheet_by_name (sheet_name)</td><td>sheet_name：sheet 名称</td><td>通过 sheet 名称获取需要的 sheet 对象。若 sheet_name 不存在，则报错 xlrd.biffh.XLRDError；若 sheet_name 存在，则返回值为 xlrd.sheet.Sheet 对象</td></tr>
<tr><td>BookObject.sheet_loaded (sheet_name_or_index)</td><td>sheet_name_or_index：工作表的名称或者索引</td><td>通过 sheet 名称或索引判断该 sheet 是否导入成功，返回值为 bool 类型。若返回值为 true，则表示已导入；若返回值为 false，则表示未导入</td></tr>
<tr><td>SheetObject.nrows</td><td>—</td><td>获取某 sheet 中的有效行数</td></tr>
<tr><td>SheetObject.row_values(rowx[, start_colx=0, end_colx=None])</td><td rowspan="4">rowx：行标，行数从 0 开始计算（0 表示第一行），必填参数；
start_colx：起始列，表示从 start_colx 列开始取值，包括第 start_colx 列的值，默认值为 0；
end_colx：结束列，表示到 end_colx 列结束取值，不包括第 end_colx 列的值。默认值为 None，即表示取整行相关数据</td><td>获取 sheet 中第 rowx+1 行从 start_colx 列到 end_colx 列的单元格，返回值为列表。
若 rowx 在索引范围内，则以列表形式返回数据；
若 rowx 不在索引范围内，则报错 IndexError</td></tr>
<tr><td>SheetObject.row(rowx)</td><td>获取 sheet 中第 rowx+1 行的单元格，返回值为列表</td></tr>
<tr><td>SheetObject.row_slice(rowx[, start_colx=0, end_colx=None])：</td><td>以切片方式获取 sheet 中第 rowx+1 行从 start_colx 列到 end_colx 列的单元格，返回值为列表</td></tr>
<tr><td>SheetObject.row_len(rowx)</td><td>获取 sheet 中第 rowx+1 行的长度</td></tr>
<tr><td>SheetObject.ncols</td><td>—</td><td>获取某 sheet 中的有效列数</td></tr>
<tr><td>SheetObject.col_values(colx[, start_rowx=0, end_rowx=None])：</td><td rowspan="2">colx：列标，列数从 0 开始计算（0 表示第一列），必填参数；
start_rowx：起始行，表示从 start_rowx 行开始取值，包括第 start_rowx 行的值；默认值为 0；
end_rowx：结束行，表示到 end_rowx 列结束取值，不包括第 end_rowx 列的值，默认值为 None，即表示取整列相关数据</td><td>获取 sheet 中第 colx+1 列从 start_rowx 行到 end_rowx 行的单元格，返回值为列表</td></tr>
<tr><td>SheetObject.col_slice(colx[, start_rowx=0, end_rowx=None])</td><td>以切片方式获取 sheet 中第 colx+1 列从 start_rowx 行到 end_rowx 行的单元格，返回值为列表。
列表每个值的内容均为单元类型：单元数据</td></tr>
</table>

续表

方法名称	参数说明	方法说明
ShellObeject.cell(rowx, colx)	rowx：行号 colx：列号	获取 sheet 对象中第 rowx+1 行、第 colx+1 列的单元格，返回值为'xlrd.sheet.Cell'类型，返回值的格式为单元类型：单元值
ShellObject.cell_value(rowx, colx)		获取 sheet 对象中第 rowx+1 行、第 colx+1 列的单元格值
xlrd.xldate_as_tuple(xldate, datemode)	xldate：sheet 对象中单元格的数据； datemode：日期模式	若单元格数据为日期/时间，则将转化为适用于 datetime 的元组；若单元格数据的类型为 date，即类型值为 3，则表示此单元格的数据为日期
SheetObject.merged_cells	—	获取 sheet 中合并单元格的信息，返回值为列表；列表中每个单元格信息的格式为(row_start, row_end, col_start, col_end)；row_start 表示合并单元格的起始行；row_end 表示合并单元格的结束行；col_start 表示合并单元格的起始列；col_end 表示合并单元格的结束列

表 3-4　xlwt 模块常用的方法

方法名称	参数说明	方法说明
xlwt.Workbook(encoding='ascii')	encoding：文件编码方式，默认为 ASCII 码编码方式	新建一个 Excel 对象，返回一个 Workbook 对象
work_book.save(filename)	filename：文件路径，可以是相对路径，也可以是绝对路径	将 Excel 对象保存为 Excel 文件
work_book.add_sheet(sheetname, cell_overwrite_ok=False)	sheetname：工作表名称； 若将 cell_overwrite_ok 设为 true，则 sheet 中的单元格即使被多次重写也不会报错	在 work_book 中添加一个指定名称的 sheet 表
sheet.write(row, col, label='', style=Style.default_style)：	row：行号 col：列号 label：写入的值 style：单元格格式	在单元格“(r, c)”中写入值“label”，可以指定单元格的格式 style
sheet.merge(r1, r2, c1, c2, style=Style.default_style)	r1,c1：合并单元格的起始单元格的行号、列号； r2,c2：合并单元格的最后单元格的行号、列号； style：单元格格式	合并单元格
sheet.write_merge(r1, r2, c1, c2, label="", style=Style.default_style)		合并单元格，并写入值
sheet.row_height(row)	row：行号	获取行高
sheet.col_width(col)	col：列号	获取列宽
sheet.row(index)	index：行索引	获取行对象，可以通过行对象的值来获取和设置行属性，如设置行高 sheet.row(0).height=40
sheet.col(index)	index：列索引	获取列对象，可以通过列对象的值来获取和设置列属性，如设置列宽 sheet.col(0).width=40

3.3.2　读/写 Excel 文件数据实例

对于本次二手房房源信息的筛选、房屋数量及均价的统计工作，小孟在完成了文本文件、CSV 文件的数据统计后，还需要完成对 Excel 文件中数据的处理，也就是说还需要对 Excel 文件数据进行其他操作，如房源筛选、计算房屋均价、统计房源数量等。在本次工作任务中，有两个 Excel 数据文件，在每个 Excel 文件中，又有两个工作表。对于 Excel 文件的统计，小孟还是计划与前面一样，逐步迭代完成本次工作，工作计划如下：

（1）对单个工作表的处理：进行房源筛选、计算房屋均价、统计房源数量。

① 打开文件。

② 对单个工作表的数据进行筛选、分析、统计。

（2）将（1）的过程迭代到对整个工作簿（多个工作表）中进行统计、分析等工作。

（3）将（2）的过程迭代到对多个工作簿中进行统计、分析等工作。

（4）将结果保存到 Excel 文件中。

1. 对单个工作表数据的统计、分析

经过初步分析，对 Excel 文件数据的处理过程与对文本文件数据和 CSV 文件数据的处理过程类似，这里不再累述。与上一节相似，本节的统计结果存放在一个列表中。列表中的每个元素均为一个嵌套的列表，用于存放每个区域的统计结果，主要有 4 类数据：区域名称、房屋数量、房屋单价总和及房屋均价。

本过程主要代码如下（程序清单为：chapter3/EX03_3_1）：

```
1    #coding=utf-8
2    import xlrd
3    import xlwt
4    #通过一个循环，检测新的区域名称是否在列表中
5    def IsExists(area,area_list):
6        flag=False
7        for t in area_list:
8            if area in t or t in area:
9                flag=True
10               break
11        return  flag
12   #定义一个列表，存放筛选结果
13   selectresult=[]
14   #定义一个列表，存放统计结果
15   outputdata= []
16   #定义统计结果的表头
17   output_header=['区域名称','房屋数量','房屋单价总和','房屋均价']
18   #定义一个列表，用于存储已经获取的区域名称
19   area_list=[]
20   #定义一个布尔变量，表示新读取的区域名称是否已经存在于结果集中
21   flag=False
22   #用于表示无效数据的行数
23   rownullcnt = 0
24   #用于表示所有数据的行数
25   rowcnt = 0
26   #打开 Excel 文件
27   workBook=xlrd.open_workbook(r'../datafile/郑州市二手房数据part7-8.xlsx')
28   #按照工作表名打开工作表
```

```
29   worksheet=workBook.sheet_by_name('Sheet1')
30   for rowIndex in range(1,worksheet.nrows):
31       #定义一个列表，存放新的区域房屋数据
32       data = []
33       #使用 cell_value 方法获取区域名称和房屋单价
34       area = worksheet.cell_value(rowIndex,1)
35       rowcnt = rowcnt + 1
36       #worksheet.cell_value(rowIndex,9)获取房屋单价
37       if worksheet.cell_value(rowIndex,9) != 'NULL':
38           homeprice = float(worksheet.cell_value(rowIndex,9))
39       else:
40           homeprice = 0
41       if area=='NULL':
42           rownullcnt = rownullcnt + 1
43           continue
44       else:
45           #筛选高新区房屋均价在 10000～15000 元范围内的房屋信息，并将满足条件的
             #房屋信息存放到 selectresult 列表中
46           if area in '高新区' and homeprice >= 10000 and homeprice <= 15000:
47               selectresult.append(worksheet.row_values(rowIndex))
48           flag = IsExists(area, area_list)
49           if not flag:
50               #若区域数据不存在，则将新获取的区域名称追加到区域名称列表中
51               area_list.append(area)
52               #在新的区域列表中追加区域名称、房屋数量、房屋单价、房屋均价等信息
53               data.append(area)
54               data.append(1)
55               data.append(homeprice)   #增加当前区域房屋单价
56               data.append(homeprice)   #增加当前区域房屋均价
57               #将新的区域数据追加到输出结果列表中
58               outputdata.append(data)
59           else:
60               #区域名称已存在，遍历输出结果列表，并对相应区域的数据进行修改
61               for item in outputdata:
62                   if area in item[0] or item[0] in area:
63                       #item[1]表示区域房屋数量，item[2]表示房屋单价总和
                         #item[3]表示房屋均价
64                       item[1] = item[1] + 1
65                       item[2] = item[2] + homeprice
66                       item[3] = item[2] // item[1]
67   #打印郑州市二手房的数据：房屋数量及房屋均价
68   homecnt=0
69   homepricecount=0
```

```
70    print('房屋数据统计结果: ')
71    print("数据总数:",rowcnt,"无效数据行数:",rownullcnt)
72    #打印列表表头
73    print(output_header[0],'\t',output_header[1],'\t',output_header[2],
      '\t',output_header[3])
74    #通过循环输出每个区域的统计结果，并计算房屋数量与房屋单价总和
75    for d in outputdata:
76        print(d[0],'\t',d[1],'\t',d[2],'\t',d[3])
77        homecnt=homecnt+float(d[1])
78        homepricecount=homepricecount+float(d[2])
79    info='房屋数量为: '+str(homecnt)+'\t'+"房屋均价为:"+'\t'+str
      (homepricecount//homecnt)
80    print(info)
81    print('满足小孟要求的房源信息: ')
82    for row in selectresult:
83        print(row)
```

运行结果如图 3-5 所示。

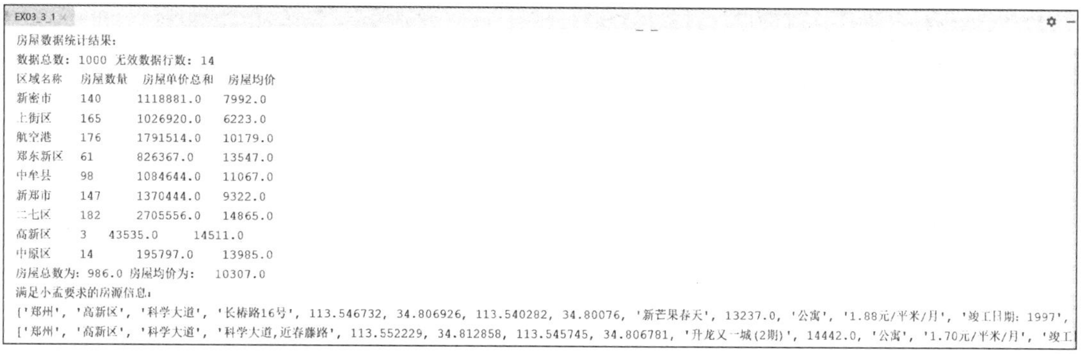

```
EX03_3_1
房屋数据统计结果:
数据总数: 1000 无效数据行数: 14
区域名称  房屋数量  房屋单价总和  房屋均价
新密市    140      1118881.0    7992.0
上街区    165      1026920.0    6223.0
航空港    176      1791514.0    10179.0
郑东新区  61       826367.0     13547.0
中牟县    98       1084644.0    11067.0
新郑市    147      1370444.0    9322.0
二七区    182      2705556.0    14865.0
高新区    3   43535.0      14511.0
中原区    14       195797.0     13985.0
房屋总数为: 986.0 房屋均价为:   10307.0
满足小孟要求的房源信息:
['郑州', '高新区', '科学大道', '长椿路16号', 113.546732, 34.806926, 113.540282, 34.80076, '新芒果春天', 13237.0, '公寓', '1.88元/平米/月', '竣工日期: 1997',
['郑州', '高新区', '科学大道', '科学大道,近春藤路', 113.552229, 34.812858, 113.545745, 34.806781, '升龙又一城(2期)', 14442.0, '公寓', '1.70元/平米/月', '竣工
```

图 3-5　运行结果

2．对整个 Excel 工作簿（多个工作表）数据的统计、分析

在一个 Excel 文件（一个工作簿）中，可能会有多个工作表。在对 Excel 文件数据进行统计分析时，可以通过 sheet_names()方法获取 Excel 文件中所有的工作表名，然后通过循环访问每个工作表的数据。在本案例中，一个工作簿包含两个工作表。

根据上述方法，在对整个工作簿数据进行统计、分析时，只要对 EX03_3_1 程序中的第 28～29 行代码进行简单修改即可，主要修改的代码如下（程序清单为：chapter3/EX03_3_2）：

```
#使用 workBook.sheet_names()获取工作簿中所有的工作表，并通过循环对每个工作表进行访问
for sheetname in workBook.sheet_names():
    #按照工作表的名称打开工作表
    worksheet=workBook.sheet_by_name(sheetname)
```

3．对多个 Excel 工作簿文件数据的统计、分析

为了能够访问多个 Excel 工作簿文件，可以通过 glob.glob(os.path.join(r'../datafile',

'*.xlsx'))方法，获取所有 Excel 工作簿文件，然后通过循环访问，对每个 Excel 工作簿文件数据进行统计、分析。本过程在第二步的基础上，迭代完成即可。

根据上述方法，在对多个 Excel 工作簿进行统计、分析时，只要对 EX03_3_1 程序中的第 26～29 行代码进行简单修改即可，主要修改的代码如下（程序清单为：chapter3/EX03_3_2）：

（1）导入 os 与 glob 库。

```
import os
import glob
```

（2）获取 datafile 文件夹下的所有 Excel 文件。

```
all_files=glob.glob(os.path.join(r'../datafile', '*.xlsx'))
for file in all_files:
    #打开 Excel 文件
    workBook=xlrd.open_workbook(file)
    #使用 sheet_names()获取所有的工作表名，并通过循环访问每一个工作表
    for sheet in workBook.sheet_names():
```

运行结果如图 3-6 所示。

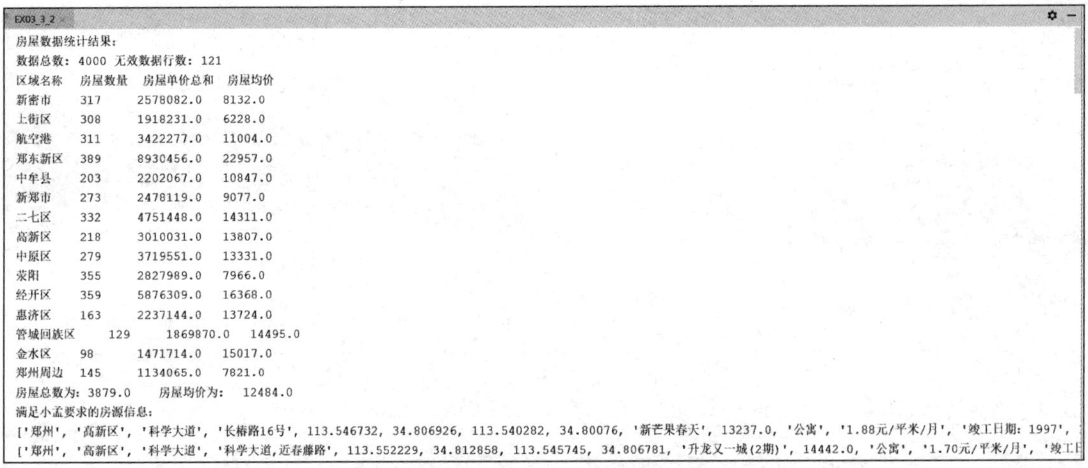

```
EX03_3_2
房屋数据统计结果:
数据总数: 4000 无效数据行数: 121
区域名称   房屋数量   房屋单价总和   房屋均价
新密市     317        2578082.0      8132.0
上街区     308        1918231.0      6228.0
航空港     311        3422277.0      11004.0
郑东新区   389        8930456.0      22957.0
中牟县     203        2202067.0      10847.0
新郑市     273        2478119.0      9077.0
二七区     332        4751448.0      14311.0
高新区     218        3010031.0      13807.0
中原区     279        3719551.0      13331.0
荥阳       355        2827989.0      7966.0
经开区     359        5876309.0      16368.0
惠济区     163        2237144.0      13724.0
管城回族区      129        1869870.0      14495.0
金水区     98         1471714.0      15017.0
郑州周边   145        1134065.0      7821.0
房屋总数为: 3879.0    房屋均价为:  12484.0
满足小孟要求的房源信息:
['郑州', '高新区', '科学大道', '长椿路16号', 113.546732, 34.806926, 113.540282, 34.80076, '新芒果春天', 13237.0, '公寓', '1.88元/平米/月', '竣工日期: 1997',
['郑州', '高新区', '科学大道', '科学大道,近春藤路', 113.552229, 34.812858, 113.545745, 34.806781, '升龙又一城(2期)', 14442.0, '公寓', '1.70元/平米/月', '竣工日
```

图 3-6　对多个工作簿的统计结果

4. 将结果保存到 Excel 文件中

在将 Excel 文件中的数据分析、统计完毕后，为了能够将统计结果重复使用，或者图形化展示，需要将分析结果进行保存。在保存结果时，将统计结果保存到一个工作表中，将小孟查询出的房源结果保存到另外一个工作表中。

实现本过程的步骤如下：

步骤 1：使用 xlwt.Workbook()方法新建一个 Excel 对象。

步骤 2：使用 add_sheet()方法增加一个工作表。

步骤 3：在向 Excel 文件写入数据时，需要指定单元格的行和列，所以通过循环访问统计结果或者查询结果的每条数据时，需要按照索引进行访问。

步骤 4：使用 write(row, col, label='')方法将所有数据均保存到 Excel 文件中。

步骤 5：写入整个郑州市二手房的统计数据，包括房屋数量及房屋均价。

步骤 6：重复步骤 2～步骤 5，写入筛选的房源数据。

步骤 7：使用 save()方法保存数据。

本过程主要对 EX03_3_1 中的第 67 行以后的代码进行修改，修改后的主要代码如下（程序清单为：chapter3/EX03_3_3）：

```
1    #打印郑州市二手房的数据：房屋数量及房屋均价
2    homecnt=0
3    homepricecount=0
4    #使用 xlwt.Workbook()新建一个 Excel 对象
5    out_workbook=xlwt.Workbook()
6    #使用 add_sheet()增加一个工作表
7    out_workbooksheet=out_workbook.add_sheet('统计结果')
8    print('房屋数据统计结果：')
9    print("数据总数:",rowcnt,"无效数据行数:",rownullcnt)
10    #打印列表表头
11    print(output_header[0],'\t',output_header[1],'\t',output_
      header[2],'\t',output_header[3])
12    #在工作表中写入表头
13    for t in range(len(output_header)):
14       out_workbooksheet.write(0,t,output_header[t])
15    #通过循环，输出每个区域的统计结果，并计算所有的房屋数量与房屋单价总和
16    #获取每个数据的行索引和列索引
17    for r in range(len(outputdata)):
18       for c in range(len(outputdata[0])):
19          #将全部数据均写入工作表中
20          out_workbooksheet.write(r+1, c, outputdata[r][c])
21       print(outputdata[r])
22       homecnt=homecnt+float(outputdata[r][1])
23       homepricecount=homepricecount+float(outputdata[r][2])
24    info='房屋数量为：'+str(homecnt)+'\t'+"房屋均价为:"+'\t'+str
      (homepricecount//homecnt)
25    #将整个数据的统计结果写入工作表中
26    out_workbooksheet.write(1+len(outputdata),0,info)
27    print(info)
28    #增加一个新的工作表，用来保存筛选的房源数据
29    out_workbooksheet2=out_workbook.add_sheet('满足小孟要求的房源')
30    print('满足小孟要求的房源信息：')
31    #通过循环获取每个数据的行索引和列索引，输出筛选出的房源数据
32    for r in range(len(selectresult)):
33       for c in range(len(selectresult[0])):
34          #将数据写入工作表中
35          out_workbooksheet2.write(r,c,selectresult[r][c])
36       print(selectresult[r])
37    #保存 Excel 文件数据
38    out_workbook.save('郑州市二手房数据统计结果.xls')
```

3.4 读/写 JSON 文件

JSON（JavaScript Object Notation，JS 对象简谱）是一种轻量级的数据交换格式，采用完全独立于编程语言的文本格式来存储和表示数据。JSON 主要的优点是：简洁和清晰的层次结构，易于人们阅读和编写，同时也易于机器解析和生成。这使得 JSON 成为理想的数据交换语言，使用 JSON 编程语言可以有效地提升网络传输效率。

任何数据类型都可以通过 JSON 来表示，如字符串、数字、对象、数组等，其中对象和数组是比较特殊且常用的两种类型。也就是说，JSON 将 JavaScript 对象中表示的一组数据转换为字符串，然后就可以在网络或者程序之间轻松地传递数据了，并在需要时将它还原为各编程语言所支持的数据格式。

使用 JSON 表示对象：对象是一个无序的名称/值对集合，在 JSON 中对象是用花括号（{}）括起来的内容，其数据结构为{key1: value1, key2: value2,…}的键值对结构。在面向对象的语言中，key 为对象的属性，value 为对应的值。键名可以使用整数和字符串来表示，值的类型可以是任意类型，如{"工号":"1900001","Name":"孟晓鑫"}。

使用 JSON 表示数组：在 JSON 中数组是用方括号（[]）括起来的内容，其数据结构为["java","javascript","vb",…]的索引结构。

3.4.1 类库方法介绍

在 Python 中，对于 JSON 文本数据的处理，需要使用 JSON 类库。导入 JSON 类库的方法为 import json()。在这个类库中，对应的方法主要有两种，如表 3-5 所示。

表 3-5 JSON 类库的常用方法

<table>
<tr><th>方　法</th><th>参数说明</th><th>方法说明</th></tr>
<tr><td>json.dump(obj, fp, *, skipkeys=False, ensure_ascii=True, check_circular=True, allow_nan=True, cls=None, indent=None, separators=None, default=None, sort_keys=False, **kw)</td><td rowspan="2">obj：表示的是要序列化的对象。
fp：文件描述符，将序列化的 str 保存到文件中。
skipkeys：默认为 false，若 skipkeys 为 true，则将跳过不是基本类型(str、int、float、bool、None)的 dict 键，而不会引发 TypeError。
ensure_ascii：默认值为 true，能将所有传入的非 ASCII 码字符转义输出；若其值为 false，则这些字符将按原样输出。
check_circular：默认值为 true。若其值为 false，则将跳过对容器类型的循环引用检查，循环引用将导致 OverflowError。
allow_nan：默认值为 true。若其值为 false，则严格遵守 JSON 规范，序列化超出范围的浮点值（nan,inf,-inf）会引发 ValueError；若其值为 true，则将使用它们的 JavaScript 等效项（NaN,Infinity,-Infinity）。
indent：设置缩进格式，默认值为 None，选择的是最紧凑的表示。若 indent 是非负整数或字符串，则 JSON 数组元素和对象成员将使用该缩进级别进行输入；若 indent 为 0、负数或" "，则仅插入换行符，且 indent 使用正整数缩进多个空格；若 indent 是一个字符串（如“\t”），则该字符串用于缩进每个级别。</td><td rowspan="2">将 Python 对象编码成 JSON 字符串，dumps 函数不需要文件描述符</td></tr>
<tr><td>json.dumps(obj, *, skipkeys=False, ensure_ascii=True, check_circular=True, allow_nan=True, cls=None, indent=None, separators=None, default=None, sort_keys=False, **kw)</td></tr>
</table>

续表

方　　法	参 数 说 明	方 法 说 明
	separators：去除分隔符后面的空格，默认值为 None。若指定缩进，则分隔符应为(item_separator，key_separator)元组；若缩进为 None，则默认为（',',':'）；若要获得最紧凑的 JSON 表示，则可以指定（',',':'）以消除空格。 default：默认值为 None。若该值被指定，则 default 是无法以其他方式序列化的对象调用的函数，它应返回对象的 JSON 可编码版本或引发 TypeError。若该值未被指定，则引发 TypeError。 sort_keys：默认值为 false。若其值为 true，则字典的输出将按键值排序	
json.load(fp, *, cls=None, object_hook=None, parse_float=None, parse_int=None, parse_constant=None, object_pairs_hook=None, **kw)	fp：文件描述符，将 fp 反序列化为 Python 对象。 object_hook：默认值为 None。object_hook 是一个可选函数，此功能可用于实现自定义解码器。指定一个函数，该函数负责把反序列化后的基本类型对象转换成自定义类型的对象。 parse_float：默认值为 None。若指定了 parse_float，则用来对 JSON float 字符串进行解码，这可用于为 JSON 浮点数使用另一种数据类型或解析器。 parse_int：默认值为 None。若指定 parse_int，则用来对 JSON int 字符串进行解码，这可以用于为 JSON 整数使用另一种数据类型或解析器。 parse_constant：默认值为 None。若指定 parse_constant，则对 -Infinity、Infinity、NaN 字符串进行调用；若遇到了无效的 JSON 符号，则会引发异常	将 JSON 格式数据解码为 Python 对象。 若 load 方法进行反序列化（解码）的数据不是一个有效的 JSON 文档，则会引发 JSONDecodeError 异常。 loads 函数不需要文件描述符
json.loads(s, *, encoding=None, cls=None, object_hook=None, parse_float=None, parse_int=None, parse_constant=None, object_pairs_hook=None, **kw)		

3.4.2　读/写 JSON 文件数据实例

小孟通过一段时间的努力工作，完成了对郑州市二手房的房源统计及均价计算的工作，受到了经理的表扬。在度过一个愉快的周末之后，开始了新一周的工作。这一天，产品经理给他分配了一个新的任务：在公司收集到的郑州市二手房数据中，有一列“核心卖点”的数据，这段数据是 JSON 格式，对于这些 JSON 数据，不方便进行数据筛选或者分析。因此需要小孟将这一列数据进行拆分，并将该列数据写入 Excel 文件中，方便后期对数据进行筛选或者分析。在接到这项任务后，小孟分析了文件中“核心卖点”这一列的 JSON 数据，觉得这是一项有挑战性、也非常有意思的工作，决定要认真完成该项工作。

如前所述，公司收集到的数据文件有多个，每个文件中都有“核心卖点”这一列。“核心卖点”这一列的数据结构如下：

```
{
  "核心卖点":*****,
  "业主心态":*****,
  "服务介绍":*****
}
```

小孟决定将 JSON 数据按照键/值对进行拆分处理，即将每个 JSON 数据均拆分为三列，列名为键名（核心卖点、业主心态、服务介绍），每列对应的内容均为每个键/值对应的值，然后将这三列增加到 Excel 文件中。

在这里，仅展示小孟对一个 Excel 文件中某一个工作表中“核心卖点”这一列数据的处理。本案例的处理过程如下：

（1）打开 Excel 文件中的工作表。

（2）通过循环获取每行“核心卖点”列的数据。

（3）通过 loads 方法，将 JSON 数据解码为 JSON 对象（字典格式数据）。

（4）通过访问字典的方式，获取相应的键/值对。

（5）将相应的数据写入 Excel 文件中。

在本案例中，需要将 JSON 拆分出的数据，写入原来的 Excel 文件中。小孟通过查阅相关文档发现有以下两种方法可以解决这个问题。

（1）使用 from xlutils.copy import copy 模块，对原来打开的工作簿进行复制，然后对复制的工作簿进行操作，再保存到原来的工作簿中。

（2）使用 openpyxl 模块，直接对打开的工作簿进行操作。

在本节中，将对这两种方法都进行讲解。对于多个工作簿或者多个 Excel 文件的处理，读者可以参考前面的示例。

1. 使用 from xlutils.copy import copy 模块

Xlutils 模块提供了用于处理 Excel 文件的工具集合，因为这些工具需要 xlrd 库或者 xlwt 库中的一个或者两个，因此在这里将这些工具集合在一起，并与这两个库分开。当前可用的工具如下：

（1）xlutils.copy：用于将 xlrd.Book 对象复制到 xlwt.Workbook 对象中。

（2）xlutils.display：用于以用户友好和安全的方式显示与 xlrd 相关的对象信息。

（3）xlutils.filter：用于将 Excel 文件拆分和过滤为新的 Excel 文件微型框架。

（4）xlutils.margins：用于查找 Excel 文件中的有用数据。

（5）xlutils.save：用于将 xlrd.Book 对象序列化为 Excel 文件。

（6）xlutils.styles：用于处理样式表示的格式信息。

同样，对于 xlutils 模块的安装，此处不进行介绍。本案例的主要代码如下（程序清单为：chapter3/EX03_4_1）：

```
1   import json
2   import xlrd
3   import xlwt
4   from xlutils.copy import copy
5   #定义一个函数，判断字符串是否为一个 JSON 数据
6   def is_json(myjson):
7      try:
8         json_object = json.loads(myjson)
9      except Exception as e:
10          return False
11      return True
12   #打开工作簿
13   rb=xlrd.open_workbook(r'../datafile/郑州市二手房数据 part7-8.xlsx')
```

```
14    #对打开的工作簿进行复制
15    wb =copy(rb)
16    #通过工作表索引循环访问工作簿的每个工作表
17    for sheet_index in range(rb.nsheets):
18        #通过工作表索引打开每个工作表
19        r_sheet = rb.sheet_by_index(sheet_index)
20        #获取要写入数据的工作表
21        w_sheet =wb.get_sheet(sheet_index)
22        jsondata=''
23        #在工作表的第一行的第 37、第 38、第 39 列写入列名
24        w_sheet.write(0,36,'核心卖点')
25        w_sheet.write(0,37,'业主心态')
26        w_sheet.write(0,38,'服务介绍')
27        #通过循环访问工作表的每行数据
28        for rowIndex in range(1,r_sheet.nrows):
29        #获取每行“核心卖点”列的数据，第 36 列（列索引为 35）为“核心卖点”列
30            jsondata=r_sheet.cell_value(rowIndex,35)
31            #调用 is_json 方法，判断获取的数据是否为 JSON 数据
32            if is_json(jsondata):
33                #调用 loads 方法，将 jsondata 数据转换为 JSON 对象
34                data = json.loads(jsondata)
35                #通过访问字典的方法获取相应的键值，并写入相应的单元格
36                w_sheet.write(rowIndex, 36, data['核心卖点'])
37                w_sheet.write(rowIndex, 37, data['业主心态'])
38                w_sheet.write(rowIndex, 38, data['服务介绍'])
39    #保存工作表，默认不保留原来工作表的数据格式
40    wb.save(r'../datafile/郑州市二手房数据 part.xls')
```

本案例部分运行结果如图 3-7 所示（Excel 文件中的部分列）。

核心卖点	核心卖点	业主心态	服务介绍
{"核心卖点	13.5万方	学校:金阳	本人为售楼
{"核心卖点	，整个项	建议多看	本人从事房
{"核心卖点	客厅：客	有这样一	本人从事房
{"核心卖点	商场：迎	成熟大社	我可以给你
{"核心卖点	项目总*16	全新的商	您刚好需要
{"核心卖点	客厅：客	有这样一	本人从事房
{"核心卖点	项目整体	该房源是	本人王芳媛
{"核心卖点	1在售的为	河南*，**，	主做新房销

图 3-7　部分运行结果

2．使用 openpyxl 模块

openpyxl 模块是一个用于读/写 Excel 2010 中 xlsx、xlsm、xltx、xltm 文件的 Python 库，该模块可以很方便地对 Excel 文件进行读/写操作。对于 openpyxl 模块的安装，此处不再介绍。

本案例的主要代码如下（程序清单为：chapter3/EX03_4_2）：

```
1    #导入相应类库
2    import  json
```

```
3    import openpyxl
4    from openpyxl import load_workbook
5    from openpyxl.styles import Alignment
6    #定义一个函数，判断字符串是否为一个 JSON 数据
7    def is_json(myjson):
8       try:
9          json_object = json.loads(myjson)
10      except Exception as e:
11         return False
12      return True
13    filepath = r"../datafile/郑州市二手房数据 part7-8.xlsx"
14    #打开工作簿
15    wb=load_workbook(filepath)
16    #通过工作表表名循环访问工作簿的每个工作表
17    for sheetname in wb.sheetnames:
18       ws = wb[sheetname]
19       jsondata=''
20       #在工作表的第一行的第 37、第 38、第 39 列写入列名
21       ws.cell(1,37).value='核心卖点'
22       ws.cell(1,38).value='业主心态'
23       ws.cell(1,39).value='服务介绍'
24       #通过循环访问工作表的每行数据
25       for rowIndex in range(1,ws.max_row):
26          #获取每行“核心卖点”列的数据，第 36 列为“核心卖点”列
27          jsondata=ws.cell(rowIndex,36).value
28          #调用 is_json 方法，判断获取的数据是否为 JSON 数据
29          if is_json(jsondata):
30             #调用 loads 方法，将 jsondata 数据转换为 JSON 对象
31             data = json.loads(jsondata)
32             #通过访问字典的方法获取相应的键值，需要将值强制转换为字符串
33             #并写入相应的单元格，设置单元格式为自动换行
34             ws.cell(rowIndex, 37).alignment = Alignment(wrapText=True)
35             ws.cell(rowIndex,37).value=str(data['核心卖点'])
36             ws.cell(rowIndex, 38).alignment = Alignment(wrapText=True)
37             ws.cell(rowIndex, 38).value=str(data['业主心态'])
38             ws.cell(rowIndex, 39).alignment = Alignment(wrapText=True)
39             ws.cell(rowIndex, 39).value=str(data['服务介绍'])
40    #删除原来表格中的第 36 列。第一个参数表示删除列的起始列；第二个参数表示删除列的个数
41       ws.delete_cols(36, 1)
42    #保存工作表
43    wb.save(filepath)
```

本案例部分运行结果如图 3-8 所示（Excel 文件中的部分列）。

核心卖点	业主心态	服务介绍
[房源优势，【交通优势】小区位于五一公园对面，交通便利，出门五一公园地铁口。','【户型优势】南北通	[业主目前走为了去别的地方工作而出手此套房源，很诚心卖房，看上可以和房东面谈。','此	[郑州颐丰房地产营销策划有限公司置业资深经纪人—杨保全','本人从事房产工作四年有余，
[指数：【户型】房屋介绍：本人实地验过房，82平118万元，位于小区*佳位置，房子采光好保证交通便	[业主诚心出售 不会引起等你一切考虑房东坐地起价的尴尬 一次性*能优惠']	[幸福港置业：郑州幸福港房地产营销策划有限公司','1、郑州市高新区大的二手房直营公司。
[1、该房屋地处高新区牡丹路38号荣邦城2期，距离地铁口近一站之遥','2、户型结构：户型朝南，客厅带阳	[1、业主因在市区置换大房，诚心出售该房屋','2、急需用钱，急售，我到实地勘察过该房屋','3	[1、幸福港置业的成交原则是，安全*成交第二！我们高度重视您的买房安全，并有切实可

图 3-8 部分运行结果

3.5 综合实例

在前面几个章节中，小孟分别对文本文件、CSV 文件、Excel 文件、JSON 文件数据进行了分析和处理。虽然对郑州市二手房的部分数据进行了统计与筛选，但是并没有完成对郑州市二手房所有数据的整体统计与筛选。因为公司收集到的数据分散在多个文件中，对所有数据进行统计、筛选比较困难，所以为了方便对所有数据进行统计、筛选，以及后续的数据处理，小孟决定先将所有数据合并到一个 Excel 文件中，然后再对数据进行处理。对于本次任务，小孟计划将相应的处理过程定义为函数，方便以后重复调用，具体计划如下：

（1）定义 IsExists(area,area_list)方法，判断区域名称在列表中是否存在。

（2）定义 Is_json(data)方法，判断数据是否为一个 JSON 格式的数据。

（3）定义函数 Mergedata(inputfile,outputfile)，实现数据的合并。其中 inputfile 为输入文件或者文件夹的路径，ouputfile 为输出的 Excel 文件。处理过程如下：

① 通过循环访问数据文件夹下的所有文件，并根据不同的文件后缀名来判断文件类型，并进行相应的处理。为了方便向 Excel 文件中写数据，定义一个 rowNum 变量。若 rowNum 等于 0，则表示 Excel 文件中没有数据，需要读取文件的第一行作为 Excel 文件的表头；若 rowNum 大于 0，则需要跳过文件的第一行。

② 对于每类文件，通过循环访问文件中的每行数据，然后将相应的数据写入 Excel 文件的单元格中。在合并数据的同时，需要对“核心卖点”一列的 JSON 数据进行处理，并将分拆后的数据写入 Excel 文件相应的列中，而原本的“核心卖点”一列的数据，则不需要写入合并后的数据文件中。

③ 对于文本文件，因为读取的是一整行字符串，则需要通过 strip()方法，去掉读取出的每行字符串的前后空格。

④ 对于 JSON 数据的处理，因为“核心卖点”一列不写入合并后的文件，所以该列解析后的核心卖点、业主心态、服务介绍三列数据，在 Excel 文件中对应的列索引分别为 len(header)−1、len(header)、len(header)+1，其中 len(header)为原始文件中表头的长度或者列的个数。

（4）定义函数 Countdata(inputfile,resultfile)，实现数据的统计与筛选。其中 inputfile 为输入文件的路径（Mergedata 方法的输出文件），resultfile 为结果输出文件。该函数的实现过程与前面函数的实现过程类似，这里不再赘述。

本案例的主要代码如下（程序清单为：chapter3/EX03_5_1）：

```
1    import os
2    import glob
3    import csv
4    import xlrd
5    import json
6    import xlwt
7    #判断区域名称在列表中是否存在
8    def IsExists(area,area_list):
9        flag=False
10       for t in area_list:
11           if area in t or t in area:
12               flag=True
13               break
14       return  flag
15    #判断数据是否为一个 JSON 格式的数据
16    def Is_json(data):
17       try:
18           json_object = json.loads(data)
19       except Exception as e:
20           return False
21       return True
22    #实现数据的合并，inputfile 为输入文件或者文件夹的路径，ouputfile 为输出的 Excel 文件
23    def Mergedata(inputfile,outfile):
24       out_workbook=xlwt.Workbook()
25       ws=out_workbook.add_sheet('Sheet1')
26       #rowNum 表示 Excel 文件中当前数据的行数
27       rowNum=0
28       all_files=glob.glob(os.path.join(inputfile,'*'))
29       for file in all_files:
30           if file.split('.')[3] == 'txt' :
31               input_file = open(file, mode='r', encoding='utf-8')
32               header = input_file.readline().strip()
33               #判断 Excel 文件中是否存在数据
34               if rowNum==0:
35                   headerlist=header.split('\t')
36           #将数据的第一列至倒数第二列（“核心卖点”前一列）的列名写入 Excel 文件
37                   for col in range(len(headerlist)-1):
38                       ws.write(rowNum,col,headerlist[col])
39                   #写入 JSON 数据对应的三个列名，注意每列对应的列索引
40                   ws.write(0, len(headerlist)-1, '核心卖点')
41                   ws.write(0, len(headerlist), '业主心态')
```

```
42                ws.write(0, len(headerlist)+1, '服务介绍')
43                rowNum=rowNum+1
44            for row in input_file.readlines():
45                dataList = row.strip().split('\t')
46                if dataList[1]=='NULL' or dataList[1]=='':
47                    continue
48                else:
49            #将数据的第一列至倒数第二列（“核心卖点”前一列）的数据写入Excel文件
50                    for col in range(len(dataList)-1):
51                        ws.write(rowNum, col, dataList[col])
52                    #获取“核心卖点”列的数据
53                    salepoint=dataList[len(dataList)-1]
54                    if Is_json(salepoint):
55                        #调用loads方法，将jsondata数据转换为JSON对象
56                        data = json.loads(salepoint)
57                        #通过访问字典的方法获取相应的键值，并写入相应的单元格
58                        for key, value in data.items():
59                            if key == '核心卖点':
60                                ws.write(rowNum, len(headerlist)-1, value)
61                            if key == '业主心态':
62                                ws.write(rowNum, len(headerlist), value)
63                            if key == '服务介绍':
64                                ws.write(rowNum, len(headerlist)+1, value)
65                rowNum = rowNum + 1
66        elif file.split('.')[3] == 'csv':
67            input_file = open(file, encoding='utf-8')
68            csv_reader = csv.reader(input_file, delimiter=',')
69            header = next(csv_reader)
70            if rowNum==0:
71                colnumNum = len(header)
72                for col in range(len(header)-1):
73                    ws.write(rowNum,col,header[col])
74                ws.write(0, len(header)-1, '核心卖点')
75                ws.write(0, len(header), '业主心态')
76                ws.write(0, len(header)+1, '服务介绍')
77                rowNum = rowNum + 1
78            for row in csv_reader:
79                if row[1] == 'NULL' or row[1]=='':
80                    continue
81                else:
82                    print(rowNum, row)
83                    for col in range(len(row)-1):
84                        ws.write(rowNum, col, row[col])
85                    salepoint = row[len(header)-1]
86                    if Is_json(salepoint):
87                        data = json.loads(salepoint)
```

```
88                      for key, value in data.items():
89                          if key == '核心卖点':
90                              ws.write(rowNum, len(header)-1, value)
91                          if key == '业主心态':
92                              ws.write(rowNum, len(header) , value)
93                          if key == '服务介绍':
94                              ws.write(rowNum, len(header) + 1, value)
95                  rowNum = rowNum + 1
96          elif file.split('.')[3] in ['xlsx','xls']:
97              workBook = xlrd.open_workbook(file)
98              for sheet in workBook.sheet_names():
99                  worksheet = workBook.sheet_by_name(sheet)
100                 header=worksheet.row_values(0)
101                 if rowNum == 0:
102                     for col in range(len(header)-1):
103                         ws.write(rowNum, col, header[col])
104                     ws.write(0, len(header)-1, '核心卖点')
105                     ws.write(0, len(header) , '业主心态')
106                     ws.write(0, len(header) + 1, '服务介绍')
107                     rowNum = rowNum + 1
108                 for i_row in range(1, worksheet.nrows):
109                   if worksheet.cell_value(i_row, 1) == 'NULL'
                                or worksheet.cell_value(i_row, 1) == '':
110                       continue
111                   else:
112                       print(rowNum, worksheet.row_values(i_row))
113                     for i_col in range(0,worksheet.ncols-1):
114                       ws.write(rowNum,i_col,worksheet.cell_value
                          (i_row,i_col))
115                       salepoint = worksheet.cell_value(i_row,
                          len(header)-1)
116                     if Is_json(salepoint):
117                         data = json.loads(salepoint)
118                         for key, value in data.items():
119                             if key == '核心卖点':
120                                 ws.write(rowNum, len(header)-1, value)
121                             if key == '业主心态':
122                                 ws.write(rowNum, len(header) , value)
123                             if key == '服务介绍':
124                                 ws.write(rowNum, len(header) + 1, value)
125                     rowNum = rowNum + 1
126     out_workbook.save(outfile)
127 #实现数据统计与筛选, inputfile 为输入文件的路径, resultfile 为输出文件的结果
128 def Countdata(inputfile,resultfile):
129     selectresult=[]
130     outputdata= []
```

```
131        output_header=['区域名称','房屋数量','房屋单价总和','房屋均价']
132        area_list=[]
133        flag=False
134        rowcnt = 0
135        rb=xlrd.open_workbook(inputfile)
136        r_sheet = rb.sheet_by_index(0)
137        for rowIndex in range(1,r_sheet.nrows):
138            data = []
139            area = r_sheet.cell_value(rowIndex, 1)
140            rowcnt = rowcnt + 1
141            if r_sheet.cell_value(rowIndex, 9) != 'NULL':
142                homeprice = float(r_sheet.cell_value(rowIndex, 9))
143            else:
144                homeprice = 0
145            if area in '高新区' and homeprice >= 10000 and homeprice <= 15000:
146                selectresult.append(r_sheet.row_values(rowIndex))
147            flag = IsExists(area, area_list)
148            if not flag:
149                area_list.append(area)
150                data.append(area)
151                data.append(1)
152                data.append(homeprice)
153                data.append(homeprice)
154                outputdata.append(data)
155            else:
156                for item in outputdata:
157                    if area in item[0] or item[0] in area:
158                        item[1] = item[1] + 1
159                        item[2] = item[2] + homeprice
160                        item[3] = item[2] // item[1]
161        homecnt = 0
162        homepricecount = 0
163        out_workbook = xlwt.Workbook()
164        out_workbooksheet = out_workbook.add_sheet('统计结果')
165        print('房屋数据统计结果：')
166        print("数据总数:", rowcnt)
167        print(output_header[0], '\t', output_header[1], '\t', output_
               header[2], '\t', output_header[3])
168        for t in range(len(output_header)):
169            out_workbooksheet.write(0, t, output_header[t])
170        for r in range(len(outputdata)):
171            for c in range(len(outputdata[0])):
172                out_workbooksheet.write(r + 1, c, outputdata[r][c])
173            print(outputdata[r])
174            homecnt = homecnt + float(outputdata[r][1])
175            homepricecount = homepricecount + float(outputdata[r][2])
```

```
176         info = '房屋数量为: ' + str(homecnt) + '\t' + "房屋均价为:" + '\t' +
                                                  str(homepricecount // homecnt)
177         out_workbooksheet.write(1 + len(outputdata), 0, info)
178         print(info)
179         out_workbooksheet2 = out_workbook.add_sheet('满足小孟要求的房源')
180         print('满足小孟要求的房源信息: ')
181         for r in range(len(selectresult)):
182             for c in range(len(selectresult[0])):
183                 out_workbooksheet2.write(r, c, selectresult[r][c])
184             print(selectresult[r])
185         out_workbook.save(resultfile)
186
187     inputfile=r'../datafile'
188     outfile=r'../datafile/郑州市二手房数据.xls'
189     #调用 Mergedata 函数
190     Mergedata(inputfile,outfile)
191     print('数据集成完毕')
192     resultfile='../datafile/郑州市二手房数据统计结果.xls'
193     #调用 Countdata 函数
194     Countdata(outfile,resultfile)
195     print('数据统计完毕')
```

本案例部分运行结果如图 3-9 所示。

```
EX03_5_1
房屋数据统计结果:
区域        房屋数量        单价总和        均价
['郑东新区', 855, 21187428.0, 24780.0]
['金水区', 564, 9034676.0, 16018.0]
['郑州周边', 743, 5172146.0, 6961.0]
['登封市', 9, 115380.0, 12820.0]
['巩义市', 4, 30130.0, 7532.0]
['新密市', 777, 6323440.0, 8138.0]
['上街区', 715, 4543026.0, 6353.0]
['航空港', 729, 7865624.0, 10789.0]
['中牟县', 449, 4866878.0, 10839.0]
['新郑市', 589, 5393481.0, 9157.0]
['二七区', 735, 11068945.0, 15059.0]
['高新区', 614, 8121062.0, 13226.0]
['中原区', 516, 6995138.0, 13556.0]
['荥阳市', 767, 6230194.0, 8122.0]
['经开区', 791, 13236528.0, 16733.0]
['惠济区', 575, 8327206.0, 14482.0]
['管城回族区', 389, 5580004.0, 14344.0]
房屋总数为: 9821.0     房屋均价为:    12635.0
满足小孟要求的房源信息:
['郑州', '高新区', '科学大道', '瑞达路91号', '113.575976', '34.808332', '113.569385', '34.802621', '宏莲花园', '13018.000', '公寓', '0.42元/平米/月', '竣工
['郑州', '高新区', '科学大道', '长椿路', '113.545365', '34.839372', '113.538904', '34.833179', '谦祥万和城', '14326.000', '公寓', '1.88元/平米/月', '竣工日
```

图 3-9　部分运行结果

第 4 章　访问数据库

本章主要内容

- SQLite3 数据库数据的插入、修改及删除
- SQLite3 数据库数据的查询
- MySQL 数据库操作类的实现
- MySQL 数据库的访问

在第 3 章中，小孟对各种数据文件进行了处理。但是，与文本文件、Excel 文件相比，数据库在商业中的应用更加普遍，尤其应用在大量结构化数据的存储与处理中。虽然使用 Python 可以对 TXT、CSV、Excel 文件进行自动化和规模化的处理，但是使用数据库却可以将计算机处理数据的能力显著提高。目前，广泛使用的数据库有 Oracle、SQL Server、MySQL、SQLite 等。其中，MySQL 数据库是目前流行的网络数据库之一，在众多的 Web 系统中被广泛应用；而 SQLite3 数据库主要应用于嵌入式设备中。因此，在本章中，将介绍 Python 与 SQLite3 数据库、MySQL 数据库的交互。Python 与 SQL Server、Oracle、PostgreSQL 等数据库的交互同样可以参照本章的内容进行。

4.1　SQLite3 数据库数据的插入、修改及删除

4.1.1　SQLite3 模块常用方法

在 Python 中，开发人员可以使用内置的 SQLite3 模块创建内存数据库，或者访问本地 SQLite3 数据库文件。对于内存数据库，使用 Python 直接创建一个数据库和表，就可以对表进行相应的操作，而不用下载、安装专门的数据库软件。开发人员可以利用这个特性，进行一些代码的测试工作。内置的 SQLite3 模块常用的方法如表 4-1 所示。

表 4-1　内置的 SQLite3 模块常用的方法

方　法	参数说明	方法说明
sqlite3.connect(database [,timeout, other optional arguments])	database：数据库文件或者":memory:"。 timeout：表示连接等待锁定的持续时间，直到发生异常断开连接。timeout 默认值是 5.0（5s）	打开一个 SQLite 数据库文件 database 的连接。可以使用 ":memory:" 在 RAM 中打开一个到 database 的数据库连接。若给定的数据库名称 filename 不存在，则该调用将创建一个数据库

续表

方　法	参 数 说 明	方 法 说 明
connection.cursor([cursorClass])	cursorClass：扩展自 sqlite3.Cursor 的自定义 cursor 类	创建一个 cursor，将在 Python 数据库编程中用到
cursor.execute(sql[, optional parameters])	sql：SQL 语句，该 SQL 语句可以被参数化 optional parameters：SQL 语句的参数	执行一个 SQL 语句。SQLite3 模块支持两种类型的占位符：问号和命名占位符（命名样式）
connection.execute(sql[, optional parameters])		该方法是由游标（cursor）对象提供的方法的快捷方式，通过调用游标方法创建了一个中间游标对象，然后使用给定的参数调用游标的 execute 方法
cursor.executescript(sql_script)	sql_script：SQL 脚本，所有的 SQL 语句均使用分号“;”分隔	该方法一旦接收到脚本，会执行多个 SQL 语句，它首先执行 COMMIT 语句，然后执行作为参数传入的 SQL 脚本
connection.total_changes()	—	返回自数据库连接打开以来被修改、插入或删除的数据库总行数
connection.commit()	—	该方法用于提交当前的事务。若未调用该方法，则自上一次调用 commit()以来所做的任何动作对其他数据库连接来说均是不可见的
connection.rollback()	—	该方法回滚自上一次调用 commit()以来对数据库所做的所有更改
connection.close()	—	该方法用于关闭数据库的连接
cursor.fetchone()	—	该方法用于获取查询结果集中的下一行，返回一个单一的序列，当没有更多可用的数据时，返回 None
cursor.fetchmany([size=cursor.arraysize])	size：获取数据的行数	该方法用于获取查询结果集中的下一行组，返回一个列表。当没有更多的可用的行时，返回一个空的列表
cursor.fetchall()	—	该方法用于获取查询结果集中所有（剩余）的行，并返回一个列表

Python 访问 SQLite3 数据库的过程如下：

步骤 1：导入 SQLite3 模块。

步骤 2：使用 connect()方法连接数据库。

步骤 3：使用 connect.cursor()方法生成一个游标对象。

步骤 4：使用 cursor.execute()游标对象执行增加、删除、修改和查询。

步骤 5：若对数据进行增、删、改等操作，则使用 connect.commit()方法提交确认；若对数据进行查询操作，则可以通过循环访问游标中的数据。

步骤 6：使用 connect.close()方法关闭数据库的连接。

4.1.2 SQLite3 数据库操作实例

在第 3 章中，小孟将所有数据都合并到一个 Excel 文件中，但是在对数据进行查询、统计时，需要通过循环逐行访问，对数据进行处理，这样做效率较低。针对这个情况，小孟计划使用数据库的方式来提高数据的处理效率。对于本次工作，小孟的计划如下：

（1）使用 Python 创建一个 SQLite3 数据库。

（2）将 Excel 文件中的数据插入 SQLite3 数据库。

（3）修改数据库中一些不规范的数据。

1．向 SQLite3 数据库插入数据

在插入数据的过程中，为了方便后期对数据的查询和处理，需要对数据进行初步的规范操作。在本次操作中，对竣工日期、停车位、容积率、小区详情等数据进行进一步规范。

（1）Excel 文件中竣工日期的数据有三种类型："竣工日期：2019""暂无数据""2019"，停车位与容积率的数据有两种类型："具体值""暂无数据"。对于这三列的数据规范的方法为：首先提取出具体的数字，若提取不出数据，则将竣工日期列的数据转换为空，停车位与容积率的数据均转换为 0。为了有效提取这三列数据中的数字，可以使用正则表达式 r'\d+'进行提取，若数据中包含数字，则返回一个包含数字的列表；若不包含数字，则返回一个空列表。

（2）小区详情一列的数据中包含大量的单引号，会导致 SQL 语句不能正常执行，对该列的数据规范方法为：可以使用字符串的 replace 方法将数据中的单引号去掉。

Excel 表格中的数据总共有 38 列、9821 行，因此需要采用动态的方法生成 SQL 语句，即通过循环访问每个单元格的数据，拼接生成 SQL 语句。本案例的主要代码如下（代码清单：chapter4/EX04_1_1）：

```
1    import sqlite3
2    import xlrd
3    #导入正则表达式模块
4    import re
5    #连接数据库，创建内存数据库
6    #conn=SQLite3.connect(':memory:')
7    #连接数据库，若 SQLite 数据库文件不存在，则创建该数据库文件
8    conn=sqlite3.connect(r'../datafile/secondhandhouse.db')
9    #生成游标对象，用来执行 SQL 语句
10    cursor=conn.cursor()
11    #创建数据表
12    cursor.execute('''CREATE TABLE ZhengzhouSecondHandHousing
13                (ID  integer PRIMARY KEY autoincrement,
14                城市  CHAR(50),
15                区域  CHAR(50),
16                板块  CHAR(50),
17                地址  REAL,
18                longitude float ,
19               latitude float ,
20               longitude_amap  float ,
21               latitude_amap   float ,
22               小区名称CHAR(50),
```

```
23              单价 int,
24              房屋类型CHAR(50),
25              物业费  float,
26              竣工日期CHAR(50),
27              停车位  CHAR(50),
28              容积率  float,
29              绿化面积CHAR(50),
30              开发商  CHAR(50),
31              管理公司CHAR(50),
32              小区详情Text,
33              房源可靠性 int,
34              总价 int,
35              小区均价int,
36              建筑面积float,
37              名称 CHAR(50),
38              朝向 CHAR(50),
39              装修标准CHAR(50),
40              建筑年代CHAR(50),
41              楼层 CHAR(50),
42              发布时间datetime,
43              几室几厅几卫   CHAR(50),
44              住宅类型CHAR(50),
45              版权类型CHAR(50),
46              版权有效期 CHAR(50),
47              房源1  CHAR(50),
48              标签 CHAR(50),
49              核心卖点Text,
50              业主心态Text,
51              服务介绍Text)''')
52      #提交SQL语句的执行
53      conn.commit()
54      workbook=xlrd.open_workbook(r'../datafile/郑州市二手房数据.xls')
55      worksheet=workbook.sheet_by_name('Sheet1')
56      str_sql=''
57      #定义一个正则表达式，表示多个数字，用来提取数据中的数字
58      pattern = r'\d+[\.\d]{0,1}'
59      str_insertSql ='insert into ZhengzhouSecondHandHousing('
60      #通过访问第一行的每个单元格来拼接insert语句，也可以写成固定的SQL语句字符串
61      for i in range(0,worksheet.ncols):
62          str_insertSql=str_insertSql+worksheet.cell_value(0,i).strip()+','
63      #去掉最后一个逗号，并拼接')values('
64      str_insertSql=str_insertSql[0:len(str_sql)-1]+')values('
65      #通过循环访问Excel文件中的每行数据
66      for rowIndex in range(1,worksheet.nrows):
67          str_sql=str_insertSql
68          #通过循环访问每行、每列的数据，并对相应的列进行处理
```

```
69        for colIndex in range(0,worksheet.ncols):
70            #获取单元格的数据
71            cellvalue=worksheet.cell_value(rowIndex, colIndex)
72            #第 13 列（索引为 12）为竣工日期列
73            if colIndex==12:
74                #提取单元格数据中的数字，若没有数字，则返回一个空的列表
75                completionDate=re.findall(pattern,str(cellvalue))
76                #若列表为空，则在 SQL 语句中相应的数据位置增加''
77                #若列表不为空，则将数据拼接到 SQL 语句中
78                if not completionDate:
79                    str_sql = str_sql + '\'\','
80                else:
81                    str_sql = str_sql + ''.join(completionDate)+','
82            #第 14 列（索引为 13）为停车位列
83            elif colIndex==13:
84                parkings = re.findall(pattern, str(cellvalue))
85                if not parkings :
86                    str_sql = str_sql + '0' + ','
87                else:
88                    str_sql = str_sql + ''.join(parkings)+','
89            #第 15 列（索引为 14）为容积率列
90            elif colIndex==14:
91                volumeRate = re.findall(pattern, str(cellvalue))
92                if not volumeRate:
93                    str_sql = str_sql + '0' + ','
94                else:
95                    str_sql = str_sql + ''.join(volumeRate) + ','
96            #第 19 列（索引为 18）为小区详情列，去掉单引号
97            elif colIndex==18:
98                communityInfo=cellvalue.replace('\'','')
99                str_sql = str_sql + '\'' + communityInfo + '\','
100             #若其余列均是字符串，则在拼接 SQL 语句时，需要加单引号
101             #若其余列不是字符串，则在拼接 SQL 语句时，不需要加单引号
102             else:
103                 if isinstance(cellvalue,str):
104                     str_sql=str_sql+'\''+cellvalue+'\','
105                 else:
106                     str_sql = str_sql +str(cellvalue) + ','
107         #去掉最后一个单引号，拼接一个右括号
108         str_sql=str_sql[0:len(str_sql)-1]+')'
109         #执行 SQL 语句
110         cursor.execute(str_sql)
111     #提交执行结果
112     conn.commit()
113     #关闭数据库连接
114     conn.close()
```

本程序执行完毕后，会创建一个 secondhandhouse 数据库（数据库文件名为 secondhandhouse.db），可以通过 navicat()打开该数据库，查看数据库表中的数据，结果如图 4-1 所示。

ID	城市	区域	板块	地址	longitude	latitude	longitude_amap	latitude_amap	小区名称	单价	房屋类型	物业费
1	郑州	郑东新区	郑东新区周	九如路,近朝阳路	113.750918	34.803855	113.744492	34.797621	正弘瓴筑	44195	公寓	6.80元/㎡/月
2	郑州	金水区	经三路	晨旭路10号	113.706991	34.808082	113.700384	34.802422	恒升府第	16534	公寓	0.38元/平米/
3	郑州	郑东新区	兴荣街	兴荣街17-30号	113.749462	34.763589	113.743043	34.757378	大地东方名都	22307	公寓	1.10元/平米/
4	郑州	金水区	中州大道	鑫苑路18号	113.706658	34.800799	113.700058	34.795142	鑫苑名家	21959	公寓	1.13元/平米/
5	郑州	金水区	大石桥	南阳路	113.659569	34.774749	113.653169	34.768492	宏益华香港城	16277	公寓	1.15元/平米/
6	郑州	金水区	大石桥	健康路116号	113.6688	34.774137	113.66236	34.76801	天下城	23818	公寓	1.10元/平米/
7	郑州	金水区	索凌路	三全路,近丰庆路	113.652205	34.837115	113.645786	34.830784	名门翠园	14850	公寓	3.75元/㎡/月
8	郑州	金水区	红专路	红专路128号	113.712085	34.787267	113.705501	34.781599	金城东苑	13304	普通住宅	暂无数据
9	郑州	金水区	绿荫广场	索凌路	113.641789	34.816696	113.635381	34.810362	正弘春晓	14125	公寓	1.10元/平米/
10	郑州	郑东新区	金水东路	通泰路,近兴荣街	113.741775	34.76583	113.73532	34.759741	鑫苑中央花园	21559	公寓	1.15元/㎡/月
11	郑州	郑东新区	兴荣街	兴荣街17-30号	113.749462	34.763589	113.743043	34.757378	大地东方名都	22307	公寓	1.10元/平米/
12	郑州	金水区	经三路	经三路北93号	113.701777	34.810746	113.695171	34.805075	中亨都市花园	17383	公寓	0.80元/平米/

图 4-1　SQLite3 数据库中的数据

2．修改 SQLite3 数据库数据

小孟将所有数据导入 SQLite3 数据库后，还有一部分数据并不规范，如房屋类型、绿化面积、开发商、管理公司等列的有些数据为“暂无数据”；物业费列的有些数据为“暂无数据”，有些数据为“1.15 元/m^2/月”；小区详情列中包含了“{”与“}”符号；标签列中包含了“[”与“]”符号。小孟在观察完各列的数据后，计划对这些列数据进行以下处理：

（1）将房屋类型、绿化面积、开发商、管理公司等列中的“暂无数据”修改为空字符串。

（2）将物业费列中“暂无数据”修改为空字符串，将有价格的数据修改为具体的价格，即去掉后面的“元/m^2/月或者“元/平方米/月”。

（3）删除小区详情列中的“{”与“}”。

（4）删除在标签列中的“[”与“]”。

在对房屋类型、绿化面积、开发商、管理公司、物业费等列的数据进行修改时，可以通过 case 语句来实现。

虽然数据的处理也可以在向数据库插入数据时进行修改处理，但是需要逐行、逐列来处理，这样的效率略微低下，通过数据库的方式批量处理可以提高数据的处理效率。本案例的主要代码如下（代码清单：chapter4/EX04_1_2）：

```
1   import sqlite3
2   #连接数据库，若 SQLite 数据库文件不存在，则创建该数据库文件
3   conn=sqlite3.connect(r'../datafile/secondhandhouse.db')
4   #生成游标对象，用来执行 SQL 语句
5   cursor=conn.cursor()
6   str_updateSql='update ZhengzhouSecondHandHousing set '\
7       '房屋类型=case when 房屋类型=\'暂无数据\' then \'\' else 房屋类型 end,' \
8       '物业费=case when 物业费=\'暂无数据\' then \'\' else substr(物业费,0,4) end,' \
9       '绿化面积=case when 绿化面积=\'暂无数据\' then \'\' else 绿化面积 end,' \
10      '开发商=case when 开发商=\'暂无数据\' then \'\' else 开发商 end,' \
11      '管理公司=case when 管理公司=\'暂无数据\' then \'\' else 管理公司 end,' \
12      '小区详情=replace(replace(小区详情,\'{\',\'\'),\'}\',\'\'),' \
```

```
13      '标签=replace(replace(replace(标签,\'[\',\'\'),\']\',\'\'),\'"\',\'\')'
14  cursor.execute(str_updateSql)
15  conn.commit()
16  conn.close()
```

同样，程序执行完毕后，可以通过 navicat()方法查看数据库中数据的变化情况。

4.2　SQLite3 数据库数据的查询

在第 3 章中，小孟通过循环访问文件的数据方式，对 CSV 文件、Excel 文件中的数据进行筛选，获取了满足自己条件的房源信息（房源在高新区，房价为 10000 元～15000 元）。在上一节中，小孟已经将数据插入 SQLite3 数据库中，那么从数据库中进行查询的方法更简单、更高效。为了使数据库的查询更具有通用性，小孟将本次查询定义为以下三个函数：

（1）ConnectDB(filepath)：实现数据库的连接，filepath 表示 SQLite3 数据库文件的路径。

（2）QueryData(paras)：实现房源数据的查询，paras 表示查询参数。为了实现以列表的形式进行参数传递，每个列表元素均为一个字典，字典中包括三个键值对：列名、值、类型（1 表示具体值，2 表示数值范围），格式为[{'列名':'区域','值':'高新区','类型':1},…]。

（3）CountHomeNumandAvgPrice()：实现郑州市各区域的二手房数量和均价的统计与计算。在统计各区域的房屋数据时，因为区域名称一列中存在区域名称不一致的问题，如“金水区”与“金水”为同一个区，所以采用截取区域名称前两个字的方式来进行分组。

本案例主要代码如下（代码清单：chapter4/EX04_2_1）：

```
1   import sqlite3
2   #实现数据库连接，filepath 为数据库文件路径
3   def ConnectDB(filepath):
4       conn=sqlite3.connect(filepath)
5       return conn
6   #实现数据查询，paras 为查询参数列表
7   def QueryData(paras):
8       conn = ConnectDB(r'../datafile/secondhandhouse.db')
9       #生成游标对象，用来执行 SQL 语句
10       cursor=conn.cursor()
11       str_selectSql='select * from ZhengzhouSecondHandHousing where 1=1'
12       #通过循环获取每个参数，并按照参数类型将参数拼接到 SQL 语句中
13       #类型为 1：表示一个具体值；类型为 2：表示一个数值范围
14       for para in paras:
15           if para['类型']==1:
16               str_selectSql=str_selectSql+' and '+para['列名']+'=\''+para['值']+'\' '
17           elif para['类型']==2:
18               value=para['值']
19               startValue=value.split('-')[0]
20               endValue=value.split('-')[1]
21               str_selectSql=str_selectSql+' and '+para['列名']+' between
```

```
            '+str(startValue)\
22                          +' and '+str(endValue)
23        #执行 SQL 语句
24        datas=cursor.execute(str_selectSql)
25        #通过循环打印全部数据
26        for data in datas:
27           print(data)
28        #关闭数据库连接
29        conn.close()
30    #实现郑州市各区域二手房数量和均价的统计
31    def CountHomeNumandAvgPrice():
32        conn = ConnectDB(r'../datafile/secondhandhouse.db')
33        cursor=conn.cursor()
34        #查询郑州市各区域二手房数量和均价统计的 SQL 语句
35        str_countSql='select 区域,count(*),avg(单价) from
          ZhengzhouSecondHandHousing group by substr(区域,0,3)'
36        cursor=cursor.execute(str_countSql)
37        for data in cursor:
38           print(data)
39        #查询郑州市二手房数量和均价统计的 SQL 语句
40        str_countSql='select \'郑州\',count(*),avg(单价) from
          ZhengzhouSecondHandHousing'
41        cursor=cursor.execute(str_countSql)
42        for data in cursor:
43           print(data)
44        conn.close()
45    #定义一个参数列表
46    paras=[{'列名':'区域','值':'高新区','类型':1},{'列名':'单价',
      '值':'10000-15000','类型':2},
47                {'列名': '竣工日期', '值': '2017', '类型': 1}]
48    QueryData(paras)
49    CountHomeNumandAvgPrice()
```

本案例部分运行结果如图 4-2 所示。

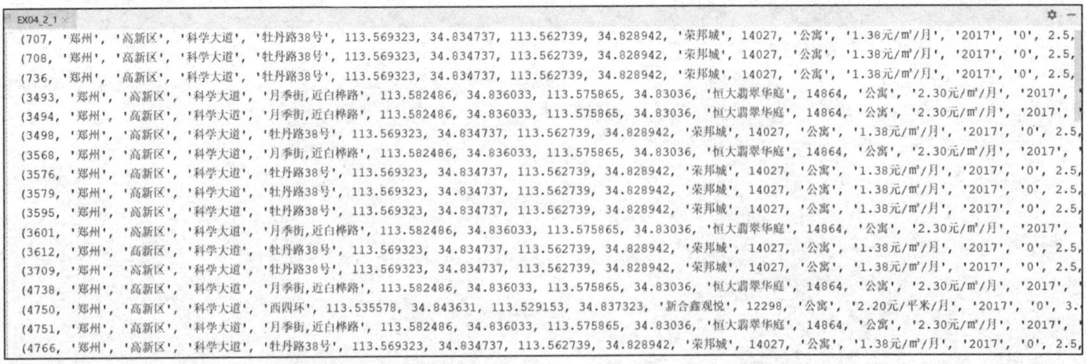

```
EX04_2_1
(707, '郑州', '高新区', '科学大道', '牡丹路38号', 113.569323, 34.834737, 113.562739, 34.828942, '荣邦城', 14027, '公寓', '1.38元/㎡/月', '2017', '0', 2.5,
(708, '郑州', '高新区', '科学大道', '牡丹路38号', 113.569323, 34.834737, 113.562739, 34.828942, '荣邦城', 14027, '公寓', '1.38元/㎡/月', '2017', '0', 2.5,
(736, '郑州', '高新区', '科学大道', '牡丹路38号', 113.569323, 34.834737, 113.562739, 34.828942, '荣邦城', 14027, '公寓', '1.38元/㎡/月', '2017', '0', 2.5,
(3493, '郑州', '高新区', '科学大道', '月季街,近白桦路', 113.582486, 34.836033, 113.575865, 34.83036, '恒大翡翠华庭', 14864, '公寓', '2.30元/㎡/月', '2017', '
(3494, '郑州', '高新区', '科学大道', '月季街,近白桦路', 113.582486, 34.836033, 113.575865, 34.83036, '恒大翡翠华庭', 14864, '公寓', '2.30元/㎡/月', '2017', '
(3498, '郑州', '高新区', '科学大道', '牡丹路38号', 113.569323, 34.834737, 113.562739, 34.828942, '荣邦城', 14027, '公寓', '1.38元/㎡/月', '2017', '0', 2.5,
(3568, '郑州', '高新区', '科学大道', '月季街,近白桦路', 113.582486, 34.836033, 113.575865, 34.83036, '恒大翡翠华庭', 14864, '公寓', '2.30元/㎡/月', '2017', '
(3576, '郑州', '高新区', '科学大道', '牡丹路38号', 113.569323, 34.834737, 113.562739, 34.828942, '荣邦城', 14027, '公寓', '1.38元/㎡/月', '2017', '0', 2.5,
(3579, '郑州', '高新区', '科学大道', '牡丹路38号', 113.569323, 34.834737, 113.562739, 34.828942, '荣邦城', 14027, '公寓', '1.38元/㎡/月', '2017', '0', 2.5,
(3595, '郑州', '高新区', '科学大道', '牡丹路38号', 113.569323, 34.834737, 113.562739, 34.828942, '荣邦城', 14027, '公寓', '1.38元/㎡/月', '2017', '0', 2.5,
(3601, '郑州', '高新区', '科学大道', '月季街,近白桦路', 113.582486, 34.836033, 113.575865, 34.83036, '恒大翡翠华庭', 14864, '公寓', '2.30元/㎡/月', '2017', '
(3612, '郑州', '高新区', '科学大道', '牡丹路38号', 113.569323, 34.834737, 113.562739, 34.828942, '荣邦城', 14027, '公寓', '1.38元/㎡/月', '2017', '0', 2.5,
(3709, '郑州', '高新区', '科学大道', '牡丹路38号', 113.569323, 34.834737, 113.562739, 34.828942, '荣邦城', 14027, '公寓', '1.38元/㎡/月', '2017', '0', 2.5,
(4738, '郑州', '高新区', '科学大道', '月季街,近白桦路', 113.582486, 34.836033, 113.575865, 34.83036, '恒大翡翠华庭', 14864, '公寓', '2.30元/㎡/月', '2017', '
(4750, '郑州', '高新区', '科学大道', '西四环', 113.535578, 34.843631, 113.529153, 34.837323, '新合鑫观悦', 12298, '公寓', '2.20元/平米/月', '2017', '0', 3.
(4751, '郑州', '高新区', '科学大道', '月季街,近白桦路', 113.582486, 34.836033, 113.575865, 34.83036, '恒大翡翠华庭', 14864, '公寓', '2.30元/㎡/月', '2017', '
(4766, '郑州', '高新区', '科学大道', '牡丹路38号', 113.569323, 34.834737, 113.562739, 34.828942, '荣邦城', 14027, '公寓', '1.38元/㎡/月', '2017', '0', 2.5,
```

图 4-2　部分运行结果

4.3　MySQL 数据库操作类的实现

在前面两节中，小孟将 Excel 文件中的数据导入 SQLite 数据库，并实现了对 SQLite 数据库的修改与查询。但是 SQLite 数据库主要作为本地数据库或者在嵌入式设备中使用，目前在各种系统中使用最多的还是网络数据库，MySQL 数据库作为一款开源、免费的网络数据库，受到了市场的热烈欢迎，应用非常广泛。在 Python 中，同样有多个模块可以对 MySQL 数据库进行操作。本书介绍使用内置的 MySQLdb 模块，实现 MySQL 数据库的访问操作。

MySQLdb 是 Python 连接 MySQL 数据库的接口，它实现了 Python 数据库 API 规范 V2.0。MySQLdb 是在 MySQL 数据库的 C 语言应用程序接口上建立的。MySQLdb 模块包含了对 MySQL 数据库的各种操作，包括连接、执行 SQL 语句、获取数据等。下面对 MySQLdb 的常用方法进行介绍，如表 4-2 所示。

表 4-2　MySQLdb 的常用方法

方　　法	方 法 说 明
connect（参数列表）	用于建立与数据库的连接，返回 connection 对象。参数列表如下： · host：连接的 MySQL 主机，本机是'localhost' · port：连接的 MySQL 主机的端口，默认是 3306 · db：数据库名称 · user：连接的用户名 · password：连接的密码 · charset：通信采用的编码方式，默认是'gb2312'，要求与数据库创建时指定的编码一致，否则中文会出现乱码
Connection.close()	关闭数据库连接
Connection.commit()	提交事务。提交事务后，对数据库的增加、修改和删除才会生效
Connection.rollback()	回滚事务。撤销对数据库的增加、修改和删除操作
Connection.cursor()	返回 cursor 对象。用于执行 SQL 语句并获得结果
Cursor.execute(operation [, parameters])	执行语句。返回受影响的行数
fetchone()	执行查询语句时，获取查询结果集中的第一个行数据，返回一个元组
next()	执行查询语句时，获取当前行的下一行
fetchall()	执行查询语句时，获取结果集中的所有行，一行构成一个元组，再将这些元组装入一个元组中并返回
fetchmany(size)	执行查询时，获取结果集中的多行数据
scroll(value[,mode])	将行指针移动到某个位置

虽然 MySQLdb 包括对 MySQL 数据的操作方法，但是每次访问 MySQLdb 时都需要进行连接、执行 SQL 语句、获取数据或者提交事务、断开数据库连接等操作，而频繁地进行相同的操作，不符合目前的编程方式。若将对数据库的访问、操作进一步封装，即把对数据库的所有操作都封装到一个类中，对外提供公共的访问方式，则可以隐藏对象的属性和实现细节，从而提高代码的重复利用率与安全性。通过使用该类可以减少开发人员的编程工作量，这是代码复用思想的一个体现，也是面向对象编程的特点与优势。小孟考虑到在

未来的工作中要频繁访问 MySQL 数据库，因此需要将对 MySQL 数据库的操作封装到 OperateMySQL 类中。该类主要包含以下方法：

（1）ConenctDB(self)：实现数据库的连接。

（2）ExecuteSQL(self,strSQL,type=1)：执行 SQL 语句。其中，type 表示 SQL 语句类型，1 表示查询；2 表示增加、修改、删除。

（3）InsertData(self,tablename,dataParas,type,columnnames=[])：插入数据。其中，tablename 表示要插入数据的表名；dataParas 表示要插入的数据；type 表示 dataParas 参数的类型：1 表示字典，2 表示列表；columnnames 表示要插入数据表的列名列表，列表可以为列名列表，也可以为空列表。

（4）UpdateData(self,tablename,dataParas,whereParas=[])：修改数据。其中，dataParas 表示要修改的列名及数据，类型为字典，键为列名，值为要修改的数据。注意：若要修改的数据为字符串，则修改的数据中需要包含单引号；whereParas 表示 where 语句参数，类型为字典，键为列名，值为参数，类型为 1 表示单个值，类型为 2 表示范围值，如[{'id':1,'类型':1}, {'单价':'10000-15000','类型':2}]。

（5）DeleteData(self,tablename,whereParas)：删除数据。其中，whereParas 的含义与 UpdateData 方法中 whereParas 的含义相同。

（6）QueryData(self,select_list,table,whereParas=[],groupby='',having='',orderby='')：查询数据。其中，select_list 表示查询列表；table 表示要查询的列表名；whereParas 表示 where 语句参数，含义与 UpdateData 方法中的 whereParas 参数相同；groupby 表示数据分组子句；having 表示筛选子句；orderby 表示对子句进行排序。

本类的主要代码如下（代码清单：chapter4/OperateMySQL.py）：

```
1    import  MySQLdb
2    class OperateDB:
3       hostname=''
4       port=''
5       dbname=''
6       username=''
7       pwd=''
8       charset=''
9       #定义类的构造器，用来初始化类的成员变量
10       def __init__(self,hostname,portNO,dbname,username,pwd,charset):
11          self.hostname=hostname
12          self.port=portNO
13          self.dbname=dbname
14          self.username=username
15          self.pwd=pwd
16          self.charset=charset
17       #定义连接数据库的方法
18       def ConenctDB(self):
19          conn = MySQLdb.connect(host=self.hostname,port=self.port,
            db=self.dbname,
```

```
20                    user=self.username,passwd=self.pwd,charset=
                      self.charset)
21        return conn
22    #定义执行 SQL 语句的方法
23    def ExecuteSQL(self,strSQL,type=1):
24        connect = self.ConenctDB()
25        c = connect.cursor()
26        status=c.execute(strSQL)
27        if type==1:
28            resultSet=c.fetchall()
29            connect.close()
30            return resultSet
31        else:
32            connect.commit()
33            connect.close()
34            return status
35    #定义插入数据的方法
36    def InsertData(self,tablename,dataParas,type,columnnames=[]):
37        self.connect = self.ConenctDB()
38        c = self.connect.cursor()
39        #若数据类型为 1，则 dataParas 为字典，键为列名，值为插入的数据
40        if type==1:
41            #拼接生成 SQL 语句：
42            #insert into 表名(列名 1,列名 2,......) values(? ,? ,? ,? )
43            keys=', '.join(dataParas.keys())
44            values = ', '.join(['%s'] * len(dataParas))
45            str_SQL = 'INSERT INTO {table}({keys}) VALUES ({values})'
              .format(table=tablename, keys=keys, values=values)
46            #执行 SQL 语句，dataParas.values()为插入的数据
47            c.execute(str_SQL, tuple(dataParas.values()))
48            #提交事务
49            self.connect.commit()
50        #若数据类型为 2，则 dataParas 参数为列表
51        elif type==2:
52            #若 columnnames 不为空，则拼接生成 SQL 语句：
53            #insert into 表名(列名 1,列名 2,......) values(? ,? ,? ,? )
54            if columnnames:
55                values = ', '.join(['%s'] * len(dataParas))
56                columns=','.join(columnnames)
57                str_SQL = 'INSERT INTO {table}({columns})VALUES ({values})'
                  .format(table=tablename, columns=columns,values=values)
58            #若 columnnames 为空，则拼接生成 SQL 语句
59            #insert into 表名 values(?,?,?......)
60            else:
61                values = ', '.join(['%s'] * len(dataParas))
62                str_SQL = 'INSERT INTO {table} VALUES ({values})'
```

```
                .format(table=tablename,values=values)
63              c.execute(str_SQL,dataParas)
64              self.connect.commit()
65          self.connect.close()
66      #定义修改数据的方法
67      def UpdateData(self,tablename,dataParas,whereParas=[]):
68          self.connect = self.ConenctDB()
69          c = self.connect.cursor()
70          str_SQL='update '+tablename+' set '
71          #拼接生成 SQL 语句:update tablename set 列名 1=值 1,列名 2=值 2
72          for key,value in dataParas.items():
73              str_SQL=str_SQL+key+'='+value+', '
74          #去掉 SQL 语句最后的','
75          str_SQL=str_SQL[0:len(str_SQL)-2]
76          #根据参数的类型，拼接生成 where 语句
77          where=''
78          if whereParas:
79              where=' where 1=1 '
80              for para in whereParas:
81                  if para['类型'] == 1:
82                      for key,value in para.items():
83                          if key!='类型':
84                              where=where+' and '+key+'=\''+str(value)+'\''
85                  elif para['类型'] == 2:
86                      for key,value in para.items():
87                          if key!='类型':
88                              startValue = value.split('-')[0]
89                              endValue = value.split('-')[1]
90                              where = where+' and '+key+' between '
                               +str(startValue)+' and '+str(endValue)
91          #拼接生成最终的 SQL 语句
92          str_SQL = str_SQL + where
93          c.execute(str_SQL)
94          self.connect.commit()
95          self.connect.close()
96      #定义删除数据的方法
97      def DeleteData(self,tablename,whereParas):
98          self.connect = self.ConenctDB()
99          c = self.connect.cursor()
100         str_SQL = 'delete from ' + tablename
101         where = ''
102         if whereParas:
103             where = ' where 1=1 '
104             for para in whereParas:
105                 if para['类型'] == 1:
106                     for key, value in para.items():
```

```
107                         if key != '类型':
108                             where = where + ' and ' + key + '=\'' +
                                str(value) + '\''
109                 elif para['类型'] == 2:
110                     for key, value in para.items():
111                         if key != '类型':
112                             startValue = value.split('-')[0]
113                             endValue = value.split('-')[1]
114                             where = where + ' and ' + key + ' between ' +
                                str(startValue) + ' and ' + str(endValue)
115         str_SQL=str_SQL+where
116         c.execute(str_SQL)
117         self.connect.commit()
118     #定义数据查询方法，主要实现单表查询
119     def QueryData(self,select_list,table,whereParas=[],groupby='',
        having='',orderby=''):
120         self.connect = self.ConenctDB()
121         c = self.connect.cursor()
122         str_SQL='select '+','.join(select_list)+' from '+table
123         where = ''
124         if whereParas:
125             where = ' where 1=1 '
126             for para in whereParas:
127                 if para['类型'] == 1:
128                     for key, value in para.items():
129                         if key != '类型':
130                             where = where + ' and ' + key + '=\'' +
                                str(value) + '\''
131                 elif para['类型'] == 2:
132                     for key, value in para.items():
133                         if key != '类型':
134                             startValue = value.split('-')[0]
135                             endValue = value.split('-')[1]
136                             where = where + ' and ' + key + ' between ' +
                                str(startValue) + ' and ' + str(endValue)
137         str_SQL = str_SQL + where
138         if groupby!='':
139             str_SQL = str_SQL+ ' group by '+groupby
140         if having!='':
141             str_SQL = str_SQL +' having '+having
142         if orderby!='':
143             str_SQL = str_SQL +' order by '+orderby
144         c.execute(str_SQL)
145         #获取所有结果集
146         resultSet=c.fetchall()
147         return resultSet
```

4.4 MySQL 数据库的访问

在上一节中，小孟实现了对 MySQL 数据库访问类的封装，在本节中，小孟计划采用上一节实现的类来完成对 MySQL 数据库的访问操作，主要完成的工作内容如下：

（1）在 MySQL 中建立数据库 secondhandhouse，并建立数据表 ZhengzhouSecond-HandHousing，其列名与 Excel 文件的列名相同。

（2）通过调用 OperateDB 类的 InsertData 方法，将 Excel 文件中的数据全部导入 MySQL 数据库中，与 4.1.1 节类似，在导入过程中，对一部分列的数据进行规范化操作。在导入数据时，通过 worksheet.row_values(rowIndex)获取 Excel 文件中的每行数据，得到要插入数据的列表；此外，因为数据表中包含一个自增列，因此需要在调用 OperateDB 类的 InsertData 方法时，传递一个列名列表（可以通过 worksheet.row_values(0)方法获取 Excel 文件的列名）。

（3）通过调用 OperateDB 类的 UpdateData 方法修改数据库中的数据，修改的内容与 4.1.2 节中的内容相似。调用 UpdateData 方法时，数据参数类型为字典，键为列名，值为要修改的数据（可以是数字、字符串、函数）。在本例中，展示了修改数据的不同情况，一种是修改的数据为 case 函数（修改表中所有的数据），一种是简单的字符串数据（根据条件进行修改，传递 whereParas 参数）。

（4）通过调用 OperateDB 类的 QueryData 方法，并根据条件完成房源信息的查询。因为在本例中要查询房源所有的信息（所有列），所以查询列表参数为['*']，查询条件的参数为[{'区域':'高新区','类型':1},{'单价':'10000-15000','类型':2}]（类型为 1 表示单个值，2 表示范围值）。

（5）通过调用 OperateDB 类的 QueryData 方法完成对郑州市各区域的房源数量的统计及房屋均价的计算。在进行各区域的房屋数量及房屋均价计算时，查询列表为['区域','count(*)','avg(单价)']，并且需要传入 groupby 参数，因为存在区域名称不一致的情况，所以 groupby 的值为 left(区域,2)。

本案例的主要代码如下（程序清单 chapter4/EX04_4_1.py）：

```
1    #导入 OperateMySQL 类库中的 OperateDB 类
2    from Python 科学计算.Chapter3.OperateMySQL import OperateDB
3    import xlrd
4    #导入正则表达式模块
5    import re
6    #调用 OperateDB 方法，连接 MySQL 数据库
7    db=OperateDB("localhost",3306,'secondhandhouse','root',
     '123456','utf8')
8    #向 MySQL 数据库中导入数据
9    workbook=xlrd.open_workbook(r'../datafile/郑州市二手房数据.xls')
10   worksheet=workbook.sheet_by_name('Sheet1')
11   #定义一个正则表达式，用来提取数据中的数字，包括整数与小数
12   pattern = r'\d+[\.\d]{0,1}'
```

```
13    #获取 Excel 表格的列名，作为插入数据时的列名列表参数
14    columns=worksheet.row_values(0)
15    #通过循环访问 Excel 表格中的每行数据
16    for rowIndex in range(1,worksheet.nrows):
17        data=worksheet.row_values(rowIndex)
18       #在处理竣工日期列的数据时，提取数据中的数字，若没有数字，则该列数据为''
19        completionDate=re.findall(pattern,str(data[12]))
20        if not completionDate:
21           data[12]=''
22        else:
23           data[12]=''.join(completionDate)
24        #在处理停车位列的数据时，提取数据中的数字，若没有数字，则该列数据为 0
25        parkings = re.findall(pattern, str(data[13]))
26        if not parkings:
27           data[13]=0
28        else:
29           data[13]=''.join(parkings)
30        #在处理容积率列的数据时，提取数据中的数字，若没有数字，则该列数据为 0
31        volumeRate = re.findall(pattern, str(data[14]))
32        if not volumeRate:
33           data[14]=0
34        else:
35           data[14] = ''.join(volumeRate)
36        #处理小区详情列的数据，去除数据中的单引号
37        data[18]=data[18].replace('\'','')
38        #调用 InsertData 方法，插入数据
39        db.InsertData('ZhengzhouSecondHandHousing',data,2,columns)
40    #在更新数据时，数据参数类型为字典，键为列名，值为要修改的数据
      #（可以是数字、字符串、函数）
41    #注意：若要修改的数据为字符串，则修改的数据中需要包含单引号
42    #在第一个修改数据的实例中，要修改的值为函数
43    data={'物业费':"case when 物业费='暂无数据' then '' else left(物业费,4) end",
44          '房屋类型':"case when 房屋类型='暂无数据' then '' else 房屋类型 end",
45          '绿化面积':"case when 绿化面积='暂无数据' then '' else 绿化面积 end",
46          '开发商':"case when 开发商='暂无数据' then '' else 开发商 end",
47          '管理公司':"case when 管理公司='暂无数据' then '' else 管理公司 end",
48          '小区详情':"replace(replace(小区详情,'{',''),'}','')",
49          '标签':"replace(replace(replace(标签,'[',''),']',''),'\"','')"}
50    db.UpdateData('ZhengzhouSecondHandHousing',data)
51    #在第二个修改数据的实例中，要修改的值为字符串，并且根据条件修改数据
52    #whereParas 表示 where 语句参数，类型为字典，键为列名，值为参数，类型为 1
      #表示单个值，类型为 2 表示范围值，
53    #例如：[{'id':1,'类型':1},{'单价':'10000-15000','类型':2}]
54    data={'板块':"'aaaa'",'地址':"'bbbb'"}
55    where=[{'id':1,'类型':1},{'单价':'10000-15000','类型':2}]
56    db.UpdateData('ZhengzhouSecondHandHousing',data,where)
```

```
57    #删除数据
58    #whereParas 表示 where 语句参数，类型为字典，键为列名，值为参数，类型为 1
      #表示单个值，类型为 2 表示范围值，
59    #例如：[{'id':1,'类型':1},{'单价':'10000-15000','类型':2}]
60    whereParas=[{'id':14,'类型':1},{'单价':'10000-15000','类型':2}]
61    db.DeleteData('ZhengzhouSecondHandHousing',whereParas)
62    #查询数据
63    #根据条件查询所有列的数据，筛选高新区房价在 10000 元～15000 元范围内的数据
64    select_list=['*']
65    table='ZhengzhouSecondHandHousing'
66    whereParas=[{'区域':'高新区','类型':1},{'单价':'10000-15000','类型':2}]
67    result=db.QueryData(select_list,table,whereParas)
68    for data in result:
69        print(data)
70    #统计郑州市各区域的二手房数量及均价
71    select_list=['区域','count(*)','avg(单价)']
72    groupby='left(区域,2)'
73    result=db.QueryData(select_list,table,groupby=groupby)
74    for data in result:
75        print(data)
76    #统计郑州市二手房数量及均价
77    select_list=["'郑州'",'count(*)','avg(单价)']
78    result=db.QueryData(select_list,table)
79    for data in result:
80        print(data)
```

本案例运行结果如图 4-1、图 4-2 所示，这里不再展示。

第 2 篇　数据处理篇

在上一篇中，小孟对各种数据文件进行整理、拆分、合并、清理等处理，形成了整个郑州市二手房的数据文件及数据库。但是，使用内置的类库对数据进行统计和分析，其处理效率略微有些低。故小孟考虑如何使用第三方库来提高数据统计和分析的效率。

本篇将讲述小孟利用 NumPy、Pandas、SciPy 科学计算库对郑州市二手房的数据进行统计和分析。

第 5 章　NumPy 数据处理

本章主要内容

- NumPy 基础
- NumPy 数组操作
- NumPy 应用实例

NumPy（Numerical Python）的前身为 Numeric，最早由 Jim Hugunin 与其他协作者共同开发。2005 年，Travis Oliphant 在 Numeric 中融入了另一个同性质的程序库 Numarray 的特色，并加入了其他扩展从而开发了 NumPy。目前，NumPy 为开放源代码并且由许多协作者共同维护和开发。

NumPy 是 Python 语言中科学计算的基本包，是进行科学计算时最常用的 Python 库之一，包含了强大的 N 维数组对象、各种派生的对象（如蒙版数组和矩阵），以及各种用于对数组进行快速操作的方法，如数学、逻辑、形状处理、排序、选择、I/O、离散傅里叶变换、基本线性代数、基本统计运算及随机模拟等。

5.1　NumPy 基础

5.1.1　认识 NumPy

NumPy 包的核心是 ndarray 对象，封装了相同数据类型的 N 维数组，为了提高性能，许多操作都是在编译后的代码中执行的。

NumPy 数组和标准 Python 序列之间有以下几个重要区别。

（1）NumPy 数组在创建时具有固定的大小，这与 Python 数组（可以动态增长）不同。若要更改 ndarray 的大小，则需要创建一个新数组。

（2）NumPy 数组中的所有元素都必须具有相同的数据类型，因此各数据在内存中的大小相同。

（3）NumPy 数组有助于对大量数据进行高级数学运算和其他类型的运算。通常，与使用 Python 的内置序列相比，此类操作会更高效，并且代码数量更少。

NumPy 的主要对象是齐次多维数组，它是一个所有元素均为同一数据类型的表，由一个非负整数元组索引构成。在 NumPy 中，维度称为轴。例如：

（1）在一维数组（如[1,2,1]）中，有一个轴，这个轴有 3 个元素，所以它的长度是 3。

（2）在下面的二维数组中，数组有两个轴，第一个轴的长度是 4，第二个轴的长度是 3，例如：

[[2.,3., 1.],
 [0., 1., 0.],
 [1., 0., 0.],
 [3., 3., 0.]]

NumPy 的数组类通常用别名 array 代替。需要注意的是，NumPy.array 与 Python 标准数组类 array.array 不同，Python 库标准的数组类 array.array 只能处理一维数组，且提供的功能较少。一个 NumPy 的数组类为一个 ndarray 对象，其常用的属性如表 5-1 所示。

表 5-1 NumPy 数组类常用的属性

属 性 名	描 述
ndarray.ndim	数组的轴（维）数
ndarray.shape	数组的尺寸，这是一个整数元组，指示每个维度中数组的大小。对于具有 n 行和 m 列的矩阵，其形状是(n,m)。因此，元组的长度是轴数 ndim
ndarray.size	数组元素的总和，等于形状元素的乘积
ndarray.dtype	描述数组中元素类型的对象。可以使用标准 Python 类型创建或者指定 dtype。另外，NumPy 还提供了自己的类型，如 NumPy.int64、NumPy.folat64
ndarray.itemsize	数组中每个元素的字节大小，相当于 ndarray.dtype.itemsize。如类型为 float64 的数组元素的 itemsize 为 8 (=64/8)，而类型为 complex32 的数组元素的 itemsize 为 4(=32/8)
ndarray.data	数组中实际元素的缓冲区。通常，不需要使用这个属性，因为可以使用索引访问数组中的元素
ndarray.flat	数组元素迭代器

例如，通过 NumPy. arange 方法顺序生成一个 5×4 的二维数组，

```
a = np.arange(20).reshape(5, 4)
```

通过表格展示顺序生成的对象 a，如图 5-1 所示。

	0	1	2	3
0	0	1	2	3
1	4	5	6	7
2	8	9	10	11
3	12	13	14	15
4	16	17	18	19

图 5-1 对象 a

观察图 5-1，开发人员可以清晰、直观地感受数组的轴、形状、大小等属性。下面通过完整的示例分别输出相关的属性，来对照图 5-2 中各自属性的值。本案例的主要代码如下（代码清单：chapter5/EX05_1_1）：

```
1    #!/usr/bin/python
2    #-*- coding: UTF-8-*-
```

```
3    import NumPy as np
4    #顺序生成一个 5×4 的数组对象
5    a = np.arange(20).reshape(5, 4)
6    #输出数组对象 a
7    print("数组对象: a {}".format(a))
8    #输出数组对象 a 的形状
9    print("形状 a.shape  {}".format(a.shape))
10    #输出数组对象 a 的轴
11    print("轴  a.ndim  {}".format(a.ndim))
12    #输出数组对象 a 的元素数据类型
13    print("元素数据类型 a.dtype.name  {}".format(a.dtype.name))
14    #输出数组对象 a 的每个元素的字节大小
15    print("每个元素的字节大小 a.itemsize  {}".format(a.itemsize))
16    #输出数组对象 a 的大小
17    print("输出数组的大小 a.size  {}".format(a.size))
18    #输出数组对象 a 的类型
19    print("输出数组对象 a 的类型  {}".format(type(a)))
```

本案例的运行结果如图 5-2 所示。

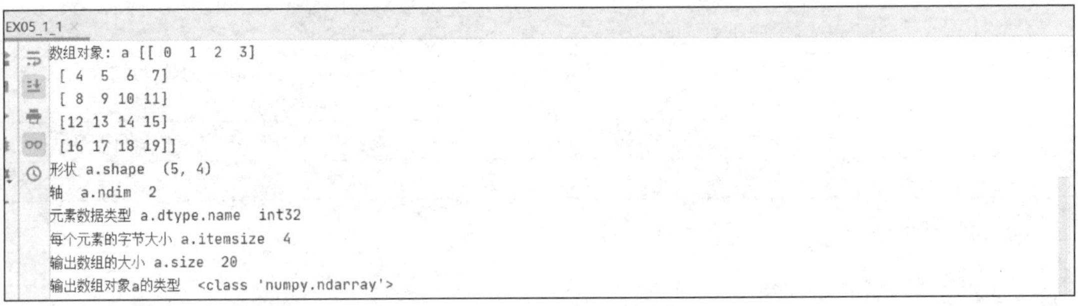

```
EX05_1_1
数组对象: a [[ 0  1  2  3]
 [ 4  5  6  7]
 [ 8  9 10 11]
 [12 13 14 15]
 [16 17 18 19]]
形状 a.shape  (5, 4)
轴  a.ndim  2
元素数据类型 a.dtype.name  int32
每个元素的字节大小 a.itemsize  4
输出数组的大小 a.size  20
输出数组对象a的类型  <class 'numpy.ndarray'>
```

图 5-2 运行结果

NumPy 库为 ndarray 对象元素提供了非常丰富的数据类型，常用数据类型如表 5-2 所示。

表 5-2 NumPy 库的常用数据类型

数据类型	描述
bool	布尔类型，True 或 False
intc	与 C 语言中的 int 类型一致，一般是 int32 或 int64
intp	用于索引的整数，与 C 语言中的 size_t 一致，int32 或 int64
int8	字节长度的整数，取值范围为[−128,127]
int16	16 位长度的整数，取值范围为[−32768,32767]
int32	32 位长度的整数，取值范围为[−2^31,2^31−1]
int64	64 位长度的整数，取值范围为[−2^63,2^63−1]
uint8	8 位无符号整数，取值范围为[0,255]
uint16	16 位无符号整数，取值范围为[0,65535]
uint32	32 位无符号整数，取值范围为[0,2^32−1]

续表

数据类型	描述
uint64	64 位无符号整数，取值范围为[0,2^64−1]
float16	16 位半精度浮点数：1 位符号位；5 位指数；10 位尾数
float32	32 位半精度浮点数：1 位符号位；8 位指数；23 位尾数
float64	64 位半精度浮点数：1 位符号位；11 位指数；52 位尾数
complex64	复数类型，实部和虚部都是 32 位浮点数
complex128	复数类型，实部和虚部都是 64 位浮点数

同时，NumPy 库为 ndarray 对象元素提供了数量众多、功能强大的数据处理方法，常用的方法如表 5-3 所示。

表 5-3 NumPy 库的常用方法

分类	方法	描述
创建数组	array	创建数组
	empty	创建一个指定形状且未初始化的数组
	zeros	创建指定大小的数组，数组元素以 0 来填充
	ones	创建指定形状的数组，数组元素以 1 来填充
	asarray	将输入转换为 ndarray，若输入已经是 ndarray，则不再需要复制
	arrange	创建数值范围并返回 ndarray 对象
迭代访问	nditer	迭代访问 ndarray 对象
	ravel	返回展开数组
修改形状	reshape	不改变数据的条件下修改形状
连接元素	join	通过指定分隔符来连接数组中的元素
数组转置	transpose	对换数组的维度
	ndarray.T	与 self.transpose()的功能相同
连接数组	concatenate	沿现有轴连接数组序列
	stack	沿着轴加入一系列数组
	hstack	水平堆叠序列中的数组（列方向）
	vstack	竖直堆叠序列中的数组（行方向）
分割数组	split	将一个数组分割为多个子数组
	hsplit	将一个数组水平分割为多个子数组（按列）
	vsplit	将一个数组垂直分割为多个子数组（按行）
数组元素的添加与删除	resize	返回指定形状的新数组
	append	将值添加到数组末尾
	insert	沿指定轴将值插入指定下标之前
	delete	删除某个轴的子数组，并返回删除后的新数组
	unique	查找数组内的唯一元素
一元通用函数	abs	计算每个元素的绝对值
	sqrt	计算每个元素的平方根
	square	计算每个元素的平方

续表

分　类	方　法	描　述
一元通用函数	exp	计算每个元素的自然指数值 e^x
	log、log10、log2	计算每个元素的自然对数、以 10 为底的对数、以 2 为底的对数
	sign	计算每个元素的符号值
	ceil	返回大于或者等于指定表达式的最小整数，即向上取整
	floor	返回小于或者等于指定表达式的最小整数，即向下取整
	isnan	返回数组中每个元素是否为 NaN（不是一个数值）
	sin、cos、tan	三角函数
	arcsin、arcos、arctan	反三角函数
二元通用函数	add	将两个数组中对应的元素相加
	subtract	在第二个数组中，将第一个数组中包含的对应元素减去
	multiply	将数组中的对应元素相乘
	divide、floor_divide	除或者整除
	power	将第二个数组的元素作为第一个数组对应元素的幂次方
	maximum、fmax	逐个比较两个数组中的元素并取最大值，其中 fmax 忽略 NaN
	minimum、fmin	逐个比较两个数组中的元素并取最小值，其中 fmin 忽略 NaN
统计函数	amin	计算数组中的元素沿指定轴的最小值
	amax	计算数组中的元素沿指定轴的最大值
	ptp	计算数组中元素最大值与最小值的差
	median	计算数组中元素的中位数（中值）
	mean	计算数组中元素的算术平均值
	average	根据在另一个数组中给出的各元素的权重计算本数组中元素的加权平均值
	sum	计算所有数组元素的累加和
	std、var	计算数组的标准差和方差
	min、max	计算数组的最小值和最大值
	argmin、argmax	计算数组的最小值和最大值的位置
	cumsum	计算数组从 0 开始元素的累加和
	cumprod	计算数组从 1 开始元素的累积乘积
排序、条件筛选函数	sort	返回输入数组的排序副本
	where	返回输入数组中满足给定条件的元素的索引
	extract	根据某个条件从数组中抽取元素，返回满足条件的元素
线性代数	dot	计算两个数组的点积，即对应元素相乘
	vdot	计算两个向量的点积
	inner	计算两个数组的内积
	matmul	计算两个数组的矩阵积
	determinant	计算数组的行列式
	solve	计算线性矩阵方程
	inv	计算矩阵的乘法逆矩阵

5.1.2　创建 NumPy 数组

可以使用 array 函数从常规的 Python 列表或者元组创建 Numpy 数组。在创建 Numpy 数组时，NumPy 会根据序列中元素的类型推导出所生成数组的数据类型。本案例的主要代码如下（代码清单：chapter5/EX05_1_2）。

```
1    #!/usr/bin/python
2    #-*- coding: UTF-8-*-
3    import NumPy as np
4    #通过常规 Python 数组创建 NumPy 对象
5    a = np.array([1,2,3,4])
6    #输出数组对象 a 及其数据类型
7    print("输出数组对象: a \n {}".format(a))
8    print("输出数组元素数据类型 a.dtype  {}".format(a.dtype))
```

本例运行结果如图 5-3 所示。

```
EX05_1_2
输出数组对象: a
 [1 2 3 4]
输出数组元素数据类型 a.dtype  int32
```

图 5-3　运行结果

注意：开发人员常出现的错误是使用 array 多个数字作为 array 方法的参数，而不是提供一个数字列表作为参数，例如：

```
a = np.array(1,2,3,4) #错误示范
```

运行结果如图 5-4 所示。

```
EX05_1_2
Traceback (most recent call last):
  File "D:/opt/develop/books/Numpy章节/chapter5/EX05_1_2.py", line 19, in <module>
    a = np.array(1,2,3,4)
ValueError: only 2 non-keyword arguments accepted
```

图 5-4　调用 array 多个数字作为参数的结果

在创建多维数组时，array 方法可以将连续的两个数组转换为二维数组、将连续的三个数组转换为三维数组，以此类推，例如：

```
#将连续的两个数组转化为二维数组
b = np.array([(0.5,1,1), (0,1,1.0)])
print("输出数组对象: b \n {}".format(b))
```

运行结果如图 5-5 所示。

```
EX05_1_2
输出数组对象：b
 [[0.5 1.  1. ]
 [0.  1.  1. ]]
```

图 5-5　创建多维数组

创建数组时，若需要明确指定数组中元素的类型，则可以使用 dtype 参数进行指定，例如：

```
#指定创建元素类型为 complex 的数组
c = np.array( [ [1,2], [2,1] ], dtype=complex )
print("输出数组对象: c \n {}".format(c))
print("输出数组对象 c 的数据类型 {}".format(c.dtype)
#指定创建元素类型为 np.float64 的数组
d = np.array( [ [1.5,2], [2,1] ], dtype=np.float64)
print("输出数组对象: d \n {}".format(d))
print("输出数组对象 d 的数据类型 {}".format(d.dtype)
```

运行结果如图 5-6 所示。

```
EX05_1_2
输出数组对象：c
 [[1.+0.j 2.+0.j]
 [2.+0.j 1.+0.j]]
输出数组对象 c的数据类型 complex128
输出数组对象：d
 [[1.5 2. ]
 [2.  1. ]]
输出数组对象 d 的数据类型 float64
```

图 5-6　创建数组时指定数据类型

在某些情况下，数组的元素初始值是未知的，但是数组的大小是已知的，此时可以使用 NumPy 提供的几个常用函数初始化具有占位符的数组。

- zeros 函数：创建一个元素值全部为 0 的数组。
- ones 函数：创建一个元素值全部为 1 的数组。
- empty 函数：创建一个元素值为随机值的数组，随机值取决于内存的状态。

例如：

```
#创建一个元素值全部为 0 的 3×3 数组
e = np.zeros((3,3))
print("输出数组对象: e \n {}".format(e))
#创建一个元素值全部为 1 的 2×3×3 数组
f = np.ones((2,3,3),dtype=np.float64)
print("输出数组对象: f \n {}".format(f))
#创建一个元素值为随机值的数组
g = np.empty((2,7))
print("输出数组对象: g \n {}".format(g))
```

运行结果如图 5-7 所示。

```
EX05_1_2
输出数组对象: e
 [[0. 0. 0.]
 [0. 0. 0.]
 [0. 0. 0.]]
输出数组对象: f
 [[[1. 1. 1.]
  [1. 1. 1.]
  [1. 1. 1.]]

 [[1. 1. 1.]
  [1. 1. 1.]
  [1. 1. 1.]]]
输出数组对象: g
 [[6.23042070e-307 3.56043053e-307 1.37961641e-306 6.23039354e-307
  6.23053954e-307 1.24611470e-306 6.89804132e-307]
 [8.45610231e-307 9.34601642e-307 9.34593493e-307 1.60220393e-306
  2.22522597e-306 1.33511969e-306 8.34426039e-308]]
```

图 5-7　使用占位符生成数组

此外，还可以通过 NumPy 提供的 arange 方法创建 N 维数组。arange 是一个返回数组而不是返回列表的方法，例如：

```
#通过 NumPy 提供的 arange 可返回数组而不是返回列表
#在 2~10 区间，顺序创建一个步长为 2 的数组
h = np.arange(2,10,2)
print("输出数组对象: h \n {}".format(h))
```

运行结果如图 5-8 所示。

```
EX05_1_2
输出数组对象: h
 [2 4 6 8]
```

图 5-8　arrange 方法创建数组

若需要生成一个随机元素的数组，则可以使用函数 np.random.rand 来实现，例如：

```
#生成一个具有随机元素值数组的函数
j = np.random.rand(2,3)
print("输出数组对象: j \n {}".format(j))
```

运行结果如图 5-9 所示。

```
EX05_1_2
输出数组对象: j
 [[0.14973482 0.18906312 0.28300374]
 [0.87764598 0.00591353 0.64882986]]
```

图 5-9　生成随机数组

5.1.3 NumPy 标准输出

NumPy 数组可以使用控制台进行输出，输出时以类似嵌套列表的方式显示。下面展示 NumPy 数组在控制台上的标准输出，本案例的主要代码如下（代码清单：chapter5/EX05_1_3）。

```
1    #!/usr/bin/python
2    #-*- coding: UTF-8-*-
3    import NumPy as np
4    #生成一个 NumPy 对象 a
5    a = np.arange(8)
6    #标准输出 print()
7    print("输出数组对象: a \n {}".format(a))  #输出 [0 1 2 3 4 5 6 7]
8    b = np.arange(18).reshape(2,3,3)
9    #输出 b
10    print("输出数组对象: b \n {} \n\n".format(b))
```

运行结果如图 5-10 所示。

```
EX05_1_3
输出数组对象: a
 [0 1 2 3 4 5 6 7]
输出数组对象: b
 [[[ 0  1  2]
  [ 3  4  5]
  [ 6  7  8]]

 [[ 9 10 11]
  [12 13 14]
  [15 16 17]]]
```

图 5-10 NumPy 标准输出

若数组行与列的元素太多而无法完全输出，则 NumPy 会自动跳过数组的中心部分，仅打印省略号，例如：

```
#输出一维数组列表
print("输出一维数组列表 ")
print(np.arange(5000))
#输出 N 维数组列表
print("输出 N 维数组列表 ")
print(np.arange(5000).reshape(100,50))
```

运行结果如图 5-11 和图 5-12 所示。

```
EX05_1_3
输出一维数组列表
[   0    1    2 ... 4997 4998 4999]
```

图 5-11 输出 NumPy 大型数组

```
EX05_1_3
输出N维数组列表
[[   0    1    2 ...   47   48   49]
 [  50   51   52 ...   97   98   99]
 [ 100  101  102 ...  147  148  149]
 ...
 [4850 4851 4852 ... 4897 4898 4899]
 [4900 4901 4902 ... 4947 4948 4949]
 [4950 4951 4952 ... 4997 4998 4999]]
```

图 5-12　输出 NumPy 大型 N 维数组

注意：若要禁用此行为并且强制 NumPy 打印整个数组，则可以引入 sys 模块，使用更改输出的选项 set_printoptions，即 NumPy.set_printoptions(threshold=sys.maxsize)。

5.1.4　应用案例：郑州市二手房文本数据处理

通过前面章节，开发人员已经掌握了 NumPy 对象的创建及标准输出。下面通过将郑州市二手房数据转化生成 NumPy 类型的数据，并做一些简单的数值运算，以演示 NumPy 的基本用法。本案例的主要代码如下（代码清单：chapter5/EX05_1_4）。

```
1    #!/usr/bin/python
2    #-*- coding: UTF-8-*-
3    import NumPy as np
4    def loadDataTxt(fpath):
5        '''
6        根据文件路径加载文本文件数据
7        :param fpath: 文件路径
8        :return: 文件数据
9        '''
10        #根据输入文件路径 fpath，以只读模式打开文件
11       input_file = open(r'{}'.format(fpath), mode='r', encoding='utf-8')
12        #读取文件第一行和标题行
13        input_file.readline()
14        records =[]
15        #遍历数据行，并且把数据添加到指定数组中
16        for row in input_file.readlines():
17            records.append(row.split('\t'))
18        return records
19    def isNumber(s):
20        '''
21        检测数据是否为数字
22        :param s:  输入检验值
23        :return:
24        '''
25        try:
26            #检测是否为 float 型
27            float(s)
```

```
28          return True
29      except ValueError:
30          pass
31      try:
32          import unicodedata
33          unicodedata.numeric(s)
34          return True
35      except (TypeError, ValueError):
36          pass
37      return False
38  #获取房屋价格数组，records 为房源数据记录
39  def getHousePriceNumPy(records):
40      #创建房源单价 NumPy 对象
41      house_price_list = []
42      Illegal_data = []
43      #数据过滤，提取房源价格
44      for record in records:
45          if isNumber(record[9]):
46              house_price_list.append(float(record[9]))
47          else:
48              Illegal_data.append(record[9])
49      #输出房源总记录数
50      print('房源总记录数 {}'.format(len(records)))
51      #输出合法房源总记录数
52      print('合法房源总记录数 {}'.format(len(house_price_list)))
53      #输出非法房源数据
54      print('非法房源数据 {}'.format(Illegal_data))
55      #创建房源单价数据 NumPy 对象
56      np_price = np.array([house_price_list])
57      #房源均价应用
58      print("合法房源均价 {}".format(np.average(np_price)))
59
60  if __name__ == '__main__':
61      #加载郑州市二手房数据
62      records = loadDataTxt('../datafile/郑州市二手房数据 part1.txt')
63      #房源价格
64      getHousePriceNumPy(records)
```

运行结果如图 5-13 所示。

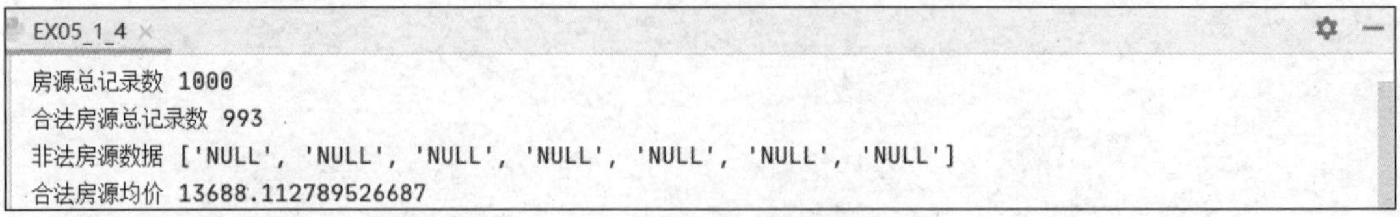

```
EX05_1_4
房源总记录数 1000
合法房源总记录数 993
非法房源数据 ['NULL', 'NULL', 'NULL', 'NULL', 'NULL', 'NULL', 'NULL']
合法房源均价 13688.112789526687
```

图 5-13　运行结果

5.2　NumPy 数组操作

5.2.1　数组的基础运算、形状转换

在 NumPy 库中，数组运算是按照基本的运算法则来进行的，需要注意的是：当 NumPy 数组使用乘积运算符时，将数组中对应位置的元素进行乘法运算。本案例的主要代码如下（代码清单：chapter5/EX05_2_1_1）：

```
1   #!/usr/bin/python
2   #-*- coding: UTF-8-*-
3   import NumPy as np
4   #创建一个固定数组
5   a = np.array([10,10,20,20])
6   #创建一个顺序数组
7   b = np.arange(4)
8   #NumPy 数组的加法运算
9   c=a+b
10   #数组值，运算后的结果，标准输出
11   print("数组 a : ",a)
12   print("数组 b : ",b)
13   print("数组 c = a+b: ",c)
14   #b**2 数组 b 的平方运算
15   print("数组 b 的平方 b**2 : ",b**2)
16   #数组 a 的 cos 值的 100 倍
17   d = 100*np.cos(a)
18   print("数组 a 的 cos 值的 100 倍 100*np.cos(a): ",d)
19   print("数组 a 的 cos 值的 100 倍，其值小于 0 的位置: ",d<0)
20   e = np.array([-2,10,-5,20])
21   print("数组 e         : ",e)
22   print("数组 e 的绝对值  : ",np.abs(e))
23   A = np.array([[1,2,3],[4,5,6]])
24   B = np.array([[2,2,2],[2,2,2]])
25   print('数组 A:  \n',A)
26   print('数组 B:  \n',B)
27   #需要注意乘积运算符（*）在 NumPy 数组中按对应位置的元素执行乘法运算
28   print('数组 A*B: \n',A*B)
29   D = np.array([[1,2,3],[4,5,6]])
30   E = np.array([[2,2],[2,2],[2,2]])
31   #可以使用@运算符（Python 版本高于或等于 3.5）或者 dot 函数处理矩阵的相乘，需要
    #满足矩阵的运算法则
32   print('矩阵的运算，数组 D@E: \n',D @ E)
33   print('数组 D.dot(E): \n',D.dot(E))
34   #关于某些操作 += 或者 *= 修改当前数组，而不是重新创建一个数组
```

```
35    #创建数组 f,g
36    f = np.ones((2,3), dtype=int)
37    g = np.random.random((2,3))
38    print('数组 f:  \n',f)
39    print('数组 g:  \n',g)
40    f*=5
41    print('数组 f 做运算 f*=5 输出 f:  \n',f)
42    g+=f
43    print('数组 g 做运算 g+=f 输出 g:  \n',g)
```

运行结果如图 5-14 所示。

```
EX05_2_1_1
数组 a :  [10 10 20 20]
数组 b :  [0 1 2 3]
数组 c = a+b:  [10 11 22 23]
数组b的平方 b**2 :  [0 1 4 9]
数组a的cos值的100倍  100*np.cos(a):   [-83.90715291 -83.90715291  40.80820618  40.80820618]
数组a的cos值的100倍, 其值小于0的位置:  [ True  True False False]
数组e          :  [-2 10 -5 20]
数组e的绝对值  :  [ 2 10  5 20]
数组A:
 [[1 2 3]
 [4 5 6]]
数组B:
 [[2 2 2]
 [2 2 2]]
数组A*B:
 [[ 2  4  6]
 [ 8 10 12]]
矩阵的运算 数组D@E:
 [[12 12]
 [30 30]]
数组D.dot(E):
 [[12 12]
 [30 30]]
数组f:
 [[1 1 1]
 [1 1 1]]
数组g:
 [[0.81543718 0.49227347 0.56961067]
 [0.62905627 0.85700132 0.50223151]]
数组f做运算 f*=5 输出f:
 [[5 5 5]
 [5 5 5]]
数组g做运算 g+=f 输出g:
 [[5.81543718 5.49227347 5.56961067]
 [5.62905627 5.85700132 5.50223151]]
```

图 5-14　运行结果

注意：使用不同类型的数组进行操作，结果数组中的数据类型为精度更高的数据类型，即精度向上进行转换。例如，在 EX05_2_1_1 中，进行 f*=g 运算，则运行结果如图 5-15 所示。

```
Traceback (most recent call last):
  File "D:/opt/develop/books/Numpy章节/chapter5/EX05_2_1_1.py", line 57, in <module>
    f*=g
numpy.core._exceptions.UFuncTypeError: Cannot cast ufunc 'multiply' output from dtype('float64') to dtype('int32') with casting rule 'same_kind'
```

图 5-15　运行结果

为了使读者更直观地感受数组在运算时，数据精度的向上转换，下面使用不同类型的数组进行运算，本案例的主要代码如下（代码清单：chapter5/EX05_2_1_2）：

```
1    #!/usr/bin/python
2    #-*- coding: UTF-8-*-
3    import NumPy as np
4    #引入 π
5    from NumPy import pi
6    #分别创建类型不同的数组
7    a = np.ones(2, dtype=np.int32)
8    b = np.linspace(1,pi,2)
9    print("数组 a 的数据类型: ",a.dtype)
10    print("数组 b 的数据类型: ",b.dtype)
11    #数组 a 加上数组 b 赋值于数组 c
12    c = a+b
13    print("数组 c 的数据类型: ",c.dtype)
14    #引入函数计算
15    d=np.tan(c*1j)
16    print("数组 d 的数据类型: ",d.dtype)
```

运行结果如图 5-16 所示。

```
EX05_2_1_2
数组 a 的数据类型:  int32
数组 b 的数据类型:  float64
数组 c 的数据类型:  float64
数组 d 的数据类型:  complex128
```

图 5-16　运行结果

对于 NumPy 常用的一元运算函数，在 5.1.4 节的案例中，使用了平均值函数 average()，以用于计算合法房源的均价。NumPy 常用的一元函数还有求和、取最大值、取最小值等，在常规情况下，将这些操作应用于数组，就像它是一个数字列表一样。在前面的运算操作中，都是对数组的默认轴进行操作，开发人员还可以通过指定 axis 参数，对数组的指定轴进行操作。本案例的主要代码如下（代码清单：chapter5/EX05_2_1_3）：

```
1    #!/usr/bin/python
2    #-*- coding: UTF-8-*-
3    import NumPy as np
4    #创建一个二维数组
5    a = np.arange(8).reshape(2,4)
6    print("数组 a : \n",a)
7    #输出数组 a 每列的和，同时返回求和后的新数组
8    print("数组 a 每列的和: \n",a.sum(axis=0))
9    #输出数组 a 每行的和，同时返回求和后的新数组
10    print("数组 a 每行的和: \n",a.sum(axis=1))
11    #输出数组 a 每列的最小值，同时返回求和后的新数组
12    print("数组 a 每列的最小值: \n", a.min(axis=0))
13    #输出数组 a 每行的最小值，同时返回求和后的新数组
14    print("数组 a 每行的最小值: \n", a.min(axis=1))
```

运行结果如图 5-17 所示。

```
EX05_2_1_3
数组 a :
 [[0 1 2 3]
 [4 5 6 7]]
数组 a 每列的和:
 [ 4  6  8 10]
数组 a 每行的和:
 [ 6 22]
数组 a 每列的最小值:
 [0 1 2 3]
数组 a 每行的最小值:
 [0 4]
```

图 5-17　运行结果

NumPy 库为开发人员提供了常用的数学函数，如 sin、cos、tan 等。这些函数在数组上的多个元素进行操作时，可以生成结果数组。常用的通用函数主要有 all、any、apply_along_axis、argmax、argmin、argsort、average、bincount、ceil、clip、conj、corrcoef、cov、cross、cumprod、cumsum、diff、dot、floor、inner、inv、lexsort、max、maximum、mean、median、min、minimum、nonzero 等。因为篇幅关系，本书不再对每个通用函数的作用及使用方法进行讲解，读者可以从 NumPy 官方网站上获取相应的使用说明。

5.2.2　数组的形状

对于 ndarray 数组来说，数组的形状是由每个轴上元素的个数决定的。但是在应用时，数组的形状可以通过使用相关函数来修改。本案例的主要代码如下（代码清单：chapter5/EX05_2_2_1）：

```
1    #!/usr/bin/python
2    #-*- coding: UTF-8-*-
3    import NumPy as np
4    A = np.linspace(1,1,24)
5    print("数组 A : ",A)
6    print("数组 A 的形状: ",A.shape)
7    print("数组 A.reshape(4,6) : \n",A.reshape(4,6))
8    print("数组 A.reshape(4,6) 的形状: ",A.reshape(4,6).shape)
9    B = np.floor(10*np.random.random((4,5)))
10    print("数组 B : \n",B)
11    print("数组 B 的形状: ",B.shape)
12    #可以使用相关函数来修改数组的形状
13    #将多维数组转换为一维数组，返回一个新数组，数组 B 不变
14    C=B.ravel()
15    print("数组 C : \n",C)
16    print("数组 C 的形状: ",C.shape)
17    # 数组 B 的转置数组与 self.transpose()的效果相同
18    print("数组 B 的转置数组 B.T : \n ",B.T)
19    # 输出 B 的转置数组的形状
20    print("数组 B 的转置数组形状 B.T.shape: ",B.T.shape)
```

运行结果如图 5-18 所示。

```
EX05_2_2_1
数组 A : [1. 1. 1. 1. 1. 1. 1. 1. 1. 1. 1. 1. 1. 1. 1. 1. 1. 1. 1. 1. 1. 1. 1. 1.]
数组 A 的形状: (24,)
数组 A.reshape(4,6) :
 [[1. 1. 1. 1. 1. 1.]
 [1. 1. 1. 1. 1. 1.]
 [1. 1. 1. 1. 1. 1.]
 [1. 1. 1. 1. 1. 1.]]
数组 A.reshape(4,6) 的形状: (4, 6)
数组 B :
 [[7. 9. 6. 4. 0.]
 [0. 5. 0. 4. 7.]
 [5. 3. 7. 7. 5.]
 [7. 8. 9. 0. 8.]]
数组 B 的形状: (4, 5)
数组 C :
 [7. 9. 6. 4. 0. 0. 5. 0. 4. 7. 5. 3. 7. 7. 5. 7. 8. 9. 0. 8.]
数组 C 的形状: (20,)
数组 B 的转置数组 B.T :
 [[7. 0. 5. 7.]
 [9. 5. 3. 8.]
 [6. 0. 7. 9.]
 [4. 4. 7. 0.]
 [0. 7. 5. 8.]]
数组 B 的转置数组形状 B.T.shape: (5, 4)
```

图 5-18　运行结果

注意：以上所用三个函数（reshape、ravel、transpose）并不更改原始数组，均返回修改后的数组，即会生成一个新的数组对象。若需要修改原数组，开发人员可以使用 ndarray.resize 方法来实现，例如：

```
B.resize(10,2)
print("数组 B  resize : \n",B)
print("数组 B 的形状: ",B.shape)
```

运行结果如图 5-19 所示。

```
数组 B.resize(10,2) :
 [[3. 7.]
 [2. 1.]
 [0. 6.]
 [7. 5.]
 [4. 9.]
 [4. 9.]
 [1. 9.]
 [9. 7.]
 [1. 2.]
 [0. 6.]]
数组 B 的形状: (10, 2)
```

图 5-19　运行结果

5.2.3　数组的索引、切片

在实际应用过程中，可能只需要使用 ndarray 对象的部分内容。因为 ndarray 数组可以基于 0～n 的下标进行索引，所以开发人员可以使用与 Python 中 list 的切片一样的操作，通过索引或切片来访问和修改 ndarray 数组。对于一维数组的索引、切片，本案例的主要代码如下（代码清单：chapter5/EX05_2_3_1）：

```
1    #!/usr/bin/python
2    #-*- coding: UTF-8-*-
3    import NumPy as np
4    A = np.arange(9)**2
5    print("数组 A : ",A)
6    #输出数组索引下标为 9 的值，会产生异常错误
7    #print(A[9])
8    print("数组索引下标为 8 的值" ,A[8])
9    #从索引 3 开始到索引 6 停止，间隔为 0
10    print("从索引 3 开始到索引 6 停止，间隔为 0 ",A[3:6])
11    #从索引 1 开始到索引 6 停止，间隔为 2
12    print("从索引 1 开始到索引 6 停止，间隔为 2 ",A[1:6:2])
13    #逆反整个数组
14    print("逆反整个数组 A ",A[::-1])
15    #去掉数组的最后一位
16    print("去掉数组 A 最后一位 ",A[:-1])
17    #A[:3:2] 等价于 A[0:3:2]
18    print("从索引 0 到索引 3 停止，间隔为 2 ",A[:3:2])
19    #赋值 A[:3:2] =101
20    A[:3:2] =101
21    print("数组 A[:3:2] 赋值 101 后，数组 A  : ",A)
```

运行结果如图 5-20 所示。

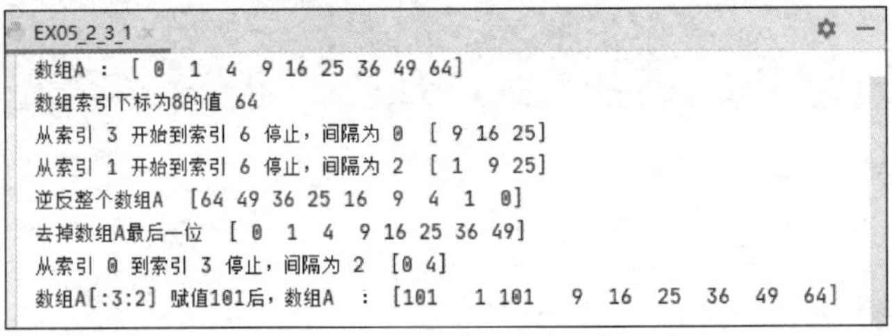

```
EX05_2_3_1
数组A :  [ 0  1  4  9 16 25 36 49 64]
数组索引下标为8的值 64
从索引 3 开始到索引 6 停止，间隔为 0  [ 9 16 25]
从索引 1 开始到索引 6 停止，间隔为 2  [ 1  9 25]
逆反整个数组A  [64 49 36 25 16  9  4  1  0]
去掉数组A最后一位  [ 0  1  4  9 16 25 36 49]
从索引 0 到索引 3 停止，间隔为 2  [0 4]
数组A[:3:2] 赋值101后，数组A  :  [101   1 101   9  16  25  36  49  64]
```

图 5-20　运行结果

N 维数组元素的索引犹如矩阵中元素的下标，可以通过下标获取指定元素或者切片。对于 N 维数组的索引、切片，本案例的主要代码如下（代码清单：chapter5/EX05_2_3_2）：

```
1    #!/usr/bin/python
2    #-*- coding: UTF-8-*-
3    import NumPy as np
4    A = np.arange(30).reshape(6,5)
5    print("数组 A : \n",A)
6    #根据下标获取 N 维数组的元素
7    print("获取行下标为 1，列下标为 3 的元素 A[1,3]: ",A[1,3])
8    print("N 维数组返回指定下标为 2 的所有元素 A[:,2]: ",A[:,2])
9    #返回列下标为 2、行下标为 0～4 的数组元素
10    print("N 维数组返回列下标为 2、行下标为 0～4 的数组元素 A[0:4,2] : ",A[0:4,2])
11    #返回行下标为 2 到行下标为 3 之间的所有元素
12    print(" N 维数组，行下标为 2 到行下标为 3 之间的所有元素 A[2:3,:]: ",A[2:3,:])
```

```
13    #N 维数组，行下标为 0 到行下标为 3 之间的所有元素
14    print("N维数组,行下标为0到行下标为3之间的所有元素 A[0:3,:]:\n",A[0:3,:])
```

运行结果如图 5-21 所示。

```
EX05_2_3_2
数组A ：
 [[ 0  1  2  3  4]
 [ 5  6  7  8  9]
 [10 11 12 13 14]
 [15 16 17 18 19]
 [20 21 22 23 24]
 [25 26 27 28 29]]
获取行下标为1，列下标为3的元素 A[1,3]:  8
N维数组返回指定下标为2的所有元素 A[:,2]:  [ 2  7 12 17 22 27]
N维数组返回列下标为2、行下标为0～4的数组元素 A[0:4,2]  [ 2  7 12 17]
N维数组，行下标为2到行下标为3之间的所有元素 A[2:3,:]:  [[10 11 12 13 14]]
N维数组，行下标为0到行下标为3之间的所有元素 A[0:3,:]:
 [[ 0  1  2  3  4]
 [ 5  6  7  8  9]
 [10 11 12 13 14]]
```

图 5-21　运行结果

5.2.4　数组的遍历

NumPy 迭代器对象 NumPy.nditer 提供了一种灵活访问一个或者多个数组元素的方式。迭代器最基本的任务就是完成对数组元素的访问。通常 nditer 不使用标准 C 或者 FORTRAN 顺序，选择的顺序是与数组内存布局一致的，这样做是为了提升访问效率，默认是行序优先（Row-Major Order，或者说是 C-order）。默认情况下，只需访问每个元素，而无须考虑其特定顺序。

在下面的案例中，使用 arange()函数创建一个 2×3 的数组，并使用 nditer 对它进行迭代，同时，通过迭代上述数组的转置来观察，并与以 C 顺序访问转置数组的 copy 方式进行对比。本案例的主要源代码如下（代码清单：chapter5/EX05_2_4_1）：

```
1     #!/usr/bin/python
2     #-*- coding: UTF-8-*-
3     import NumPy as np
4     A = np.arange(6).reshape(2,3)
5     print('数组 A: \n',A)
6     #数据遍历迭代
7     print ('np.nditer() 迭代输出元素: ')
8     for val in np.nditer(A):
9         print (val,end=", " )
10     #输出数组 B 的转置
11     B = np.arange(6).reshape(2, 3)
12     print ('\n 数组 B: \n',B)
13     print ('数组 B.T: \n',B.T)
14     #数组 B 的转置遍历，输出元素
15     print ('数组 B.T 遍历: ')
16     for val in np.nditer(B.T):
17         print(val, end=", ")
```

```
18    #数组 B 以 C 顺序访问数组转置，输出数组的值
19    print ('\n 数组 B 以 C 顺序访问数组转置: ')
20    for val in np.nditer(B.T.copy(order='C')):
21        print(val, end=", ")
```

运行结果如图 5-22 所示。

```
EX05_2_4_1
数组A:
 [[0 1 2]
 [3 4 5]]
np.nditer() 迭代输出元素:
0, 1, 2, 3, 4, 5,
 数组B:
 [[0 1 2]
 [3 4 5]]
数组 B.T:
 [[0 3]
 [1 4]
 [2 5]]
数组 B.T遍历 :
0, 1, 2, 3, 4, 5,
数组 B 以 C 顺序访问数组转置 :
0, 3, 1, 4, 2, 5,
```

图 5-22　运行结果

从上述例子可以看出，B 和 B.T 的遍历顺序是一样的，也就是说它们在内存中的存储顺序也是一样的，但是 B.T.copy(order='C')的遍历结果是不同的，那是因为它和前两种的存储方式是不一样的，默认按行访问。在进行遍历时，可以使用 order 参数来控制遍历顺序。

```
for x in np.nditer(B, order='F'):Fortran order，即列序优先
for x in np.nditer(B.T, order='C'):C order，即行序优先
```

同时还有以下常见的遍历方法：

- 通过某个轴完成遍历 N 维数组；
- 通过使用 flat 属性遍历 N 维数组；
- 通过使用 ndenumerate 方法遍历 N 维数组。

下面对上述三种遍历方法分别进行演示，本案例的主要源代码如下（代码清单：chapter5/EX05_2_4_2）：

```
1     #!/usr/bin/python
2     #-*- coding: UTF-8-*-
3     import NumPy as np
4     #创建一个 2×3 的二维数组
5     A = np.arange(6).reshape(2,3)
6     #输出数组 A
7     print ('数组 A: \n',A)
8     #遍历数组 A，输出每行元素
9     for row in A:
10        print(row)
11     #通过 flat 属性遍历数组
12     print(" 遍历 N 维数组中的每个元素，可以使用 flat 属性: ")
13     for el in A.flat:
14        print(el, end=" ",)
15     #通过 ndenumerate 属性遍历数组
```

```
16    print("\n 遍历 N 维数组中的每个元素，也可使用 ndenumerate: ")
17    for index,x in np.ndenumerate(A):
18        print(index, x)
```

运行结果如图 5-23 所示。

```
EX05_2_4_2
数组A:
 [[0 1 2]
 [3 4 5]]
[0 1 2]
[3 4 5]
 遍历N维数组中的每个元素，可以使用flat属性:
0 1 2 3 4 5
 遍历N维数组中的每个元素，也可使用 ndenumerate:
(0, 0) 0
(0, 1) 1
(0, 2) 2
(1, 0) 3
(1, 1) 4
(1, 2) 5
```

图 5-23　运行结果

5.2.5　数组的副本与视图

在对数组进行操作时，它们的数据有时会被复制到一个新的数组中，有时则不会。对于初学者来说，这常常会感到比较困惑，主要有以下三种情况。

- 完全没有副本，即简单赋值而不复制数组对象或其数据。
- 视图或者浅拷贝。
- 深拷贝。

下面对以上三种情况分别进行演示。

（1）完全没有副本，即简单赋值形式。Python 将可变对象作为引用传递，因此函数调用不会被复制。本案例的主要源代码如下（代码清单：chapter5/EX05_2_5_1）：

```
1    #!/usr/bin/python
2    #-*- coding: UTF-8-*-
3    import NumPy as np
4    x = np.arange(12)
5    print("数组 x",x)
6    #简单赋值而不复制数组对象或其数据
7    y = x
8    print("x 是 y 引用",y is x)
9    print("数组 x 的形状: ",x.shape)
10    print("数组 y 的形状: ",y.shape)
11    #通过 y 赋值修改形状
12    y.shape=2,6
13    print("通过 y 赋值修改形状后的数组 x",x)
14    print("通过 y 赋值修改形状后的数组 x 的形状: ",x.shape)
15    #Python 将可变对象作为引用传递，因此函数调用不会被复制
16    def f(x):
17        print(id(x))
18    #id(x)  #id 是对象的唯一标识符
19    f(x)
```

运行结果如图 5-24 所示。

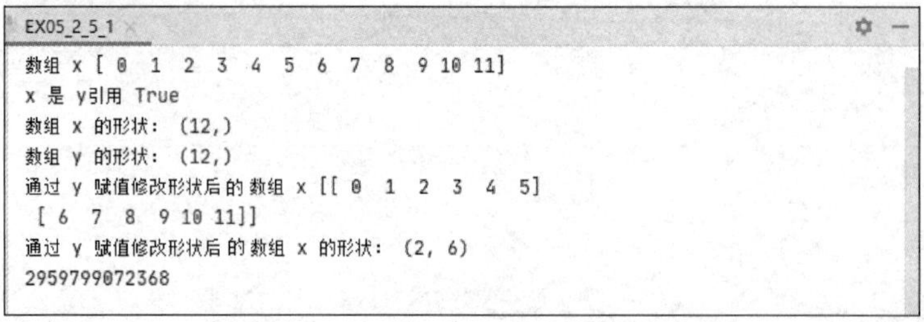

```
EX05_2_5_1
数组 x [ 0  1  2  3  4  5  6  7  8  9 10 11]
x 是 y引用 True
数组 x 的形状: (12,)
数组 y 的形状: (12,)
通过 y 赋值修改形状后的数组 x [[ 0  1  2  3  4  5]
 [ 6  7  8  9 10 11]]
通过 y 赋值修改形状后的数组 x 的形状: (2, 6)
2959799072368
```

图 5-24　运行结果

（2）视图或者浅拷贝，即生成一个新的数组对象，与原来的数组对象指向同一个数据区域。本案例的主要源代码如下（代码清单：chapter5/EX05_2_5_2）：

```
1    #!/usr/bin/python
2    #-*- coding: UTF-8-*-
3    import NumPy as np
4    x = np.arange(12).reshape(2,6)
5    print("数组 x \n",x)
6    #视图
7    z = x.view()
8    print("z 是 x 的视图 : ",z is x)
9    print("z.base is x: ",z.base is x)
10    print("z.flags.owndata: ",z.flags.owndata)
11    #设置 shape
12    z.shape = 3,4
13    print("数组 x 的形状: ",x.shape)
14    print("数组 z: \n",z)
15    #对数组进行切片返回数组的视图
16    s = x[ : , 1:4]
17    print(s)
18    #对切片结果赋值
19    s[:] = 99
20    print("切片结果赋值后的数组 x : \n",x)
```

运行结果如图 5-25 所示。

```
EX05_2_5_2
数组 x
 [[ 0  1  2  3  4  5]
 [ 6  7  8  9 10 11]]
z 是 x的视图 :  False
z.base is x :  False
z.flags.owndata :  False
数组x的形状 :  (2, 6)
数组z :
 [[ 0  1  2  3]
 [ 4  5  6  7]
 [ 8  9 10 11]]
[[1 2 3]
 [7 8 9]]
切片结果赋值后的数组x :
 [[ 0 99 99 99  4  5]
 [ 6 99 99 99 10 11]]
```

图 5-25　运行结果

（3）复制生成数组及其数据的完整副本。若不再需要原始数组，则应该在切片后调用 copy()方法进行复制。例如，假设 a 是一个巨大的中间结果，最终结果 b 只包含 a 的一部分，那么在使用切片创建 b 时需要做一个深拷贝。若使用 b = a[:100]，则 a 被 b 引用，执行 del a（删除 a）后，a 就会被销毁，但是数据依然会存在于内存中；若使用 b = a[:100].copy()，则执行 del a（删除 a）后，a 不仅会被销毁，其数据也会在内存中被释放。本案例的主要源代码如下（代码清单：chapter5/EX05_2_5_3）：

```
1    #!/usr/bin/python
2    #-*- coding: UTF-8-*-
3    import NumPy as np
4    x = np.arange(12).reshape(2,6)
5    print("数组 x: \n",x)
6    #深拷贝
7    d = x.copy()
8    print("d is x :",d is x)
9    print("d.base is x :",d.base is x)
10    d[0:1] = 999999
11    print("数组 d: \n",d)
12    a = np.arange(int(1e8))
13    print("数组 a: \n",a)
14    #切片深拷贝赋值
15    b = a[:100].copy()
16    print("数组 b: \n",b)
17    del a
18    #引用 a
19    a
```

运行结果如图 5-26 所示。

```
EX05_2_5_3
数组 x:
 [[ 0  1  2  3  4  5]
 [ 6  7  8  9 10 11]]
d is x : False
d.base is x : False
数组 d:
 [[999999 999999 999999 999999 999999 999999]
 [     6      7      8      9     10     11]]
数组 a:
 [       0        1        2 ... 99999997 99999998 99999999]
数组 b:
 [ 0  1  2  3  4  5  6  7  8  9 10 11 12 13 14 15 16 17 18 19 20 21 22 23
 24 25 26 27 28 29 30 31 32 33 34 35 36 37 38 39 40 41 42 43 44 45 46 47
 48 49 50 51 52 53 54 55 56 57 58 59 60 61 62 63 64 65 66 67 68 69 70 71
 72 73 74 75 76 77 78 79 80 81 82 83 84 85 86 87 88 89 90 91 92 93 94 95
 96 97 98 99]
Traceback (most recent call last):
  File "D:/opt/develop/books/Numpy章节/chapter5/EX05_2_5_3.py", line 24, in <module>
    a
NameError: name 'a' is not defined
```

图 5-26　运行结果

5.3 NumPy 应用案例：郑州市二手房数据统计及计算

在 5.1 节、5.2 节中，小孟已经对 NumPy 有了清晰的认识。本节将结合实际业务场景，使用 NumPy 解决实际问题：分析、统计、汇总郑州市二手房数据，使用部分数据模拟推导郑州市二手房各个区域的房屋均价、全市房屋均价、房屋数量等。本案例的主要源代码如下（代码清单：chapter5/EX05_3_1）：

```
1    #!/usr/bin/python
2    #-*- coding: UTF-8-*-
3    '''统计郑州市二手房各个区域的房屋数量，郑州市二手房总量'''
7    import NumPy as np
8    from collections import Counter
9    #城市字典定义，数据标准化转换定义
10    cityDict = {
11        "北京": 10.0,
12        "上海": 11.0,
13        "郑州":12.0,
14        "NULL": -1.0,
15    }
16    #城市区字典定义，数据标准化转换定义
17    regionDict = {
18        "金水区":1.0,
19        "惠济区":2.0,
20        "二七区":3.0,
21        "中原区":4.0,
22        "管城回族区":5.0,
23        "郑东新区":6.0,
24        "经开区":7.0,
25        "高新区":8.0,
26        "中牟县":9.0,
27        "新郑市":10.0,
28        "荥阳市": 11.0,
29        "上街区": 12.0,
30        "巩义市": 13.0,
31        "新密市": 14.0,
32        "登封市": 15.0,
33        "航空港": 16.0,
34        "郑州周边": 17.0,
35        "NULL": -10.0,
36    }
37    def repairRegion(data):
38        '''统一化，便于处理，数据清洗'''
39        #将所有上街数据均修复为上街区
```

```
40        if "上街" == data:
41            return "上街区"
42        #将所有新郑数据均修复为新郑市
43        if "新郑" == data:
44            return "新郑市"
45        #将所有中原数据均修复为中原区
46        if "中原" == data:
47            return "中原区"
48        #将所有管城数据均修复为管城回族区
49        if "管城" == data:
50            return "管城回族区"
51        #将所有金水数据均修复为金水区
52        if "金水" == data:
53            return "金水区"
54        return data
55    def loadDataTxt(fpath):
56        '''根据文件路径加载.txt 文件数据
57        :param fpath: 文件路径
58        :return: 文件数据'''
59        #以只读模式打开指定路径下的文件
60       input_file = open(r'{}'.format(fpath), mode='r', encoding='utf-8')
61        input_file.readline()
62        records =[]
63        for row in input_file.readlines():
64            records.append(row.split('\t'))
65        return records
66    def isNumber(s):
67        '''检测数据是否为数字
68        :param s: 具体需要校验的值
69        :return: '''
70        try:
71            float(s)
72            return True
73        except ValueError:
74            pass
75        try:
76            import unicodedata
77            unicodedata.numeric(s)
78            return True
79        except (TypeError, ValueError):
80            pass
81        return False
82    def getHouseRecordNumPy(records):
83        ''':param records: 合法房源数据记录，同时进行数据转换
84        :return: '''
85        #创建房屋单价 NumPy 对象
```

```
86        house_record_list = []
87        for record in records:
88            #进行城市映射，将文字转化为数字，以方便用于数学计算
89            record[0] = cityDict[record[0]]
90            #修复异常数据，数据标准化
91            #进行区域映射，将文字转化为数字，以方便用于数学计算
92            record[1] = regionDict[repairRegion(record[1])]
93            #检测数据有效性，过滤异常数据
94            if isNumber(record[9]):
95                record[9] = float(record[9])
96            else:
97                record[9] = 0
98          house_record_list.append([float(record[0]), float(record[1]),
          float(record[9])])
99        #转换 NumPy 类型对象
100         result = np.array(house_record_list)
101         return result
102    if __name__ == '__main__':
103        records = loadDataTxt('../datafile/郑州市二手房数据 part1.txt')
104        #获取房源记录
105        houseRecords = getHouseRecordNumPy(records)
106        # 切片，分割出列索引为 1 的 NumPy 数组，以用于区域的划分
107        regionRecords =houseRecords[:, 1]    #统计各个区的房源数量
108        #获取统计结果
109        countRegions = Counter(regionRecords)
110        #遍历输出统计结果
111        for k in regionDict.keys():
112          print("{} 房源总数: ".format(k), countRegions.get(regionDict[k]))
113        print("有效房源总数: ",sum(regionRecords >= 0))
114        print("无效房源总数: ", sum(regionRecords <= 0))
```

运行结果如图 5-27 所示。

```
EX05_3_1
金水区 房源总数: 185
惠济区 房源总数: 60
二七区 房源总数: 56
中原区 房源总数: 49
管城回族区 房源总数: 48
郑东新区 房源总数: 68
经开区 房源总数: 61
高新区 房源总数: 59
中牟县 房源总数: 49
新郑市 房源总数: 46
荥阳市 房源总数: 60
上街区 房源总数: 60
巩义市 房源总数: 4
新密市 房源总数: 60
登封市 房源总数: 9
航空港 房源总数: 61
郑州周边 房源总数: 58
NULL 房源总数: 7
有效房源总数 : 993
无效房源总数 : 7
```

图 5-27　运行结果

第 6 章　Pandas 科学计算

本章主要内容

- Pandas 概述
- Pandas 数据结构
- Pandas 数据操作
- Pandas 应用案例

Pandas 是一个开源的、遵循 BSD（Berkeley Software Distribution，意思是伯克利软件发行版）许可的库，其作用是为 Python 编程语言提供高性能、易于使用的数据结构和数据分析工具。

Pandas 是以 NumPy 为基础，为了完成数据分析任务而创建的一种工具，纳入了大量类库和一些标准的数据模型，提供了大量快速、便捷处理数据的函数和方法，也提供了操作大型数据集所需的高效工具。因此，Pandas 使 Python 具有强大而高效的数据分析功能，已广泛应用于电信、金融等多个领域。

6.1　Pandas 概述

6.1.1　Pandas 简介

Pandas 是 Python 的数据分析核心支持库，提供了快速、灵活、明确的数据结构，旨在简单、直观地处理关系型数据和标记型数据。Pandas 的短期目标是成为 Python 数据分析实践与实战的必备高级工具，长远目标是成为最强大、最灵活、可以支持任何语言的开源数据分析工具。经过多年不懈的努力，Pandas 离这个目标越来越近。

Pandas 适用于处理以下类型的数据。

（1）与 SQL 或 Excel 表类似，含异构列的表格数据。

（2）有序和无序（非固定频率）的时间序列数据。

（3）具有行列标签的矩阵数据，包括同构型数据或异构型数据。

（4）对于其他任意形式的观测数据集和统计数据集，在其数据转入 Pandas 数据结构时不必事先标记。

Pandas 可以处理的数据结构主要有 Series（一维数据）与 DataFrame（二维数据）。

这两种数据结构足以处理金融、统计、社会科学、工程等领域中的大多数典型用例。相对于 R 语言，DataFrame 提供了比 R 语言 data.frame 更丰富的功能。Pandas 是基于 NumPy 开发的，可以与其他第三方科学计算支持库完美集成。除此之外，Pandas 还具有以下优点。

（1）Pandas 速度很快。Pandas 的很多底层算法都用 Cython 优化过。然而，为了保持 Pandas 的通用性，必然要牺牲一些性能，如果专注某项功能，那么完全可以开发出比 Pandas 速度更快的专用工具。

（2）Pandas 是 statsmodels 的依赖项，因此，Pandas 也是 Python 中的统计、计算生态系统的重要组成部分。

在接下的章节中，将循序渐进地讲解如何使用 Pandas 解决实际应用问题：以郑州市二手房数据作为原型，运用 Pandas 完成数据处理、数据分析等工作。

6.1.2 Pandas 在数据处理领域中的优势

Pandas 在数据处理领域中具有以下优势。

（1）一个快速、高效的 DataFrame 对象，用于数据操作和综合索引。

（2）可以作为内存数据结构和不同格式之间读/写数据的工具：可用于 CSV 文件、文本文件、Excel 文件、SQL 数据库和快速 HDF 5 格式的文件。

（3）智能数据对齐和丢失数据的综合处理：在计算中获得基于标签的自动对齐，并能轻松地将无序的数据处理成有序的形式。

（4）灵活调整和旋转各种数据集。

（5）基于智能标签的切片、索引获取大型数据集的子集。

（6）可以在数据结构中插入和删除列，以实现大小可变。

（7）通过强大的引擎聚合或转换数据，允许对数据集进行拆分、应用、组合等操作。

（8）高性能合并和连接数据集。

（9）层次轴索引提供了在低维数据结构中处理高维数据的直观方法。

（10）时间序列功能：日期范围生成、频率转换、移动窗口统计、移动窗口线性回归、日期转换和计算，甚至在不丢失数据的情况下创建特定领域的时间偏移和加入时间序列。

（11）对性能进行了高度优化，用 Python 或 C 编写了关键代码路径。

（12）Python 与 Pandas 可广泛应用于学术和商业领域中，包括金融、神经科学、经济学、统计学、广告及网络分析等。

6.2 Pandas 数据结构

本节将介绍 Pandas 的基础数据结构，以及各类对象的数据类型、索引、轴标记、对齐等基础操作。

Pandas 可以处理的数据结构主要有 Series 和 DataFrame，如表 6-1 所示。

表 6-1 Pandas 可以处理的数据结构

维 数	名 称	描 述
1	Series	带标签的一维同构数组
2	DataFrame	带标签的、大小可变的二维异构表格

其中，DataFrame 的结构如图 6-1 所示。

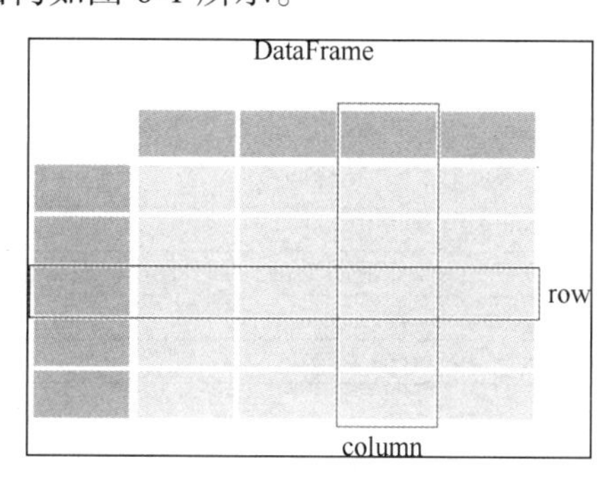

图 6-1 DataFrame 的结构

Pandas 数据结构就像低维数据的容器。例如，DataFrame 是 Series 的容器，Series 则是标量数据的容器。使用这种方式，可以在容器中以字典的形式插入或删除对象。处理 DataFrame 表格数据时，index（行）或 columns（列）比 axis0 和 axis1 更直观。使用这种方式迭代 DataFrame 的列，其代码更易懂。

```
1   for col in df.columns:
2       series = df[col]
3       #do something with series
```

Pandas 所有数据结构的值都是可变的，但数据结构的大小并非都是可变的。例如，Series 的长度不可改变，但可以向 DataFrame 中插入列。在 Pandas 中，绝大多数方法都不改变原始的输入数据，而是复制数据，并生成新的对象。一般来说，原始输入数据不变更稳妥。

6.2.1 Series

Series 是带有标签的一维同构数组，可存储整数、浮点数、字符串、Python 对象等类型的数据。轴标签统称为索引。调用 pd.Series 函数即可创建 Series。

```
series=pd.Series(data,index=index)
```

在上面的代码中，data 支持以下数据类型：Python 字典、多维数组、常见的标量。index 是轴标签列表。不同数据可分为以下两种情况。

（1）多维数组，当 data 是多维数组时，index 长度必须与 data 长度一致。

（2）当没有指定 index 参数时，创建数值型索引，即[0,⋯,len(data)−1]。

Series 的主要属性如表 6-2 所示。

表 6-2　Series 的主要属性

属　性	描　述
Series.index	系列的索引（轴标签）
Series.array	返回 Pandas 数组或者扩展数组
Series.values	根据 dtype 将 Series 返回为 ndarray 对象或类似 ndarray 的对象
Series.dtype	返回基础数据的 dtype 对象
Series.shape	返回基础数据形状的元组
Series.nbytes	返回基础数据中的字节数
Series.ndim	根据定义，基础数据的维数为 1
Series.size	返回基础数据中的元素数
Series.T	返回转置，根据定义，转置为 self
Series.memory_usage	返回该系列的内存使用情况
Series.hasnans	若数据中有 NaN，则返回 True；启用各种性能提升
Series.empty	指示 DataFrame 是否为空
Series.dtypes	返回基础数据的 dtype 对象
Series.name	返回系列的名称

下面演示 Series 的创建与输出，本案例的主要代码如下（代码清单：chapter6/EX06_2_1）：

```
1    import numpy as np
2    import pandas as pd
3    data = np.random.randn(5)
4    # 构造一个随机 numpy 数组 data
5    print("构造一个 numpy 数组: ", data)
6    #随机数数组，索引为 A~E，构造 series
7    index = ['A', 'B', 'C', 'D', 'E']
8    series = pd.Series(data, index=index)
9    #打印输出 series 对象
10    print("对象 series 标准输出为: \n{}".format(series))
11    #打印输出 series 的索引属性
12    print("series 的索引属性: ", series.index)
13    #打印输出指定索引的对象
14    print("未指定索引的 pd.Series(data):\n", pd.Series(data))
```

运行结果如图 6-2 所示。

```
EX06_2_1
构造一个numpy 数组: [ 0.8138153   2.23871585  0.37718471 -1.40960326  1.29210187]
对象 series 标准输出为:
A    0.813815
B    2.238716
C    0.377185
D   -1.409603
E    1.292102
dtype: float64
series的索引属性:  Index(['A', 'B', 'C', 'D', 'E'], dtype='object')
未指定索引的 pd.Series(data):
 0    0.813815
1    2.238716
2    0.377185
3   -1.409603
4    1.292102
dtype: float64
```

图 6-2　运行结果

使用 Series 时，需要注意以下三点。

（1）Pandas 的索引值可以重复，不支持重复索引值的操作会触发异常。

（2）Pandas 用 NaN（Not a Number）表示缺失数据。

（3）引用 Series 中没有的索引标签会触发 KeyError 异常，可以通过 get 方法提取 Series 中没有的索引标签，返回 None 或者默认值 series.get(“F”,默认值)。

6.2.2　DataFrame

DataFrame 是由多种类型的列构成的二维标签的数据结构，类似 Excel、SQL，或 Series 对象构成的字典。与 Series 一样，DataFrame 是最常用的 Pandas 对象，支持多种类型的输入数据：一维 ndarray、列表、字典、Series、DataFrame、结构多维数组或记录多维数组等。

除可传递数据外，DataFrame 还可以有选择地传递 index（行标签）和 columns（列标签）参数。若传递索引或列标签，则可以确保生成的 DataFrame 中包含索引或列标签。当 Series 字典加上指定索引时，会丢弃与传递的索引不匹配的所有数据。当没有传递轴标签时，需要按常规依据输入的数据进行构建。

注意：Python 的版本高于或等于 Python 3.6，且 Pandas 的版本高于或等于 Pandas 0.23，且当未指定 columns 参数时，因为数据是字典，所以 DataFrame 的列按字典的插入顺序排序。Python 的版本低于 Python 3.6 或 Pandas 的版本低于 Pandas 0.23，当未指定 columns 参数时，DataFrame 的列按字典键的字母排序。

1. 使用 Series 字典或者字典生成 DataFrame

使用 Series 字典或者字典生成 DataFrame 时，生成的索引是每个 Series 索引的并集，把嵌套字典转换为 Series。若没有指定列，则 DataFrame 的列就是字典键的有序列表。本案例的主要代码如下（代码清单：chapter6/EX06_2_2）：

```
1    #!/usr/bin/python
2    #-*- coding: UTF-8-*-
3    import NumPy as np
4    import pandas as pd
5    #构造模拟房屋均价、房源挂牌数 Series，数据非真实情况
6    ldict = {'房屋均价': pd.Series([50000., 60000., 55000.], index=['上海',
     '北京', '深圳']),
7        '房源挂牌数': pd.Series([889., 998., 1523., 999.], index=['上海',
         '北京', '深圳','西安'])}
8    #通过字典构造 DataFrame，未声明式指定行标签
9    df = pd.DataFrame(ldict)
10    #打印输出 df 对象
11    print("输出未声明式指定行标签：\n", df)
12    #通过字典构造 DataFrame，声明式指定行标签
13    df2 = pd.DataFrame(ldict, index=['西安', '北京', '上海'])
14    print("输出声明式指定行标签：\n", df2)
15    #通过字典构造 DataFrame，声明式指定行标签和列标签
16    df3 = pd.DataFrame(ldict, index=['西安', '北京', '上海'],
                            columns=['房屋均价', 'New 标签'])
17    print("输出声明式指定行标签和列标签：\n", df3)
```

运行结果如图 6-3 所示。

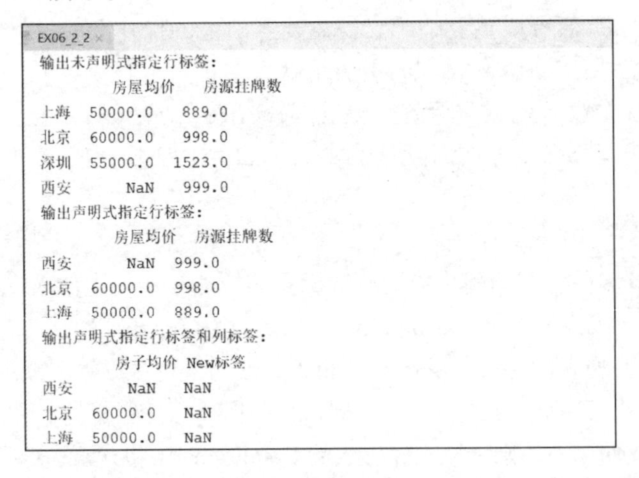

图 6-3　运行结果

其中，df、df2、df3 的数据结构如图 6-4 所示。

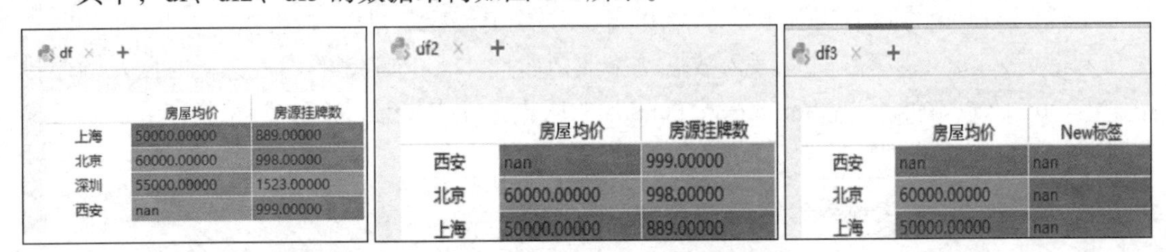

图 6-4　df、df2、df3 的数据结构

注意：通过上面的案例可以看出，当指定的列与数据字典一起传递时，传递的列会覆盖字典的键。

2．使用多维数组字典生成 DataFrame

当使用多维数组字典生成 DataFrame 时，多维数组的长度必须相同。若传递了索引参数，则 index 的长度必须与数组一致。若没有传递索引参数，则生成的索引结果是 range(n)，其中 n 为数组长度。本案例的主要代码如下（代码清单：chapter6/EX06_2_3）：

```
1    #!/usr/bin/python
2    #-*- coding: UTF-8-*-
3    import NumPy as np
4    import pandas as pd
5    #构造模拟房屋均价，房源挂牌数 Series，数据非真实情况
6    ldict = {'房屋均价': [50000., 60000., 55000.,18000,21000,],
7              '房源挂牌数':[889., 998., 1523.,569,1000]}
8    #通过字典构造 DataFrame，未声明式指定行标签
9    df = pd.DataFrame(ldict)
10    #打印输出 df 对象
11    print("输出 df:\n", df)
12    #通过字典构造 DataFrame，声明式指定行索引标签
```

```
13   df2 = pd.DataFrame(ldict, index=['西安', '北京', '上海', '无锡', '武汉'])
14   print("输出声明式指定行标签:\n", df2)
```

运行结果如图 6-5 所示。

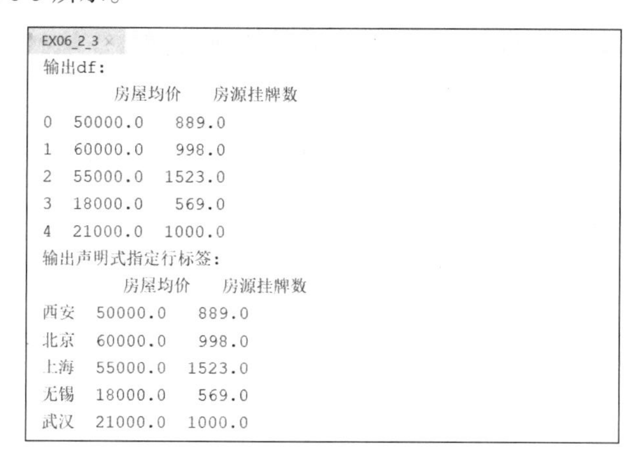

```
EX06_2_3
输出df:
       房屋均价    房源挂牌数
0  50000.0    889.0
1  60000.0    998.0
2  55000.0   1523.0
3  18000.0    569.0
4  21000.0   1000.0
输出声明式指定行标签:
        房屋均价    房源挂牌数
西安  50000.0    889.0
北京  60000.0    998.0
上海  55000.0   1523.0
无锡  18000.0    569.0
武汉  21000.0   1000.0
```

图 6-5　运行结果

其中，df 与 df2 的数据结构如图 6-6 所示。

df

	房屋均价	房源挂牌数
0	50000.00000	889.00000
1	60000.00000	998.00000
2	55000.00000	1523.00000
3	18000.00000	569.00000
4	21000.00000	1000.00000

df2

	房屋均价	房源挂牌数
西安	50000.00000	889.00000
北京	60000.00000	998.00000
上海	55000.00000	1523.00000
无锡	18000.00000	569.00000
武汉	21000.00000	1000.00000

图 6-6　df 与 df2 的数据结构

3. 使用列表字典、元组字典生成 DataFrame

本案例的主要代码如下（代码清单：chapter6/EX06_2_4）：

```
1    #!/usr/bin/python
2    #-*- coding: UTF-8-*-
3    import NumPy as np
4    import pandas as pd
5    #构造列表字典，模拟房屋均价，房源挂牌数 Series，数据非真实情况
6    data = [{'房屋均价': 50000, '房源挂牌数': 889}, {'房屋均价': 60000, '房源
挂牌数': 458,'New 标签': 889}]
7    #通过字典构造 DataFrame，未声明式指定行标签
8    df = pd.DataFrame(data)
9    #打印输出 df 对象
10    print("输出 df:", df)
11    #通过列表字典构造 DataFrame，声明式指定行索引标签
12    df2 = pd.DataFrame(data, index=['西安', '北京'])
```

```
13    print("输出声明式指定行标签:", df2)
14    #声明式指定列数组名称，输出指定列
15    df3 = pd.DataFrame(data, columns=['房屋均价', '房源挂牌数'])
16    print("输出声明式指定列标签:", df3)
17    #用元组字典生成 DataFrame，元组字典可以自动创建多层索引 DataFrame
18    df4 = pd.DataFrame({('a', 'b'): {('A', 'B'): 1, ('A', 'C'): 2},
19                  ('a', 'a'): {('A', 'C'): 3, ('A', 'B'): 4},
20                  ('a', 'a'): {('A', 'C'): 3, ('A', 'B'): 4},
21                  ('b', 'a'): {('A', 'C'): 7, ('A', 'B'): 8},
22                  ('b', 'b'): {('A', 'D'): 9, ('A', 'B'): 10}})
23    print("输出元组字典生成 DataFrame:", df4)
```

运行结果如图 6-7 所示。

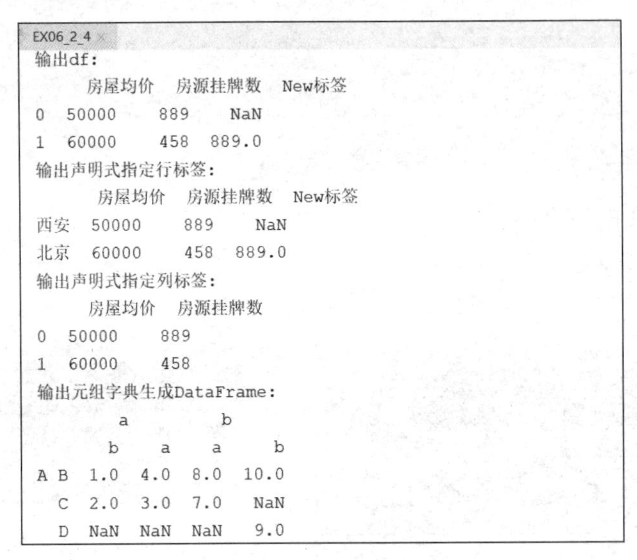

```
EX06_2_4
输出df:
      房屋均价  房源挂牌数  New标签
0  50000     889     NaN
1  60000     458   889.0
输出声明式指定行标签:
       房屋均价  房源挂牌数  New标签
西安  50000     889     NaN
北京  60000     458   889.0
输出声明式指定列标签:
      房屋均价  房源挂牌数
0  50000     889
1  60000     458
输出元组字典生成DataFrame:
        a         b
        b    a    a     b
A B   1.0  4.0  8.0  10.0
  C   2.0  3.0  7.0   NaN
  D   NaN  NaN  NaN   9.0
```

图 6-7　运行结果

其中，df、df2、df3 和 df4 的数据结构如图 6-8 所示。

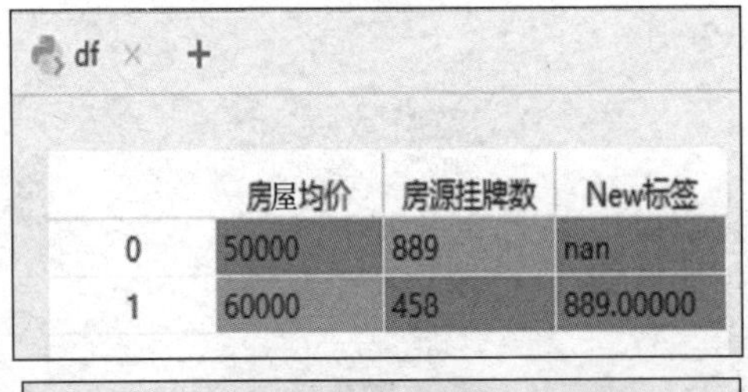

df

	房屋均价	房源挂牌数	New标签
0	50000	889	nan
1	60000	458	889.00000

df2

	房屋均价	房源挂牌数	New标签
西安	50000	889	nan
北京	60000	458	889.00000

df3

	房屋均价	房源挂牌数
0	50000	889
1	60000	458

df4

	a/b	a/a	b/a	b/b
A/B	1.00000	4.00000	8.00000	10.00000
A/C	2.00000	3.00000	7.00000	nan
A/D	nan	nan	nan	9.00000

图 6-8　df、df2、df3 和 df4 的数据结构

6.3　Pandas 数据操作

6.3.1　Pandas 文件操作

Pandas 可以对多种文件进行操作，如文本文件、CSV 文件、Excel 文件、数据库等。Pandas 的 I/O API 是一组 read 函数，如 pandas.read_csv()函数，这类函数可以返回一个 Pandas 对象，相应的 write 函数是 DataFrame.to_csv()，可以将数据保存为 CSV 文件。Pandas 中包含的 read 函数和 write 函数如表 6-3 所示。

表 6-3　Pandas 中包含的 read 函数和 write 函数

文 件 类 型	数 据 类 型	读	写
text	CSV	read_csv	to_csv
text	JSON	read_json	to_json
text	HTML	read_html	to_html
text	Local clipboard	read_html	to_html
binary	MS Excel	read_excel	to_excel
binary	OpenDocument	read_excel	
binary	HDF 5 Format	read_hdf	to_hdf
binary	Feather Format	read_feather	to_feather
binary	Parquet Format	read_parquet	to_parquet
binary	Msgpack	read_msgpack	to_msgpack
binary	Stata	read_stata	to_stata
binary	SAS	read_sas	
binary	Python Pickle Format	read_pickle	to_pickle
SQL	SQL	read_sql	to_sql
SQL	Google Big Query	read_gbq	to_gbq

1．读取 CSV 文件数据

下面通过 read_csv()读取郑州市二手房的文件数据 part4.csv，本案例的主要代码如下（代码清单：chapter6/EX06_3_1_1）：

```
1    #使用 Pandas 读取 CSV 文件所有列数据
2    df = pd.read_csv('../datafile/郑州市二手房数据 part4.csv')
3    print(df)
```

运行结果如图 6-9 所示。

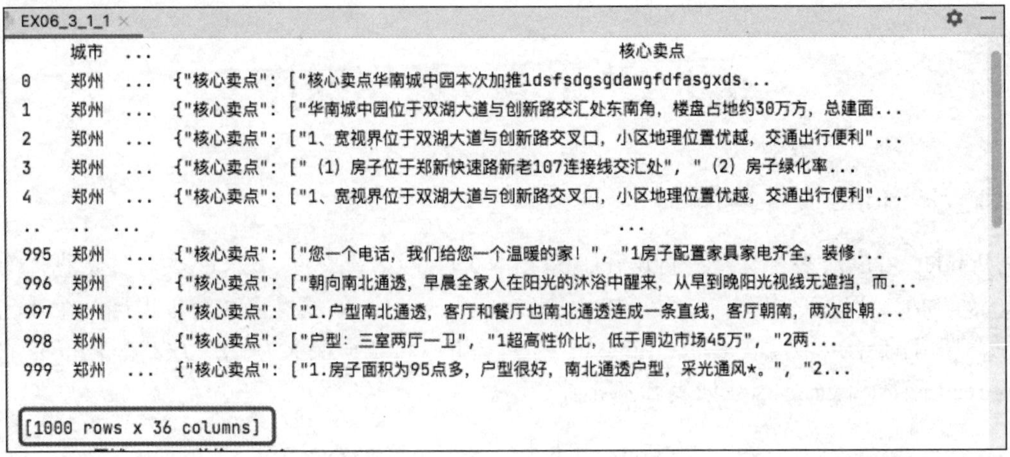

```
      城市  ...                                               核心卖点
0     郑州  ...  {"核心卖点": ["核心卖点华南城中园本次加推1dsfsdgsgdawgfdfasgxds...
1     郑州  ...  {"核心卖点": ["华南城中园位于双湖大道与创新路交汇处东南角，楼盘占地约30万方，总建面...
2     郑州  ...  {"核心卖点": ["1、宽视界位于双湖大道与创新路交叉口，小区地理位置优越，交通出行便利"...
3     郑州  ...  {"核心卖点": ["（1）房子位于郑新快速路新老107连接线交汇处"，"（2）房子绿化率...
4     郑州  ...  {"核心卖点": ["1、宽视界位于双湖大道与创新路交叉口，小区地理位置优越，交通出行便利"...
..    ..  ...                                                ...
995   郑州  ...  {"核心卖点": ["您一个电话，我们给您一个温暖的家！"，"1房子配置家具家电齐全，装修...
996   郑州  ...  {"核心卖点": ["朝向南北通透，早晨全家人在阳光的沐浴中醒来，从早到晚阳光视线无遮挡，而...
997   郑州  ...  {"核心卖点": ["1.户型南北通透，客厅和餐厅也南北通透连成一条直线，客厅朝南，两次卧朝...
998   郑州  ...  {"核心卖点": ["户型：三室两厅一卫"，"1超高性价比，低于周边市场45万"，"2两...
999   郑州  ...  {"核心卖点": ["1.房子面积为95点多，户型很好，南北通透户型，采光通风*。"，"2...

[1000 rows x 36 columns]
```

图 6-9　运行结果

在读取文件时，还可以读取指定列的数据，相关代码如下：

```
1    #读取指定列的数据
2    df2 = pd.read_csv('../datafile/郑州市二手房数据part4.csv',usecols=['区
     域', '单价', 'parkings'])
3    #输出从CSV文件中读取的指定列数据
4    print(df2)
5    #输出parkings列的类型及记录值数量
6    print("parkings列 应用前: \n",df2['parkings'].apply(type).value_counts())
```

运行结果如图 6-10 所示。

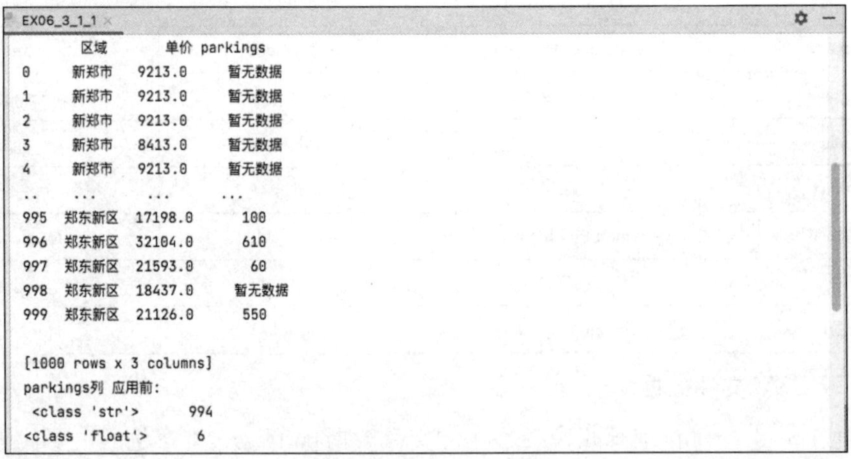

```
       区域       单价 parkings
0     新郑市   9213.0     暂无数据
1     新郑市   9213.0     暂无数据
2     新郑市   9213.0     暂无数据
3     新郑市   8413.0     暂无数据
4     新郑市   9213.0     暂无数据
..    ...      ...      ...
995  郑东新区  17198.0      100
996  郑东新区  32104.0      610
997  郑东新区  21593.0       60
998  郑东新区  18437.0     暂无数据
999  郑东新区  21126.0      550

[1000 rows x 3 columns]
parkings列 应用前:
 <class 'str'>      994
<class 'float'>      6
```

图 6-10　运行结果

在读取出数据后，还可以将指定列转化为数字数据类型，同时输出记录值类型数量。相关代码如下：

```
1    #将parkings列转化为数字数据类型
2    df2['parkings'] = pd.to_numeric(df2['parkings'], errors='coerce')
3    print(df2)
```

```
4    #输出 parkings 列的类型及记录值数量
5    print("parkings 列应用后: \n",df2['parkings'].apply(type).value_counts())
```

运行结果如图 6-11 所示，对比图 6-10，发现 parkings 列字符串转化为 NaN，同时值类型统计值全部为 float 类型。

```
EX06_3_1_1
      区域       单价  parkings
0     新郑市   9213.0       NaN
1     新郑市   9213.0       NaN
2     新郑市   9213.0       NaN
3     新郑市   8413.0       NaN
4     新郑市   9213.0       NaN
..     ...      ...       ...
995  郑东新区  17198.0     100.0
996  郑东新区  32104.0     610.0
997  郑东新区  21593.0      60.0
998  郑东新区  18437.0       NaN
999  郑东新区  21126.0     550.0

[1000 rows x 3 columns]
parkings列 应用后:
 <class 'float'>    1000
Name: parkings, dtype: int64
```

图 6-11　运行结果

2．在读取文件时预处理日期

在各类数据文件中，有可能存在大量的日期数据。若不对日期进行预处理，则会将日期默认处理为文本类型或数值等类型。为了更好地使用日期数据，需要对日期进行预处理，例如，在 read_csv()中可以使用关键字参数 parse_dates。parse_dates 允许用户指定各种列为日期/时间格式，以将输入的文本数据转换为 datetime 对象。最简单的情况是只传递 parse_dates=True，本案例的主要代码如下（代码清单：chapter6/EX06_3_1_2）：

```
1    #!/usr/bin/python
2    #-*- coding: UTF-8-*-
3    import pandas as pd
4    #使用 Pandas 读取 CSV 文件的所有列数据
5    df = pd.read_csv('../datafile/郑州市二手房数据 part4.csv')
6    #保存索引列和 name 列，只保存单价列
7    df.to_csv('../datafile/郑州市二手房数据发布时间_to_csv.csv', columns=
     ['发布时间','单价'],index=0)
8    #使用列作为索引，并且将其转为 dates 数据类型
9    df2 = pd.read_csv('../datafile/郑州市二手房数据发布时间_to_csv.csv',
     index_col=0, parse_dates=True)
10    #打印输出 df2
11    print(df2)
12    #打印输出 df2 索引
13    print(df2.index)
```

运行结果如图 6-12 所示。

```
EX06_3_1_2
                单价
发布时间
2019-05-15   9213.0
2019-05-15   9213.0
2019-05-15   9213.0
2019-05-15   8413.0
2019-05-15   9213.0
...             ...
2019-05-15  17198.0
2019-05-15  32104.0
2019-05-15  21593.0
2019-05-15  18437.0
2019-05-15  21126.0

[1000 rows x 1 columns]
```

图 6-12 运行结果

3．数据保存至文件

若需要将数据保存至文件，则可以通过相应的 write 方法来完成，例如，将数据保存为 CSV 文件，可以通过 to_csv()方法来完成。本案例的主要代码如下（代码清单：chapter6/EX06_3_1_3）：

```
1    #!/usr/bin/python
2    #-*- coding: UTF-8-*-
3    import NumPy as np
4    import pandas as pd
5    #使用 Pandas 读取 CSV 文件所有列数据
6    df = pd.read_csv('../datafile/郑州市二手房数据 part4.csv')
7    #数据相对位置，在 datafile 目录下
8    df.to_csv('../datafile/郑州市二手房数据 part4_to_csv.csv')
9    #绝对路径
10    df.to_csv('c:/datafile/郑州市二手房数据 part4_to_csv.csv')
11    #sep 参数说明，使用“?”分隔需要保存的数据，若不指定 sep 参数，则默认使用“␣”
12    df.to_csv('../datafile/郑州市二手房数据 part4_to_csv.csv', sep='?')
13    #narep 参数说明，将省略值保存为 NA，若不写，则默认是空
14   df.to_csv('../datafile/郑州市二手房数据 part4_to_csv.csv', na_rep='NA')
15    #保留两位小数
16    df.to_csv('../datafile/郑州市二手房数据 part4_to_csv.csv', float_
      ormat='%.2f')
17    #保存索引列和 name 列
18   df.to_csv('../datafile/郑州市二手房数据 part4_to_csv.csv', columns=['单价'])
19    #不保存列名
20    df.to_csv('../datafile/郑州市二手房数据 part4_to_csv.csv', header=0)
21    #不保存行索引
22    df.to_csv('../datafile/郑州市二手房数据 part4_to_csv.csv',index=0)
```

运行结果如图 6-13 所示。

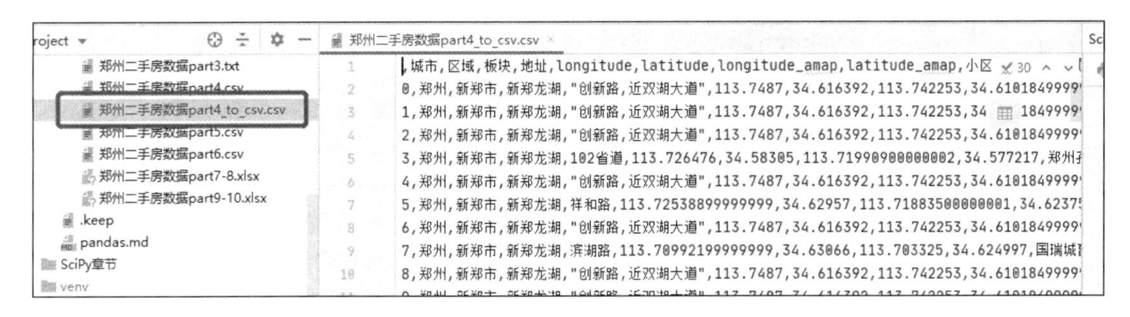

图 6-13　运行结果

6.3.2　索引和数据选择器

1. Pandas 索引

Pandas 现在支持以下三种类型的多轴索引。

（1）.loc 主要用于标签，但也可以与布尔数组同时使用。.loc 的主要用法如下。

① 单个标签，如 5 或'a'（注意：5 被解释为索引的标签。此用法不是索引的整数位置）。

② 列表或标签数组，如['a','b','c']。

③ 带标签的切片对象'a':'f'（注意：与普通的 Python 切片不同，开始标签（'a'）和停止标签（'f'）都包括在内，并且存在于索引中）。

④ 布尔数组。

⑤ 一个带有参数的 callable 函数（调用 Series 或 DataFrame）并返回有效的索引输出。

（2）.iloc 主要是基于整数位置（从 0 到 length−1 代表的轴）进行索引的，但也可以使用布尔数组。若请求的索引器超出范围，则.iloc 会引发 IndexError，但允许越界索引切片的索引器除外。.iloc 的使用方法如下。

① 一个整数，如 5。

② 整数列表或数组，如[4,3,0]。

③ 带有整数的切片对象，如[1:7]。

④ 布尔数组。

⑤ 一个带有参数的 callable 函数（调用 Series 或 DataFrame）并返回有效的索引输出。

（3）.loc、.iloc 及[]索引也可以接收一个 callable 索引器。

若需要从具有多轴选择的对象获取值，则可以使用以下方法（以使用.loc 作为示例，但以下方法也适用于.iloc）。注意：任何轴访问器都可以是空切片，如 p.loc['a']相当于 p.loc['a', :, :]。表 6-4 是使用.loc 方法索引获取 Pandas 对象时的返回对象类型。

表 6-4　使用.loc 方法索引获取 Pandas 对象时的返回对象类型

对 象 类 型	索　引
系列	s.loc[indexer]
数据帧	df.loc[row_indexer,column_indexer]

通过构建一个简单的时间序列数据集，说明索引的使用方法及功能。本案例的主要代

码如下（代码清单：chapter6/EX06_3_2_1）：

```
1    #!/usr/bin/python
2    #-*- coding: UTF-8-*-
3    import  NumPy as np
4    import pandas as pd
5    #时间列索引生成 3 个月（90 天）的日期索引
6    dates = pd.date_range('10/1/2020', periods=90)
7     df = pd.DataFrame(np.random.randn(90, 4),index=dates, columns=['A',
'B', 'C', 'D'])
8    #打印输出结果
9    #注意：若不是特别声明，则索引功能不是时间序列特定的
10    print(df)
11    #获取索引 A 列数据，并且打印输出
12    Acolumn = df['A']
13    print(Acolumn)
14    #就地变换 A 列与 B 列的数据值
15    df[['B', 'A']] = df[['A', 'B']]
16    #输出打印就地变换 A 列与 B 列的数据值
17    print(df)
```

运行结果如图 6-14 所示。

```
EX06_3_2_1
                   A         B         C         D
2020-10-01  2.328450  1.017881 -1.264727  0.105144
2020-10-02 -0.851980  1.398161  1.411236 -0.580245
2020-10-03 -0.397539  0.058960 -1.274813  1.403607
2020-10-04  0.535583 -0.204786 -0.333780 -1.176335
2020-10-05  1.025989 -0.723261 -2.103006 -0.796691
...              ...       ...       ...       ...
2020-12-25 -0.677098 -0.634222  0.953959  0.303622
2020-12-26 -1.057951  0.157474  0.208613  0.515243
2020-12-27 -1.273724 -0.178924 -1.120702  0.707060
2020-12-28  0.704264  1.366614 -1.288705 -1.411666
2020-12-29 -0.273645  1.328042  0.239882 -0.435195

[90 rows x 4 columns]
2020-10-01    2.328450
2020-10-02   -0.851980
2020-10-03   -0.397539
2020-10-04    0.535583
2020-10-05    1.025989
                ...
2020-12-25   -0.677098
2020-12-26   -1.057951
2020-12-27   -1.273724
2020-12-28    0.704264
2020-12-29   -0.273645
Freq: D, Name: A, Length: 90, dtype: float64
                   A         B         C         D
2020-10-01  1.017881  2.328450 -1.264727  0.105144
2020-10-02  1.398161 -0.851980  1.411236 -0.580245
2020-10-03  0.058960 -0.397539 -1.274813  1.403607
2020-10-04 -0.204786  0.535583 -0.333780 -1.176335
2020-10-05 -0.723261  1.025989 -2.103006 -0.796691
...              ...       ...       ...       ...
2020-12-25 -0.634222 -0.677098  0.953959  0.303622
2020-12-26  0.157474 -1.057951  0.208613  0.515243
2020-12-27 -0.178924 -1.273724 -1.120702  0.707060
2020-12-28  1.366614  0.704264 -1.288705 -1.411666
2020-12-29  1.328042 -0.273645  0.239882 -0.435195

[90 rows x 4 columns]
```

图 6-14　运行结果

特别注意：

（1）Pandas 在设置 Series 和 DataFrame 时，在需要使用显示索引.loc 与隐式索引.iloc 交换列值时，必须调用 to_NumPy()，即 df.loc[:,['B','A']]=df[['A','B']].to_NumPy()。

（2）当且仅当索引元素是有效的 Python 标识符时，才可以使用索引访问。

（3）在任何一行中，标准索引仍然可以工作，如 sa['min']或者 sa['index']将访问相应的元素或列。

2. 切片范围

在使用 Pandas 时，可以使用[]对 Series、DataFrame 进行索引、切片及截取数据，Pandas 切片的语法与 NumPy 的 ndarray 语法完全相同，即返回值的一部分和相应的标签。例如，b=x[2:7:2]从索引 2 开始到索引 7 停止，间隔为 2，截取 x 中的数据；使用 DataFrame 时，可以使用[]在 rows 中进行切片。表 6-5 是使用索引获取 Pandas 对象时返回对象的类型。

表 6-5　使用索引获取 Pandas 对象时返回对象的类型

对象类型	选择	返回值类型
系列	series[lable]	标量值
数据帧	dataframe[colname]	Series 对应于 colname

下面展示如何对 Series 和 DataFrame 进行切片，本案例的主要代码如下（代码清单：chapter6/EX06_3_2_2）：

```
1    #!/usr/bin/python
2    #-*- coding: UTF-8-*-
3    import  NumPy as np
4    import pandas as pd
5    #时间列索引生成，生成 8 天的日期索引
6    dates = pd.date_range('10/1/2020', periods=8)
7    df = pd.DataFrame(np.random.randn(8, 4),index=dates, columns=['A',
     'B', 'C', 'D'])
8    print("源数据", df)
9    #回顾 b = df[2:7:2]，从索引 2 开始到索引 7 停止，间隔为 2
10    s = df['A']
11    #按列切片获取前 2 行
12    print("获取切片前 2 行\n", s[:2])
13    #从索引 0 开始到索引总长度后停止，间隔为 2
14    print("获取切片从索引 0 开始到索引总长度停止，间隔为 2 的数据\n", s[::2])
15    #按列切片获取前 2 行
16    print("获取 df 前 2 行\n", df[:2])
17    #从索引 0 开始到索引总长度后停止，间隔为 2
18    print("获取 df 从索引 0 开始到索引总长度停止，间隔为 2 的数据\n", df[::2])
```

运行结果如图 6-15 所示。

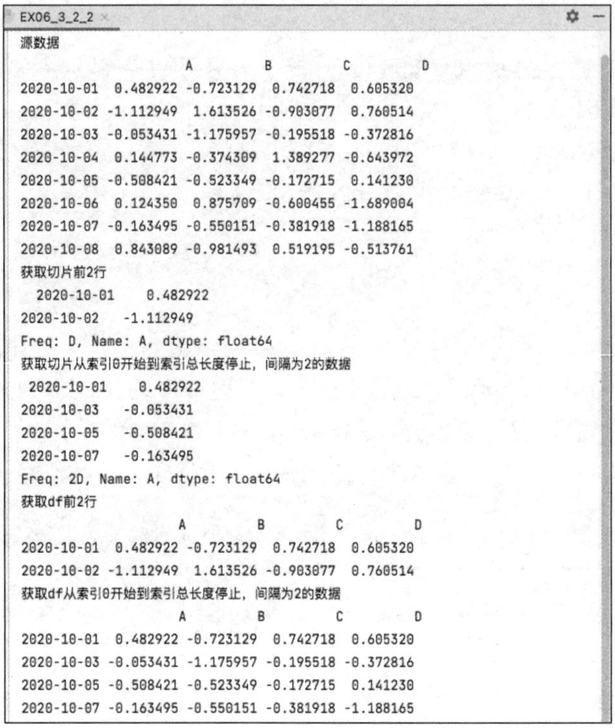

```
EX06_3_2_2
源数据
                   A         B         C         D
2020-10-01  0.482922 -0.723129  0.742718  0.605320
2020-10-02 -1.112949  1.613526 -0.903077  0.760514
2020-10-03 -0.053431 -1.175957 -0.195518 -0.372816
2020-10-04  0.144773 -0.374309  1.389277 -0.643972
2020-10-05 -0.508421 -0.523349 -0.172715  0.141230
2020-10-06  0.124350  0.875709 -0.600455 -1.689004
2020-10-07 -0.163495 -0.550151 -0.381918 -1.188165
2020-10-08  0.843089 -0.981493  0.519195 -0.513761
获取切片前2行
  2020-10-01    0.482922
2020-10-02   -1.112949
Freq: D, Name: A, dtype: float64
获取切片从索引0开始到索引总长度停止，间隔为2的数据
 2020-10-01    0.482922
2020-10-03   -0.053431
2020-10-05   -0.508421
2020-10-07   -0.163495
Freq: 2D, Name: A, dtype: float64
获取df前2行
                   A         B         C         D
2020-10-01  0.482922 -0.723129  0.742718  0.605320
2020-10-02 -1.112949  1.613526 -0.903077  0.760514
获取df从索引0开始到索引总长度停止，间隔为2的数据
                   A         B         C         D
2020-10-01  0.482922 -0.723129  0.742718  0.605320
2020-10-03 -0.053431 -1.175957 -0.195518 -0.372816
2020-10-05 -0.508421 -0.523349 -0.172715  0.141230
2020-10-07 -0.163495 -0.550151 -0.381918 -1.188165
```

图 6-15　运行结果

6.3.3　合并与连接

Pandas 还提供了 Series、DataFrame 数据的合并与连接操作，可以轻松地将 Series 或 DataFrame 与各种用于索引和关系代数功能的集合逻辑组合在一起。

1. 连接对象

在连接对象时，使用 pandas.concat()函数执行沿轴连接操作的所有重要工作，同时在其他轴上执行索引（如果有）的可选设置逻辑（并集或交集）。请注意，之所以说“如果有”，是因为 Series 只有一个可能的连接轴。下面用一个示例来说明使用 concat 连接对象的方法，本案例的主要代码如下（代码清单：chapter6/EX06_3_3_1）：

```
1    #!/usr/bin/python
2    #-*- coding: UTF-8-*-
3    import NumPy as np
4    import pandas as pd
5    df1 = pd.DataFrame({
6                        "A": ["A0", "A1", "A2", "A3"],
7                        "B": ["B0", "B1", "B2", "B3"],
8                        "C": ["C0", "C1", "C2", "C3"],
9                        "D": ["D0", "D1", "D2", "D3"],
10                       },index=[0, 1, 2, 3],)
11
```

```
12    df2 = pd.DataFrame({
13                      "A": ["A4", "A5", "A6", "A7"],
14                      "B": ["B4", "B5", "B6", "B7"],
15                      "C": ["C4", "C5", "C6", "C7"],
16                      "D": ["D4", "D5", "D6", "D7"],
17                      },
18                      index=[4, 5, 6, 7],)
19    df3 = pd.DataFrame(
20                      {
21                      "A": ["A8", "A9", "A10", "A11"],
22                      "B": ["B8", "B9", "B10", "B11"],
23                      "C": ["C8", "C9", "C10", "C11"],
24                      "D": ["D8", "D9", "D10", "D11"],
25                      },
26                      index = [8, 9, 10, 11],)
27    frames = [df1, df2, df3]
28    #合并 df1,df2,df3
29    result = pd.concat(frames)
30    #打印输出合并后的结果
31    print(result)
```

运行结果如图 6-16 所示。

```
EX06_3_3_1
      A    B    C    D
0    A0   B0   C0   D0
1    A1   B1   C1   D1
2    A2   B2   C2   D2
3    A3   B3   C3   D3
4    A4   B4   C4   D4
5    A5   B5   C5   D5
6    A6   B6   C6   D6
7    A7   B7   C7   D7
8    A8   B8   C8   D8
9    A9   B9   C9   D9
10  A10  B10  C10  D10
11  A11  B11  C11  D11
```

图 6-16 运行结果

与 ndarrays 中的同级函数 NumPy.concatenate 一样，pandas.concat 接收同类类型对象的列表或字典，并通过一些“如何处理其他轴”的可配置选项将它们连接起来，相关代码如下：

```
1    pd.concat(
2        objs,
3        axis=0,
4        join="outer",
```

```
5        ignore_index=False,
6        keys=None,
7        levels=None,
8        names=None,
9        verify_integrity=False,
10        copy=True,
11    )
```

concat()合并方法对应参数值的含义如下：

（1）objs：Series 或 DataFrame 对象的序列或映射。

（2）axis：{0，1，…}，默认值为 0。

（3）join：{'inner'，'outer'}，默认为 outer。

（4）ignore_index：布尔值，默认为 False。

（5）keys：序列，默认为无。

（6）levels：序列列表，默认为无。

（7）names：列表，默认为无。

（8）verify_integrity：布尔值，默认为 False。

（9）copy：布尔值，默认为 True。

结合上文，回顾上面的案例。若想要将特定的键与被分割的数据帧的每个片段关联起来，则可以使用 keys 参数来实现这一点，相关代码如下：

```
result = pd.concat(frames, keys=["x", "y", "z"])
```

合并后的 df1、df2、df3 的结果如图 6-17 所示。

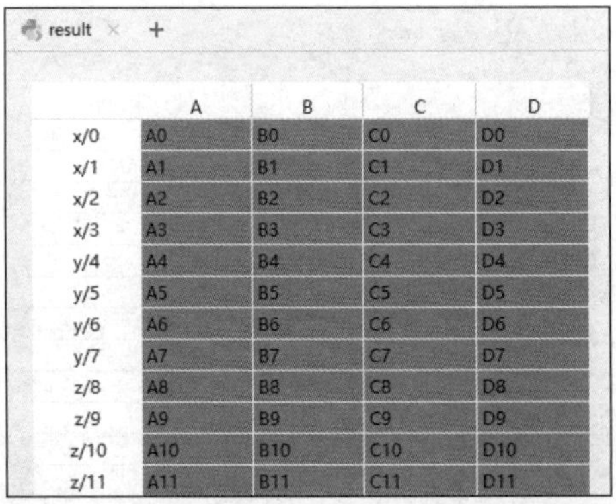

result × +

	A	B	C	D
x/0	A0	B0	C0	D0
x/1	A1	B1	C1	D1
x/2	A2	B2	C2	D2
x/3	A3	B3	C3	D3
y/4	A4	B4	C4	D4
y/5	A5	B5	C5	D5
y/6	A6	B6	C6	D6
y/7	A7	B7	C7	D7
z/8	A8	B8	C8	D8
z/9	A9	B9	C9	D9
z/10	A10	B10	C10	D10
z/11	A11	B11	C11	D11

图 6-17　合并后的 df1、df2、df3 的结果

由图 6-17 可知，结果对象的索引具有层次结构，所以可以通过键选择每个块，相关代码如下：

```
ydata=result.loc["y"]
```

ydata 的可视化结果如图 6-18 所示。

ydata

	A	B	C	D
4	A4	B4	C4	D4
5	A5	B5	C5	D5
6	A6	B6	C6	D6
7	A7	B7	C7	D7

图 6-18　ydata 的可视化结果

2．使用 append 方法对数据进行连接与合并

若要进行数据的合并与连接，则另外一个有效的、快捷的连接方法是使用 append()，该方法沿着 axis=0 进行连接。下面用一个示例来说明使用 append 连接对象的方法，本案例的主要代码如下（代码清单：chapter6/EX06_3_3_2）：

```
1    #!/usr/bin/python
2    #-*- coding: UTF-8-*-
3    import NumPy as np
4    import pandas as pd
5    df1 = pd.DataFrame({
6                        "A": ["A0", "A1", "A2", "A3"],
7                        "B": ["B0", "B1", "B2", "B3"],
8                        "C": ["C0", "C1", "C2", "C3"],
9                        "D": ["D0", "D1", "D2", "D3"],
10                       },index=[0, 1, 2, 3],)
11
12    df2 = pd.DataFrame({
13                       "A": ["A4", "A5", "A6", "A7"],
14                       "B": ["B4", "B5", "B6", "B7"],
15                       "C": ["C4", "C5", "C6", "C7"],
16                       "D": ["D4", "D5", "D6", "D7"],
17                       },
18                       index=[4, 5, 6, 7],)
19    df3 = pd.DataFrame(
20                       {
21                       "A": ["A8", "A9", "A10", "A11"],
22                       "B": ["B8", "B9", "B10", "B11"],
23                       "C": ["C8", "C9", "C10", "C11"],
24                       "D": ["D8", "D9", "D10", "D11"],
25                       },
26                       index = [8, 9, 10, 11],)
27   df4 = pd.DataFrame({
28                       "B": ["B2", "B3", "B6", "B7"],
29                       "D": ["D2", "D3", "D6", "D7"],
30                       "F": ["F2", "F3", "F6", "F7"],
31                       },
32                       index=[2, 3, 6, 7],)
33   #默认调用
```

```
34    result1 = df1.append(df2)
35    #索引必须是不相交的，但是列可以相交
36    result2 = df1.append(df4, sort=False)
37    #使用 append 指定多个对象连接与合并
38    result3 = df1.append([df2, df3])
```

result1、result2、result3 的可视化结果如图 6-19 所示。

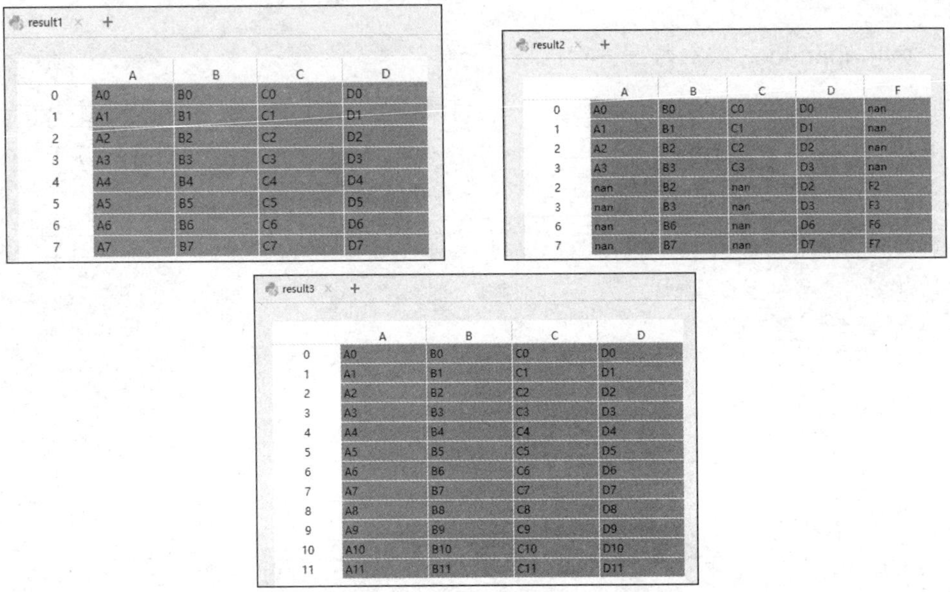

result1

	A	B	C	D
0	A0	B0	C0	D0
1	A1	B1	C1	D1
2	A2	B2	C2	D2
3	A3	B3	C3	D3
4	A4	B4	C4	D4
5	A5	B5	C5	D5
6	A6	B6	C6	D6
7	A7	B7	C7	D7

result2

	A	B	C	D	F
0	A0	B0	C0	D0	nan
1	A1	B1	C1	D1	nan
2	A2	B2	C2	D2	nan
3	A3	B3	C3	D3	nan
2	nan	B2	nan	D2	F2
3	nan	B3	nan	D3	F3
6	nan	B6	nan	D6	F6
7	nan	B7	nan	D7	F7

result3

	A	B	C	D
0	A0	B0	C0	D0
1	A1	B1	C1	D1
2	A2	B2	C2	D2
3	A3	B3	C3	D3
4	A4	B4	C4	D4
5	A5	B5	C5	D5
6	A6	B6	C6	D6
7	A7	B7	C7	D7
8	A8	B8	C8	D8
9	A9	B9	C9	D9
10	A10	B10	C10	D10
11	A11	B11	C11	D11

图 6-19　result1、result2、result3 的可视化结果

3. 轴连接方式

当将多个 DataFrame 连接在一起时，可以使用 join 参数设置轴的连接方式，参数值为 outer（默认值）表示求数据集的并集；参数值为 inner 表示求数据集的交集。

本案例的主要代码如下（代码清单：chapter6/EX06_3_3_3）：

```
1    #!/usr/bin/python
2    #-*- coding: UTF-8-*-
3    import NumPy as np
4    import pandas as pd
5    df1 = pd.DataFrame({
6                        "A": ["A0", "A1", "A2", "A3"],
7                        "B": ["B0", "B1", "B2", "B3"],
8                        "C": ["C0", "C1", "C2", "C3"],
9                        "D": ["D0", "D1", "D2", "D3"],
10                       },index=[0, 1, 2, 3],)
11
12    df2 = pd.DataFrame({
13                       "B": ["B2", "B3", "B6", "B7"],
```

```
14                     "D": ["D2", "D3", "D6", "D7"],
15                     "F": ["F2", "F3", "F6", "F7"],
16                     },
17                     index=[2, 3, 6, 7],)
18    #默认 join='outer'行为
19    outerresult = pd.concat([df1, df2], axis=1)
20    # join='inner'行为
21    innerresult = pd.concat([df1, df2], axis=1, join="inner")
22    # original 原始索引
23    originalresult = pd.concat([df1, df2], axis=1).reindex(df1.index)
24    # 连接前，使用原始索引
25    result = pd.concat([df1, df2.reindex(df1.index)], axis=1)
```

outerresult、innerresult、originalresult、result 的可视化结果如图 6-20 所示。

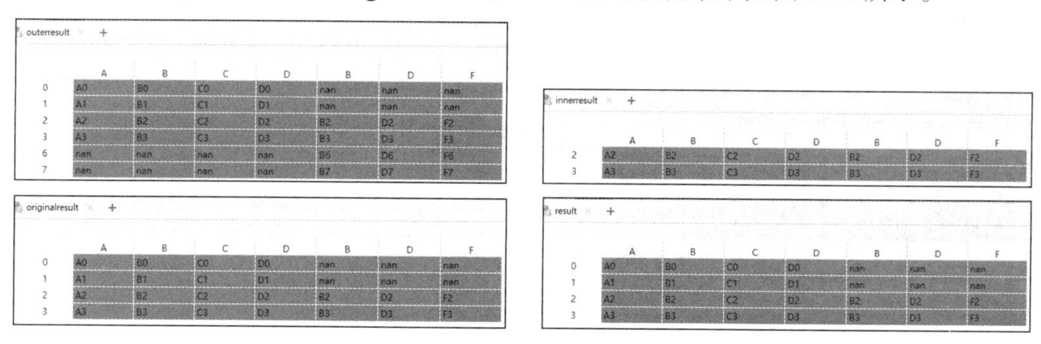

outerresult

	A	B	C	D	B	D	F
0	A0	B0	C0	D0	nan	nan	nan
1	A1	B1	C1	D1	nan	nan	nan
2	A2	B2	C2	D2	B2	D2	F2
3	A3	B3	C3	D3	B3	D3	F3
6	nan	nan	nan	nan	B6	D6	F6
7	nan	nan	nan	nan	B7	D7	F7

innerresult

	A	B	C	D	B	D	F
2	A2	B2	C2	D2	B2	D2	F2
3	A3	B3	C3	D3	B3	D3	F3

originalresult

	A	B	C	D	B	D	F
0	A0	B0	C0	D0	nan	nan	nan
1	A1	B1	C1	D1	nan	nan	nan
2	A2	B2	C2	D2	B2	D2	F2
3	A3	B3	C3	D3	B3	D3	F3

result

	A	B	C	D	B	D	F
0	A0	B0	C0	D0	nan	nan	nan
1	A1	B1	C1	D1	nan	nan	nan
2	A2	B2	C2	D2	B2	D2	F2
3	A3	B3	C3	D3	B3	D3	F3

图 6-20　outerresult、innerresult、originalresult、result 的可视化结果

6.3.4　日期时间数据的处理

日期时间数据作为科学计算中使用最频繁的一类数据，在进行数据分析时，需要对其进行相应的处理。Pandas 整合了 Python 库中的大量功能，使用 NumPy 的 datetime 64 和 timedelta 64 数据类型，包含了用于处理所有域中时间序列数据的广泛功能，还创建了大量用于处理时间序列数据的新功能。

1．时间序列和日期

在 Pandas 中，日期时间数据由年、月、日等多个部分构成，常用的属性及方法如表 6-6 所示。

表 6-6　日期时间数据常用的属性及方法

属　性	描　述
year	日期时间的年份
month	日期时间的月份
day	日期时间的日期
hour	日期时间的小时

续表

属　性	描　述
minute	日期时间的分钟
second	日期时间的秒数
microsecond	日期时间的微秒
nanosecond	日期时间的纳秒
date	返回 datetime.date（不包含时区信息）
time	返回 datetime.time（不包含时区信息）
timetz	返回带有本地时区信息的 datetime.time，作为本地时间
dayofyear	一年中的第几天
day_of_year	一年中的第几天
weekofyear	一年中的第几周
week	一年中的第几周
dayofweek	星期几，星期一为 0，星期日为 6，依此类推
day_of_week	星期几，星期一为 0，星期日为 6，依此类推
weekday	星期几，星期一为 0，星期日为 6，依此类推
quarter	1 ~ 3 月为 1，2 ~ 6 月为 2，依此类推
days_in_month	每月的总天数
is_month_start	判断是否为每月的第一天
is_month_end	判断是否为每月的最后一天
is_quarter_start	判断是否为每季度的第一天
is_quarter_end	判断是否为每季度的最后一天
is_year_start	判断是否为每年的第一天
is_year_end	判断是否为每年的最后一天
is_leap_year	判断是否为闰年

下面用案例解析各种来源和格式的时间序列信息，本案例的主要代码如下（代码清单：chapter6/EX06_3_4_1）：

```
1   #!/usr/bin/python
2   #-*- coding: UTF-8-*-
3   import NumPy as np
4   import pandas as pd
5   import datetime
6   #解析各种来源和格式的时间序列信息
7   dti = pd.to_datetime(["1/1/2020", np.datetime64("2020-01-01"), datetime.
    datetime(2020, 1, 1)])
8   #生成固定频率日期和时间范围的序列
9   print('各种来源和格式的时间序列 ',dti)
10   dti = pd.date_range("2020-01-01", periods=3, freq="H")
11   print('固定频率日期和时间范围的序列 ',dti)
12   #使用时区信息处理和转换日期时间
```

```
13    dti = dti.tz_localize("UTC")
14    dti.tz_convert("Asia/Shanghai")
15    print('时区信息处理和转换日期时间',dti)
16    #将时间序列重采样或转换为特定频率
17    idx = pd.date_range("2020-01-01", periods=5, freq="H")
18    ts = pd.Series(range(len(idx)), index=idx)
19    print('重新采样',ts)
20    print('时间序列转换为特定频率',ts.resample("2H").mean())
21    #以绝对或相对时间增量执行日期和时间算术
22    wednesday = pd.Timestamp("2021-1-27")
23    print(wednesday.day_name())
24    #添加一天 (周三->周四)
25    thursday = wednesday + pd.Timedelta("1 day")
26    print(thursday.day_name())
27    #增加一个工作日 (周四->周五)
28    friday = thursday + pd.offsets.BDay()
29    print(friday.day_name())
```

运行结果如图 6-21 所示。

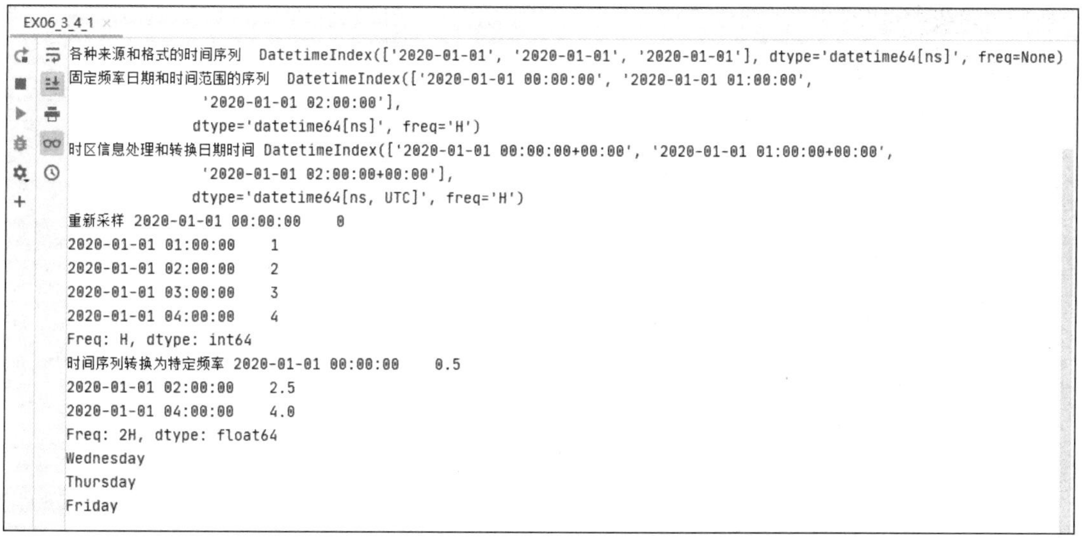

```
EX06_3_4_1
各种来源和格式的时间序列  DatetimeIndex(['2020-01-01', '2020-01-01', '2020-01-01'], dtype='datetime64[ns]', freq=None)
固定频率日期和时间范围的序列  DatetimeIndex(['2020-01-01 00:00:00', '2020-01-01 01:00:00',
               '2020-01-01 02:00:00'],
              dtype='datetime64[ns]', freq='H')
时区信息处理和转换日期时间 DatetimeIndex(['2020-01-01 00:00:00+00:00', '2020-01-01 01:00:00+00:00',
               '2020-01-01 02:00:00+00:00'],
              dtype='datetime64[ns, UTC]', freq='H')
重新采样 2020-01-01 00:00:00    0
2020-01-01 01:00:00    1
2020-01-01 02:00:00    2
2020-01-01 03:00:00    3
2020-01-01 04:00:00    4
Freq: H, dtype: int64
时间序列转换为特定频率 2020-01-01 00:00:00    0.5
2020-01-01 02:00:00    2.5
2020-01-01 04:00:00    4.0
Freq: 2H, dtype: float64
Wednesday
Thursday
Friday
```

图 6-21　运行结果

注意：Pandas 提供了一套相对紧凑和自给自足的工具，主要有 4 个与时间有关的概念，如表 6-7 所示。

（1）日期时间：具有时区支持的特定日期和时间，与 datetime.datetime 标准库相似。

（2）时间增量：绝对时间长度，与 datetime.timedelta 标准库相似。

（3）时间跨度：由时间点及其相关频率定义的时间跨度。

（4）日期偏移：涉及日历算术的相对持续时间，类似于 dateutil.relativedelta。

表 6-7 与时间有关的概念

概　念	标　量　类	数　组　类	Pandas 的数据类型	主　方　法
日期时间	Timestamp	DatetimeIndex	datetime64[ns] datetime64[ns, tz]	to_datetime date_range
时间增量	Timedelta	TimedeltaIndex	timedelta64[ns]	to_timedelta timedelta_range
时间跨度	Period	PeriodIndex	period[freq]	Period period_range
日期偏移	DateOffset	None	None	DateOffset

2．日期时间数据处理

在进行科学计算过程中，处理日期时间数据常用的方法如下：

（1）转换时间戳：要将 Series 对象或者列表对象中类似于日期时间形式转换为时间戳，如 strings、epochs、mixture 等，可以使用函数 to_datetime 完成。关于函数 to_datetime，只需输入一个字符串，它将返回一个时间戳。当输入对象是 Series 时，将返回一个拥有相同索引的 Series；当输入对象是 list 集合时，将会转换为 DatetimeIndex 对象。

（2）格式化：除必需的日期时间字符串外，format 还可以传递相应的参数，确保进行特定的解析，这样可以大大提高转换速率。

（3）无效的数据：指定 errors='xxx'参数。

下面将展示如何将字符串转换为时间戳、日期时间的格式化及无效数据的处理。本案例的主要代码如下（代码清单：chapter6/EX06_3_4_2）：

```
1    #!/usr/bin/python
2    #-*- coding: UTF-8-*-
3    import NumPy as np
4    import pandas as pd
5    import datetime
6    #转换 Series 日期对象
7    datetime1 =pd.to_datetime(pd.Series(["Jul 31, 2020", "2020-10-10", None]))
8    print(datetime1)
9    #转换字符串日期列表
10   datetime2 = pd.to_datetime(["2020/10/11", "2020.10.10"])
11   print(datetime2)
12   #dayfirst=True 表示指定日期字符串中以日为起始，注意：此处并非严格意义上的要求
13   datetime3 = pd.to_datetime(["08-01-2020 13:11:22"], dayfirst=True)
14   print(datetime3)
15   #指定“日”为起始的字符串，注意：此处并非严格意义上的要求
16   datetime4 = pd.to_datetime(["14-10-2020", "10-14-2020"], dayfirst=True)
17   print(datetime4)
18   #使用 to_datetime，输入一个日期字符串，返回时间戳
19   timestamp1 = pd.to_datetime("2020/11/11")
20   print(timestamp1)
21   #直接调用时间戳构造函数，生成日期时间戳
22   timestamp2 = pd.Timestamp("2020/11/11")
23   print(timestamp2)
```

```
24    #调用 DatetimeIndex 构造函数，构建 DatetimeIndex 对象
25    datetimeIndex1 = pd.DatetimeIndex(["2020-10-01", "2020-10-03", "2020-10-05"])
26    print(datetimeIndex1)
27    #调用 DatetimeIndex 构造函数，构建 DatetimeIndex 对象，设置 freq="infer"
      #推断设置索引的频率
28    datetimeIndex2 = pd.DatetimeIndex(["2020-10-01", "2020-10-03",
      "2020-10-05"], freq="infer")
29    print(datetimeIndex2)
30    #日期格式化输入，提高转换效率
31    format1 = pd.to_datetime("2020/11/12", format="%Y/%m/%d")
32    print(format1)
33    format2 = pd.to_datetime("11-11-2020 00:00", format="%d-%m-%Y %H:%M")
34    print(format2)
35    #无效数据检验
36    # errors='raise' 无效数据抛出异常 ValueError: Unknown string format
37    #raise_error = pd.to_datetime(['2020/10/31', 'xxxx'], errors='raise')
38    #errors='ignore' 忽略无效数据
39    ignore_error = pd.to_datetime(["2020/10/31", "xxxx"], errors="ignore")
40    print(ignore_error)
41    #errors='ignore' 无效数据自动处理转换为 NaT
42    coerce_error = pd.to_datetime(["2020/10/31", "xxxx"], errors="coerce")
43    print(coerce_error)
```

运行结果如图 6-22 所示。

```
EX06_3_4_2
0    2020-07-31
1    2020-10-10
2           NaT
dtype: datetime64[ns]
DatetimeIndex(['2020-10-11', '2020-10-10'], dtype='datetime64[ns]', freq=None)
DatetimeIndex(['2020-01-08 13:11:22'], dtype='datetime64[ns]', freq=None)
DatetimeIndex(['2020-10-14', '2020-10-14'], dtype='datetime64[ns]', freq=None)
2020-11-11 00:00:00
2020-11-11 00:00:00
DatetimeIndex(['2020-10-01', '2020-10-03', '2020-10-05'], dtype='datetime64[ns]', freq=None)
DatetimeIndex(['2020-10-01', '2020-10-03', '2020-10-05'], dtype='datetime64[ns]', freq='2D')
2020-11-12 00:00:00
2020-11-11 00:00:00
Index(['2020/10/31', 'xxxx'], dtype='object')
DatetimeIndex(['2020-10-31', 'NaT'], dtype='datetime64[ns]', freq=None)
```

图 6-22　运行结果

3. 日期时间计算

在进行日期时间数据处理时，经常需要使用时间增量对日期时间数据进行计算，即向前或者向后进行推算。时间增量使用不同的单位表示，如天、小时、分钟、秒，时间增量可以是正数也可以是负数，正数表示向后推算，即在当前日期时间的基础上，加上相应单

位的数量，负数则刚好相反。

Timedelta 是 datetime.timedelta 的子类，以类似的方式运行，但是允许与 np.timedelta64 类型兼容并且支持自定义表示、解析和属性。

DateOffsets(Day,Hour,Minute,Second,Milli,Micro,Nano)也能在 Timedelta 构造函数中使用。当在 Timedelta 对象之间进行运算时，返回一个新的 Timedelta 对象。

下面将演示如何对日期时间进行计算，本案例的主要代码如下（代码清单：chapter6/EX06_3_4_3）：

```
1   #!/usr/bin/python
2   #-*- coding: UTF-8-*-
3   import NumPy as np
4   import pandas as pd
5   import datetime
6   #打印输出 1 天的时间增量
7   print(pd.Timedelta("1 days"))
8   #打印输出 1 天的时间增量，附加时、分、秒
9   print(pd.Timedelta("1 days 00:00:00"))
10  #打印输出 1 天零 2 个小时的时间增量
11  print(pd.Timedelta("1 days 2 hours"))
12  #时间增量为负数，一天零 2 分钟零 3 微秒
13  print(pd.Timedelta("-1 days 2 min 3us"))
14  #类似于 datetime.timedelta 的使用方式
15  #注意：必须指定为关键字参数
16  #1 天零 1 秒
17  print(pd.Timedelta(days=1, seconds=1))
18  #数字结合单位 1 天
19  print(pd.Timedelta(1, unit="d"))
20  #使用 datetime.timedelta/np.timedelta64，表示 1 天零 1 秒
21  print(pd.Timedelta(datetime.timedelta(days=1, seconds=1)))
22  #1 毫秒
23  print(pd.Timedelta(np.timedelta64(1, "ms")))
24  #1 微秒
25  print(pd.Timedelta("-1us"))
26  #无效值
27  print(pd.Timedelta("nan"))
28  print(pd.Timedelta("nat"))
29  #DateOffsets 作为构造函数参数输入
30  #时间增量为 2 秒
31  print(pd.Timedelta(pd.offsets.Second(2)))
32  #时间增量的运算
33  #2 天的偏移，加 2 秒，加 00:00:00.000123
34  print(pd.Timedelta(pd.offsets.Day(2)) + pd.Timedelta(pd.offsets.Second(2)) +
        pd.Timedelta( "00:00:00.000123"))
```

运行结果如图 6-23 所示。

```
EX06_3_4_3
1 days 00:00:00
1 days 00:00:00
1 days 02:00:00
-2 days +23:57:59.999997
1 days 00:00:01
1 days 00:00:00
1 days 00:00:01
0 days 00:00:00.001000
-1 days +23:59:59.999999
NaT
NaT
0 days 00:00:02
2 days 00:00:02.000123
```

图 6-23　运行结果

6.4　Pandas 应用案例

6.4.1　分析郑州市各区域的房屋均价

1．计算郑州市各区域的房屋均价

在第一篇中，小孟将近年来郑州市二手房成交的所有数据都集成到了一个文件中（郑州市二手房数据.xls）。本案例将以该数据文件为数据源，计算郑州市各区域的房屋均价。

本案例的分析步骤如下：

（1）加载数据，读取数据。

（2）过滤并清洗数据。

（3）使用聚合函数计算。

本案例的主要代码如下（代码清单：chapter6/ EX06_4_1_1）：

```
1    #!/usr/bin/python
2    #-*- coding: UTF-8-*-
3    '''
4    使用 Pandas 处理二手房数据并分析 :
5            (1) 假设数据为全市二手房所有成交数据
6            (2) 郑州市各区域的房屋均价
7    '''
8    import pandas as pd
9    #使用 Pandas 读取郑州市二手房 Excel 文件数据
10    df1 = pd.read_excel('../datafile/郑州市二手房数据.xls')
11    #提取区域列，单价大于 0 的列为有效列
12    df1 = df1[['区域','单价']].loc[lambda x: x['单价']>0]
13    #根据区域分组，并且计算各个区域的房屋均价
14    grouped = df1.groupby('区域').mean()
```

```
15    #打印输出各个区域的房屋均价
16    print(grouped)
```

运行结果如图 6-24 所示。

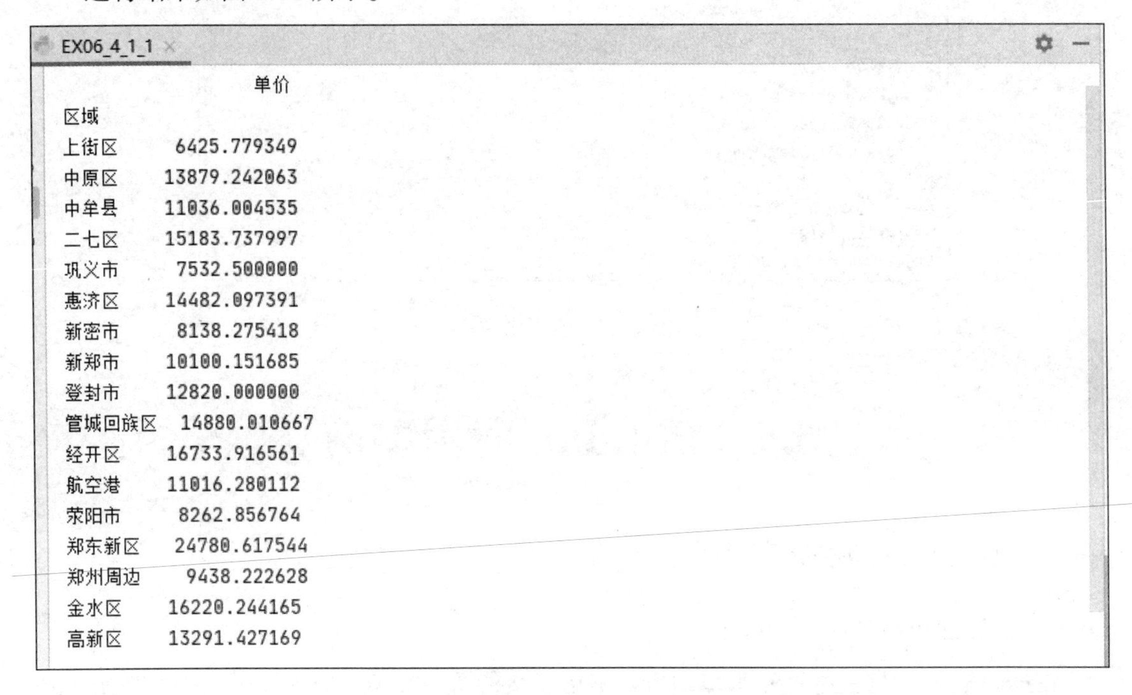

```
EX06_4_1_1
              单价
区域
上街区       6425.779349
中原区      13879.242063
中牟县      11036.004535
二七区      15183.737997
巩义市       7532.500000
惠济区      14482.097391
新密市       8138.275418
新郑市      10100.151685
登封市      12820.000000
管城回族区  14880.010667
经开区      16733.916561
航空港      11016.280112
荥阳市       8262.856764
郑东新区    24780.617544
郑州周边     9438.222628
金水区      16220.244165
高新区      13291.427169
```

图 6-24　运行结果

2. 分析 2000—2018 年郑州市郑东新区的房价走势

分析假设：当前数据为近年来郑州市二手房成交的所有数据。

分析目标：2000—2018 年郑州市郑东新区的房价走势。

分析步骤：

（1）读取自 2000 年来郑州市二手房成交的所有数据。

（2）过滤区域、单价、建筑年代，筛选 2000—2018 年郑州市郑东新区的有效数据。

（3）使用聚合函数计算每年房屋均价。

本案例的主要代码如下（代码清单：chapter6/EX06_4_1_2）：

```
1     #!/usr/bin/python
2     #-*- coding: UTF-8-*-
3     '''
4     使用 Pandas 处理二手房数据并分析:
5             (1) 假设数据为郑州市二手房成交的所有数据
6             (2) 2000—2018 年郑州市郑东新区的房价走势
7     '''
8     import pandas as pd
9     def transition_data(bulid_date):
10        '''
```

```
11          转换并清洗建筑年代数据，替换中文字，'年建造'为空
12          转换: 2020 年建造 >> 2020
13          :return: 数字年代
14          '''
15          return  int(str(bulid_date).replace('年建造',''))
16
17      #使用 Pandas 读取郑州市二手房 Excel 文件数据
18      df1 = pd.read_excel('../datafile/郑州市二手房数据.xls')
19      df1 = df1[['区域','建筑年代','单价']].loc[lambda x: x['区域']=='郑东新区']
20      #提取区域列，单价大于 0 的有效列
21      df1 = df1[['建筑年代','单价']].loc[lambda x: x['单价']>0]
22      #根据建筑年代修复数据转化数字
23      df1['时间'] = df1.apply(lambda x:transition_data(x['建筑年代']),axis=1)
24      #按照时间升序排列并且只提取 2001—2018 年的数据
25      df1 = df1.sort_values(["时间"],ascending=True).loc[lambda x: x['时
间']> 2000].loc[lambda x: x['时间']<2019]
26      #按照时间计算郑东新区每年的房屋均价
27      #打印输出房价走势数据
28      print(df1.groupby('时间').mean())
```

运行结果如图 6-25 所示。

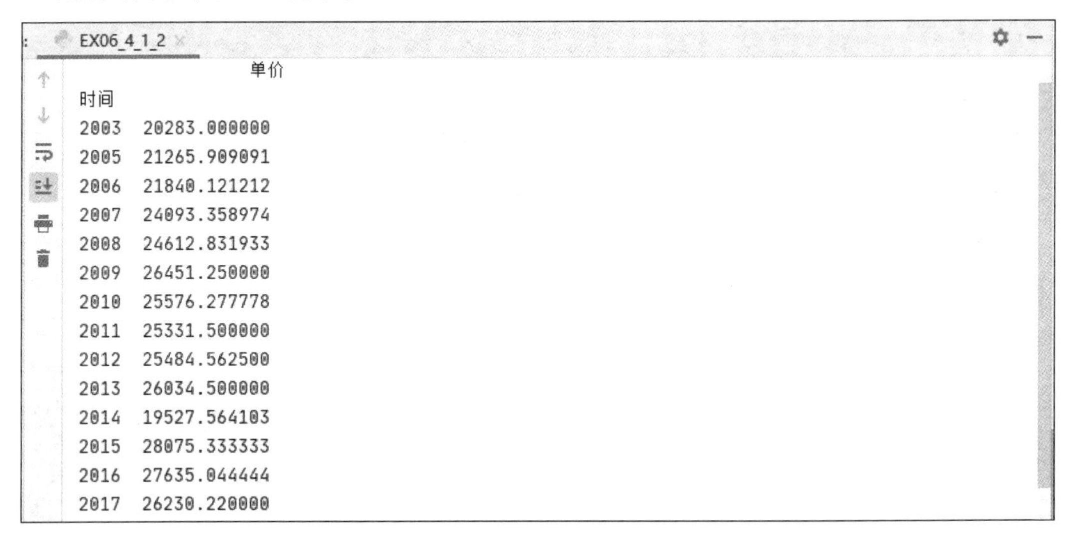

```
EX06_4_1_2
                单价
时间
2003  20283.000000
2005  21265.909091
2006  21840.121212
2007  24093.358974
2008  24612.831933
2009  26451.250000
2010  25576.277778
2011  25331.500000
2012  25484.562500
2013  26034.500000
2014  19527.564103
2015  28075.333333
2016  27635.044444
2017  26230.220000
```

图 6-25　运行结果

6.4.2　数据分析之 GDP

1. 每年郑州市二手房成交数据对郑州市 GDP 的贡献

分析假设：当前数据为近年来郑州市二手房成交的所有数据。

分析目标：郑州市二手房成交数据对郑州市 GDP 的贡献。

分析步骤：

（1）读取近 2000 年来郑州市二手房所有成交数据。

（2）过滤单价、建筑年代、总价，筛选郑东新区 2000—2018 年的有效数据。

（3）使用聚合函数计算每年郑州市二手房的成交总额。

本案例的主要代码如下（代码清单：chapter6/EX06_4_2_1）：

```
1    #!/usr/bin/python
2    #-*- coding: UTF-8-*-
3    '''
4    使用 Pandas 处理二手房数据分析
5        (1) 假设数据为郑州市二手房成交的所有数据
6        (2) 统计每年郑州市二手房成交数据对郑州市 GDP 的贡献。
7    '''
8    import pandas as pd
9
10    def transition_data(bulid_date):
11        '''
12        转换清洗，将建筑年代数据替换为中文字，'年建造'为空
13        转换: 2020 年建造 >> 2020
14        :return: 数字年代
15        '''
16        return  int(str(bulid_date).replace('年建造',''))
17    #使用 Pandas 读取郑州市二手房 Excel 文件数据
18    df1 = pd.read_excel('../datafile/郑州市二手房数据.xls')
19    df1 = df1[['区域','建筑年代','总价']]
20    #提取区域列，单价大于 0 的有效列
21    df1 = df1[['建筑年代','总价']].loc[lambda x: x['总价']>0]
22    #根据建筑年代修复数据转化数字
23   df1['时间'] = df1.apply(lambda x:transition_data(x['建筑年代']),axis=1)
24    #按照时间升序排列，并且只提取 2001—2018 年的数据
25   df1 = df1.sort_values(["时间"],ascending=True).loc[lambda x: x['时
间']>2000].loc[lambda x: x['时间']<2019]
26    #根据时间分组，计算郑州市二手房成交数据，综合反应 2001—2018 年的郑州市二手房
      #成交数据对郑州市 GDP 的贡献
27    print(df1.groupby('时间').sum())
```

运行结果如图 6-26 所示。

```
EX06_4_2_1
                 总价
时间
2001  2.225000e+07
2002  7.916000e+07
2003  7.709000e+07
2004  1.144590e+08
2005  2.020250e+08
2006  3.380300e+08
2007  2.025800e+08
2008  7.203970e+08
2009  4.074750e+08
2010  8.801680e+08
2011  3.552910e+08
2012  1.168051e+09
2013  8.477900e+08
2014  9.652950e+08
2015  1.755884e+09
2016  1.426076e+09
2017  1.147127e+09
2018  2.126849e+09
```

图 6-26　运行结果

2. 2018 年，郑州市各区域二手房成交数据对全年二手房 GDP 的贡献

分析假设：当前数据为近年来郑州市二手房成交的所有数据。

分析目标：2018 年郑州市各区域对全年二手房 GDP 的贡献。

分析步骤：

（1）读取近 2000 年来郑州市二手房所有的成交数据。

（2）过滤单价、建筑年代、总价、区域，筛选 2018 年全年的所有有效数据。

（3）使用聚合函数计算郑州市每年二手房成交总额。

（4）计算郑州市各区域的二手房成交总额。

（5）分别计算郑州市各区域的二手房成交百分比。

本案例的主要代码如下（代码清单：chapter6/EX06_4_2_2）：

```
1    #!/usr/bin/python
2    #-*- coding: UTF-8-*-
3    '''
4    使用 Pandas 处理二手房数据分析
5        （1）假设数据为郑州市二手房成交的所有数据，
6        （2）统计 2018 年郑州市全年各区域二手房成交数据对全年二手房 GDP 的贡献
7
8    '''
9    import pandas as pd
10    import matplotlib
11    import matplotlib.pyplot as plt
12    def transition_data(bulid_date):
13        '''
14        转换清洗，将建筑年代数据替换为中文字，'年建造'为空
```

```
15        转换: 2020 年建造 >> 2020
16        :return: 数字年代
17        '''
18        return  int(str(bulid_date).replace('年建造',''))
19    #使用 Pandas 读取郑州市二手房 Excel 文件数据
20    df1 = pd.read_excel('../datafile/郑州市二手房数据.xls')
21    df1 = df1[['区域','建筑年代','总价','单价']]
22    #提取区域列，单价大于 0 的列均为有效列
23    df1 = df1[['区域','建筑年代','总价','单价']].loc[lambda x: x['总价
'] >0].loc[lambda x: x['单价']>0]
24    #根据建筑年代修复数据转化数字
25    df1['时间'] = df1.apply(lambda x:transition_data(x['建筑年代']),axis=1)
26    #按照时间升序排列，并且只提取 2008 年的数据
27    df1 = df1.sort_values(["时间"],ascending=True).loc[lambda x: x['时
间']==2018]
28    #计算 2018 年郑州市二手房 GDP 总和
29    total_GDP = float(df1['总价'].sum())
30    #计算郑州市二手房 GDP 分布百分比，并且设置百分比
31    df1['百分比'] = df1.apply(lambda x:(float(x['总价']) /total_GDP) *
100,axis=1)
32    #根据区域分组求和
33    labels = df1.groupby('区域').sum()
34    #打印输出百分比和总价
35    print(labels[['百分比','总价']])
```

运行结果如图 6-27 所示。

```
EX06_4_2_2
              百分比          总价
区域
上街区      1.513011    31465000.0
中原区      4.427811    92082000.0
中牟县      6.050361   125825000.0
二七区      2.405478    50025000.0
巩义市      0.070205     1460000.0
惠济区      5.019311   104383000.0
新密市     11.356454   236172000.0
新郑市      2.912781    60575000.0
管城回族区    2.754243    57278000.0
经开区      6.462550   134397000.0
航空港     12.722035   264571000.0
荥阳市      5.173714   107594000.0
郑东新区    21.676329   450787000.0
郑州周边    12.017149   249912000.0
金水区      1.587255    33009000.0
高新区      3.851314    80093000.0
```

图 6-27　运行结果

第 7 章 SciPy 科学计算

本章主要内容

- SciPy 概述
- SciPy 科学方法
- SciPy 应用实例
- SciPy 延展

SciPy 是 Python 中依赖于 NumPy，用于数学、科学和工程的开源软件包。SciPy 的生态系统包括用于数据管理和计算、生产性实验及高性能计算的通用工具和专用工具。

7.1 SciPy 概述

SciPy 是基于 Python 的 NumPy 库，扩展构建的数学算法和便利函数的集合。通过为用户提供用于处理数据、可视化数据的高级命令和类，SciPy 提升了交互式 Python 会话的性能。借助 SciPy，交互式 Python 会话成为与 MATLAB、IDL、Octave、R-Lab 和 SciLab 等系统相媲美的数据处理和系统原型制作环境。

对于 SciPy 的安装，既可以通过 Python 内置的软件包管理工具 pip 进行安装，也可以通过在控制台中输入以下命令来安装：

```
python -m pip install --user scipy
```

SciPy 涵盖不同科学计算领域的子包，如表 7-1 所示。

表 7-1　SciPy 的子包

子　包	描　述
cluster	聚类算法
constants	物理常量和数学常量
fftpack	快速傅里叶变换
integrate	积分方程求解和常微分方程求解
interpolate	插值和平滑样条

续表

子　　包	描　　述
io	输入/输出
linalg	线性代数
ndimage	N 维图像处理
odr	正交距离回归
optimize	优化和寻根
signal	信号处理
sparse	稀疏矩阵
spatial	空间数据结构与算法
special	特殊函数
stats	统计分布相关函数

注意：SciPy 子包需要单独导入，例如：

```
from scipy import linalg, optimize
```

7.2 SciPy 科学方法

7.2.1 SciPy 特殊函数

scipy.specical 软件包中定义了数学、物理中许多特殊的函数。其中，可以直接使用的函数包括艾里（Airy）函数、椭圆函数、贝塞尔（Bessel）函数、伽马（Γ）函数、贝塔（β）函数、超几何函数、抛物柱面函数、马蒂厄（Mathieu）方程、球面波函数、斯特鲁夫（Struve）函数和开尔文（Kelvin）函数，另外，还有一些低级统计功能函数。例如，贝塞尔函数是解决实数或复数的求解微分方程的方案，即

$$x^2\frac{\mathrm{d}^2y}{\mathrm{d}x^2}+x\frac{\mathrm{d}y}{\mathrm{d}x}+(x^2-\alpha^2)y=0 \qquad （公式 1）$$

在其他用途中，这些函数还可以解决波传播问题，如薄面的振动模式。下面演示一个薄鼓面的振动模式的案例，本案例的主要代码如下（代码清单：Chapter7/EX07_2_1）：

```
1    '''薄鼓面的振动模式'''
2    import NumPy as np
3    import matplotlib.pyplot as plt
4    from mpl_toolkits.mplot3d import Axes3D
5    from scipy import special
6    def drumhead_height(n, k, distance, angle, t):
7      kth_zero = special.jn_zeros(n, k)[-1]
8      return np.cos(t) * np.cos(n * angle) * special.jn(n, distance * kth_zero)
9    theta = np.r_[0:2*np.pi:50j]
10   radius = np.r_[0:1:50j]
11   x = np.array([r * np.cos(theta) for r in radius])
```

```
12    y = np.array([r * np.sin(theta) for r in radius])
13    z = np.array([drumhead_height(1, 1, r, theta, 0.5) for r in radius])
14    fig = plt.figure()
15    ax = Axes3D(fig, rect=(0, 0.05, 0.95, 0.95))
16    ax.plot_surface(x, y, z, rstride=1, cstride=1, cmap='RdBu_r', vmin=-0.5, 
vmax=0.5)
17    ax.set_xlabel('X')
18    ax.set_ylabel('Y')
19    ax.set_xticks(np.arange(-1, 1.1, 0.5))
20    ax.set_yticks(np.arange(-1, 1.1, 0.5))
21    ax.set_zlabel('Z')
22    plt.show()
```

运行结果如图 7-1 所示。

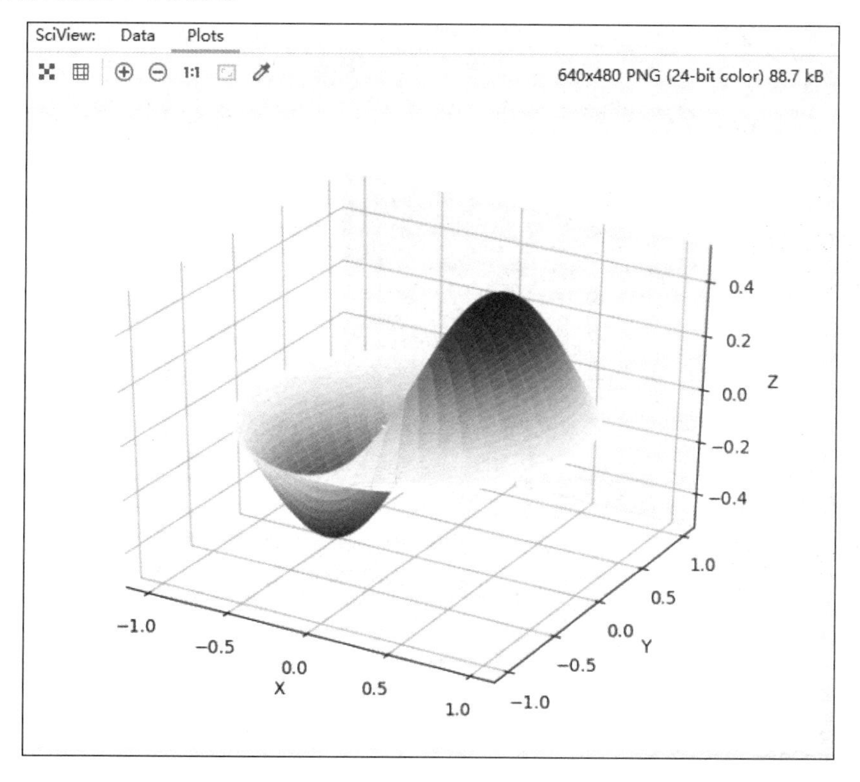

图 7-1　运行结果

7.2.2　SciPy 积分函数

scipy.integrate 子软件包提供了几种积分技术，包括常微分方程积分器。可以使用 help 命令查看对该模块的概述。本案例的主要代码如下（代码清单：chapter7/EX07_2_2_1）：

```
1    #!/usr/bin/python
2    #-*- coding: UTF-8-*-
3    '''
```

```
4    查看 scipy.integrate 模块的概述
5    '''
6    import scipy.integrate as integrate
7    help(integrate)
```

运行结果如图 7-2 所示。

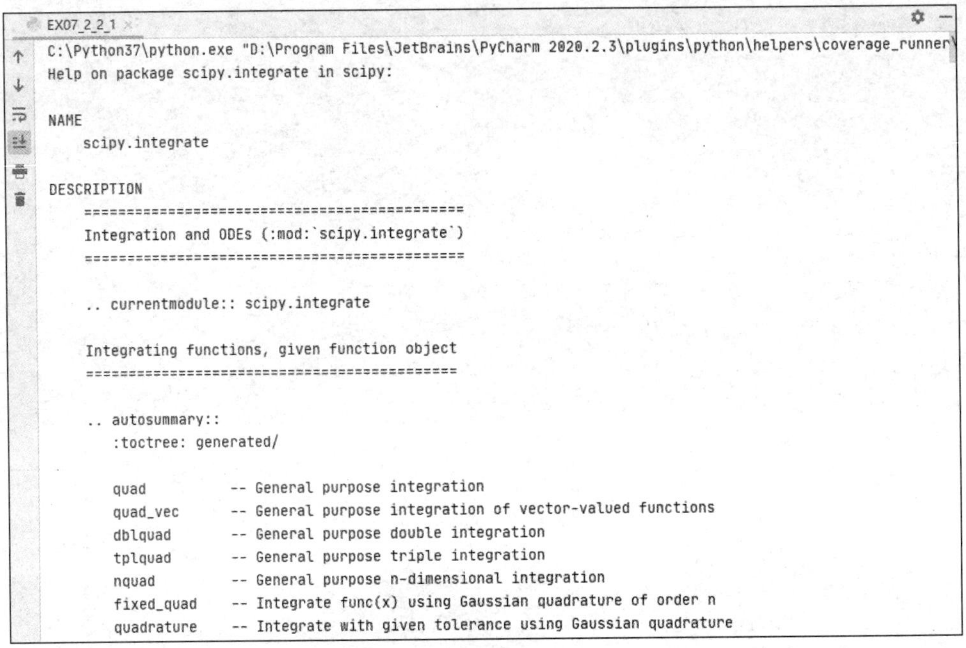

```
EX07_2_2_1
C:\Python37\python.exe "D:\Program Files\JetBrains\PyCharm 2020.2.3\plugins\python\helpers\coverage_runner\
Help on package scipy.integrate in scipy:

NAME
    scipy.integrate

DESCRIPTION
    ============================================
    Integration and ODEs (:mod:`scipy.integrate`)
    ============================================

    .. currentmodule:: scipy.integrate

    Integrating functions, given function object
    ============================================

    .. autosummary::
       :toctree: generated/

       quad          -- General purpose integration
       quad_vec      -- General purpose integration of vector-valued functions
       dblquad       -- General purpose double integration
       tplquad       -- General purpose triple integration
       nquad         -- General purpose n-dimensional integration
       fixed_quad    -- Integrate func(x) using Gaussian quadrature of order n
       quadrature    -- Integrate with given tolerance using Gaussian quadrature
```

图 7-2　运行结果

1. 定积分（quad）

定积分（quad）解决一个变量在两个点区间的积分方程求解问题，两点区间的定义域范围是±∞。例如，对一个贝塞尔函数 jv(2.5, x) 在定义域[0,4.5]区间上进行定积分求解，即

$$I = \int_0^{4.5} J_{2.5}(x)\,\mathrm{d}x \qquad （公式 2）$$

可以使用定积分公式进行计算，本案例的主要代码如下（代码清单：chapter7/EX07_2_2_2）：

```
1    #!/usr/bin/python
2    #-*- coding: UTF-8-*-
3    '''
4    查看 scipy.integrate 积分
5    '''
6    import scipy.integrate as integrate
7    import scipy.special as special
8    from NumPy import sqrt, sin, cos, pi
9    #integrate.quad 积分函数调用
10    result = integrate.quad(lambda x: special.jv(2.5,x), 0, 4.5)
```

```
11    #返回元组数据，第一个元素保存积分的估计值，第二个元素保存误差的上限
12    #打印结果集
13    print(result)
14    #积分的真实值计算
15    I = sqrt(2/pi)*(18.0/27*sqrt(2)*cos(4.5) - 4.0/27*sqrt(2)*sin(4.5) +
16                 sqrt(2*pi) * special.fresnel(3/sqrt(pi))[0])
17    print(I)
18    #比较两次计算结果差的绝对值
19    print(abs(result[0]-I))
```

运行结果如图 7-3 所示。

```
EX07_2_2_2
(1.1178179380783253, 7.866317250224184e-09)
1.117817938088701
1.0375700298936863e-11
```

图 7-3　运行结果

注意：quad 的第一个参数是“可调用”的 Python 对象（函数、方法或类实例）。在本程序案例中使用 lambda 函数作为参数，接下来的两个参数是集成的极限。返回值是一个元组，第一个元素保存积分的估计值，第二个元素保存误差的上限。在这种情况下，该积分的真实值为

$$I=\sqrt{\frac{2}{\pi}}\left[\frac{18}{27}\sqrt{2}\cos(4.5)-\frac{4}{27}\sqrt{2}\sin(4.5)+\sqrt{2\pi}\mathrm{Si}\left(\frac{3}{\sqrt{\pi}}\right)\right] \quad \text{（公式 3）}$$

条件：$\mathrm{Si}(x)=\int_0^x \sin\left(\frac{\pi}{2}t^2\right)\mathrm{d}t$ 是菲涅耳正弦积分，数值计算的积分结果的精确度远低于报告的误差范围。

2. 多重积分（dblquad,tplquad,nquad）

双重积分和三重积分已在 dblquad 和 tplquad 中实现。所有内部积分的极限都需要定义为函数。下面演示使用双重积分来计算多个值，本案例的主要代码如下（代码清单：chapter7/EX07_2_2_3）：

```
1    #!/usr/bin/python
2    #-*- coding: UTF-8-*-
3    '''
4    查看 scipy.integrate 积分
5    '''
6    import  NumPy as np
7    from scipy.integrate import quad, dblquad
8    #定义多重积分函数
9    def I(n):
10       return dblquad(lambda t, x: np.exp(-x*t)/t**n, 0, np.inf, lambda
x: 1, lambda x: np.inf)
```

```
11  print(I(4))
12  print(I(3))
13  print(I(2))
14  #可以使用以下表达式计算积分（注意，使用非常量 lambda 函数作为内部积分的上限）
15  area = dblquad(lambda x, y: x*y, 0, 0.5, lambda x: 0, lambda x: 1-2*x)
16  print(area)
17  #对于 n 重积分，SciPy 提供了多重积分功能
18  #积分界限是一个可迭代的对象，即常数界限的列表或非常数积分界限的函数列表
19  #积分顺序（以及边界）是从最里面的积分到最外面的积分
20  from scipy import integrate
21  N = 5
22  def f(t, x):
23     return np.exp(-x*t) / t**N
24  #打印积分结果
25  print(integrate.nquad(f, [[1, np.inf],[0, np.inf]]))
26  #非恒定积分范围可以用类似下面的方式处理
27  from scipy import integrate
28  def f(x, y):
29      return x*y
30  def bounds_y():
31      return [0, 0.5]
32  def bounds_x(y):
33      return [0, 1-2*y]
34  #打印积分结果
35  print(integrate.nquad(f, [bounds_x, bounds_y]))
```

运行结果如图 7-4 所示。

```
EX07_2_2_3
(0.2500000000043577, 1.298303346936809e-08)
(0.33333333325010883, 1.3888461883425516e-08)
(0.4999999999985751, 1.3894083651858995e-08)
(0.010416666666666668, 4.101620128472366e-16)
(0.2000000000189363, 1.3682975855986131e-08)
(0.010416666666666668, 4.101620128472366e-16)
```

图 7-4　运行结果

案例解读：作为恒定极限，考虑以下积分

$$I=\int_{y=0}^{\frac{1}{2}}\int_{x=0}^{1-2y} xy\,\mathrm{d}x\,\mathrm{d}y=\frac{1}{96} \qquad \text{（公式 4）}$$

注意，对于内部积分的上限，需要使用非常量 lambda 函数。对于 n 重积分，由 SciPy 提供的函数 nquad 实现。积分界限是一个可迭代的对象，即常数界限的列表或非常数界限的函数列表。积分的顺序（以及边界）是从最里面的积分到最外面的积分。公式 4 的积分可以转化为下面的积分：

$$I_n=\int_0^{\infty}\int_1^{\infty}\frac{e^{-xt}}{t^n}\,dt\,dx=\frac{1}{n} \quad （公式 5）$$

```
1    from scipy import integrate
2    N = 5
3    def f(t, x):
4       return np.exp(-x*t) / t**N
5    integrate.nquad(f, [[1, np.inf],[0, np.inf]])
```

注意：f 的参数顺序必须与积分边界的顺序匹配。例如，在 $f(t, x)$ 中 t 的内积分定义域 $[1,\infty]$ 和 x 的外部积分定义域 $[0,\infty]$。

除上面提到的通用积分外，还有向量值函数的通用积分 quad_vec、n 阶高斯求积对函数 fixed_quad()积分、牛顿-柯特积分的权值和误差系数 newton_cotes、梯形法则累积计算积分 cumtrapz 等，详细的积分函数使用方法可以通过 help(integrate)了解学习。

7.2.3　插值函数

SciPy 还提供了几种通用插值函数，可用于处理一维、二维和更高维度的数据。

scipy.interpolate 包中的 interp1d 类可以很方便地基于固定数据点创建函数，也可以使用线性插值法在给定数据定义域内的任何地方求值。Interp1d 类的实例创建是通过传递组合数据的一维向量进行的。这个类的实例定义了一个_ _call_ _方法，因此可以将其视为在已知数据值之间插入以获取未知值的函数，同时在实例化时可以指定边界上的行为。下面演示该类在线性和三次样条插值的用法。本案例的主要代码如下（代码清单：chapter7/EX07_2_3_1）：

```
1    #!/usr/bin/python
2    #-*- coding: UTF-8-*-
3    '''
4    一维插值（interp1d)
5    '''
6    import NumPy as np
7    from scipy.interpolate import interp1d
8    import matplotlib.pyplot as plt
9    x = np.linspace(0, 10, num=11, endpoint=True)
10    y = np.cos(-x**2/9.0)
11    f = interp1d(x, y)
12    f2 = interp1d(x, y, kind='cubic')
13    xnew = np.linspace(0, 10, num=41, endpoint=True)
14    plt.plot(x, y, 'o', xnew, f(xnew), '-', xnew, f2(xnew), '--')
15    plt.legend(['点数据', '线性', '立体'], loc='最优')
16    plt.show()
```

运行结果如图 7-5 所示。

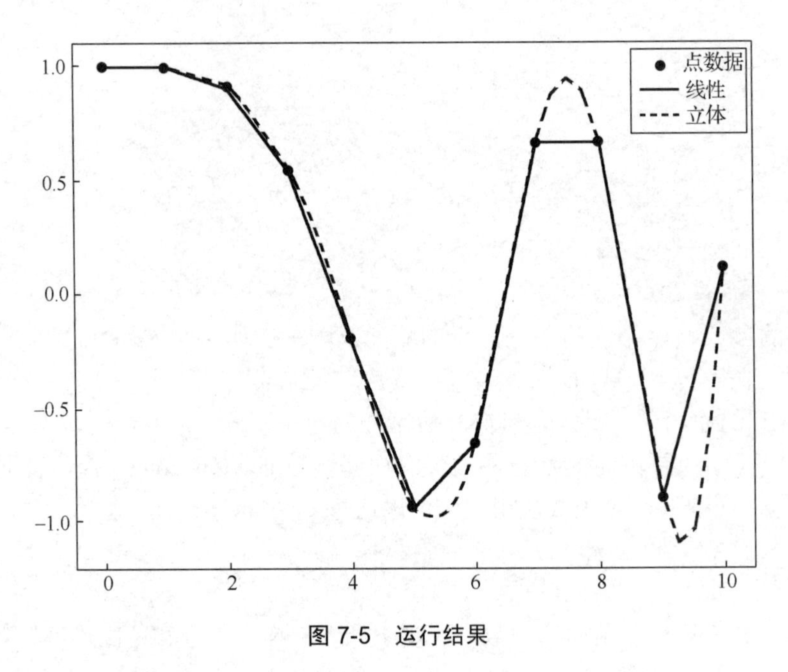

图 7-5　运行结果

另外一种 interp1d 实例设置插值的方法，是将 kind 设置为 nearest, previous 或 next，分别表示的含义是沿 x 轴返回两点间最近的插值、以前置点为插值和以后置点为插值的结果。最近一个点和下一个点可以看成因果插值过滤器的一个特殊情况。下面的例子演示了它们的用法，使用的数据与前面的例子相同，本案例的主要代码如下（代码清单：chapter7/EX07_2_3_2）：

```
1    #!/usr/bin/python
2    #-*- coding: UTF-8-*-
3    '''
4    一维插值（interp1d）
5    '''
6    import  NumPy as np
7    from scipy.interpolate import interp1d
8    x = np.linspace(0, 10, num=11, endpoint=True)
9    y = np.cos(-x**2/9.0)
10    f1 = interp1d(x, y, kind='nearest')
11    f2 = interp1d(x, y, kind='previous')
12    f3 = interp1d(x, y, kind='next')
13    xnew = np.linspace(0, 10, num=1001, endpoint=True)
14    import matplotlib.pyplot as plt
15    plt.plot(x, y, 'o')
16   plt.plot(xnew, f1(xnew), '-', xnew, f2(xnew), '--', xnew, f3(xnew), ':')
17    plt.legend(['点数据', '最近点', '前置点', '后置点'], loc='best')
18    plt.show()
```

运行结果如图 7-6 所示。

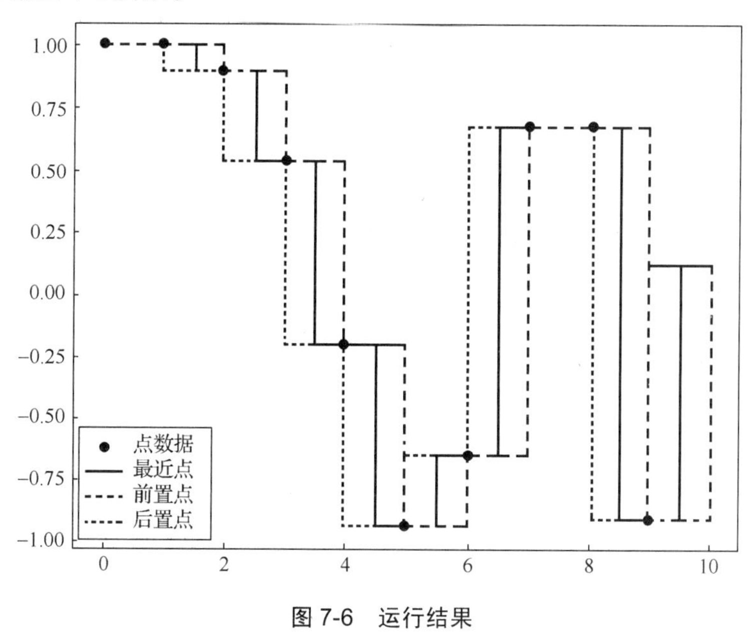

图 7-6　运行结果

7.2.4　傅里叶变换

傅里叶变换表示将满足一定条件的某个函数表示成三角函数（正弦和/或余弦函数）或者它们的积分的线性组合。在不同的研究领域中，傅里叶变换具有多种不同的变体形式，如连续傅里叶变换和离散傅里叶变换。最初傅里叶变换是作为热过程的解析分析工具被提出的。

快速傅里叶变换（Fast Fourier Transform，FFT），是利用计算机计算离散傅里叶变换（DFT）的高效、快速计算方法的统称。快速傅里叶变换是 1965 年由 J.W.库利和 T.W.图基共同提出的。采用这种算法能使计算机计算离散傅里叶变换所需要的乘法次数大为减少，特别是被变换的抽样点数 N 越多，快速傅里叶变换的优势就越显著。

1. 快速傅里叶变换，一维离散傅里叶变换

对于快速傅里叶变换，$y[k]$的长度为 N 的 $x[n]$的 length-N 序列定义为

$$y[k]=\sum_{n=0}^{N-1}\mathrm{e}^{2\pi j\frac{kn}{N}}x[n] \qquad \text{（公式 6）}$$

逆变换定义为

$$x[n]=\frac{1}{N}\sum_{n=0}^{N-1}\mathrm{e}^{2\pi j\frac{kn}{N}}y[k] \qquad \text{（公式 7）}$$

这些变换可以分别用快速傅里叶变换和快速傅里叶逆变换进行计算，本案例的主要代码如下（代码清单：chapter7/EX07_2_4_1）：

```
1    #!/usr/bin/python
2    #-*- coding: UTF-8-*-
```

```
3    '''
4    快速傅里叶变换
5    '''
6    import NumPy as np
7    from scipy.fft import fft, ifft
8    x = np.array([1.0, 2.0, 1.0, -1.0, 1.5])
9    y = fft(x)
10   print(y)
11   yinv = ifft(y)
12   print(yinv)
```

运行结果如图 7-7 所示。

```
EX07_2_4_1
[ 4.5        -0.j          2.08155948-1.65109876j -1.83155948+1.60822041j
 -1.83155948-1.60822041j  2.08155948+1.65109876j]
[ 1. +0.j  2. +0.j  1. +0.j -1. +0.j  1.5+0.j]
```

图 7-7　运行结果

2. 正弦之和的傅里叶变换

下面演示正弦之和的傅里叶变换的实现方法，本案例的主要代码如下（代码清单：chapter7/EX07_2_4_2）：

```
1    #!/usr/bin/python
2    #-*- coding: UTF-8-*-
3    '''
4    正弦之和的傅里叶变换
5    '''
6    import NumPy as np
7    from scipy.fft import fft, fftfreq
8    #简单点的个数
9    N = 600
10   #分割间距
11   T = 1.0 / 800.0
12   x = np.linspace(0.0, N*T, N, endpoint=False)
13   y = np.sin(50.0 * 2.0*np.pi*x) + 0.5*np.sin(80.0 * 2.0*np.pi*x)
14   yf = fft(y)
15   xf = fftfreq(N, T)[:N//2]
16   import matplotlib.pyplot as plt
17   plt.plot(xf, 2.0/N * np.abs(yf[0:N//2]))
18   plt.grid()
19   plt.show()
```

运行结果如图 7-8 所示。

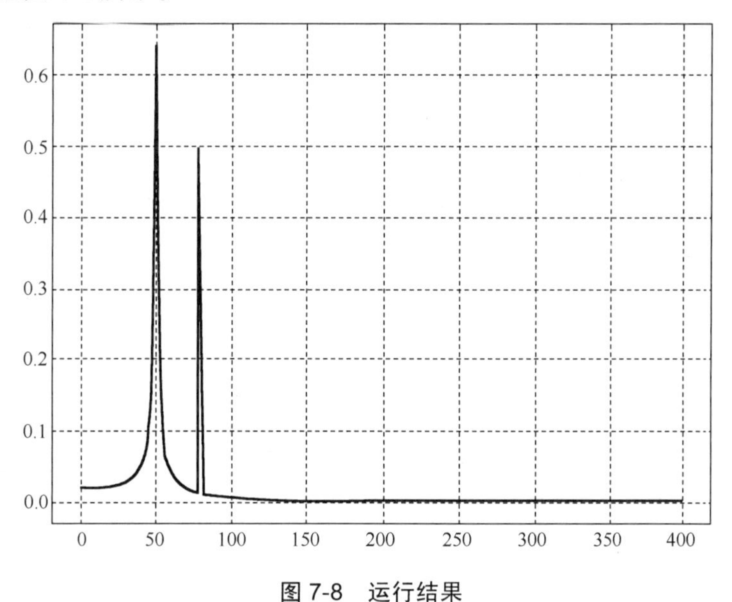

图 7-8　运行结果

【扩展】除快速傅里叶变换外，SciPy.fftscipy.fft 子包也提供了离散余弦变换、离散正弦变换等。

7.2.5　线性代数

当使用了优化的 ATLAS 库、LAPACK 库和 BLAS 库构建 SciPy 时，所以它具有非常良好的线性代数功能。若开发人员对 SciPy 进行了深入的研究，则可以使用所有原始的 LAPACK 库和 BLAS 库，以提高运算速度。在本节中，将介绍这些库包的使用方法。

1．scipy.linalg 与 NumPy.linalg

scipy.linalg 既包含 NumPy.linalg 中的所有功能，又包含 NumPy.linalg 中没有的其他一些更高级的函数。使用 scipy.linalg 相较于 NumPy.linalg 的另一个优点是，其始终使用 BLAS/LAPACK 对其进行编译，而对于 NumPy 这是可选的。因此，相对而言，使用 SciPy 版本的运算速度可能会更快。因此，除非不想将 SciPy 添加为 NumPy 程序的依赖项，否则可以使用 scipy.linalg 代替 NumPy.linalg。

2．NumPy.matrix 与 NumPy.ndarray

代表矩阵的类和基本运算（如矩阵乘法和转置）是 NumPy 的一部分。为了方便起见，在此总结了 NumPy.matrix 和 NumPy.ndarray 之间的区别。NumPy.matrix 是一个具有比 NumPy.ndarray 更方便接口的矩阵类，而 NumPy.ndarray 用于矩阵操作。

下面案例用来说明 NumPy.matrix 与 NumPy.ndarray 操作的区别，由此反映出 NumPy.matrix 的便捷性。本案例的主要代码如下（代码清单：chapter7/EX07_2_5_1）：

```
1    #!/usr/bin/python
2    #-*- coding: UTF-8-*-
```

```
3    '''
4    线性代数 NumPy.matrix vs 2-D NumPy.ndarray
5    '''
6    import NumPy as np
7    #构造一个矩阵类
8    A = np.mat('[1 2;3 4]')
9    #打印输出矩阵 A
10    print(A)
11    #打印输出矩阵 A 的逆矩阵
12    print(A.I)
13    b = np.mat('[5 6]')
14    #打印输出矩阵 b
15    print(b)
16    #打印输出矩阵 b 的转置矩阵
17    print(b.T)
18    #矩阵间的运算
19    print(A*b.T)
```

运行结果如图 7-9 所示。

```
EX07_2_5_1
[[1 2]
 [3 4]]
[[-2.   1. ]
 [ 1.5 -0.5]]
[[5 6]]
[[5]
 [6]]
[[17]
 [39]]
```

图 7-9 运行结果

尽管使用 NumPy.matrix 比较方便，但是不鼓励使用该类，因为它并没有添加 NumPy.ndarray 对象无法实现的内容，并且可能导致类混淆使用。例如，案例 EX07_2_5_1 可以这样重写，本案例的主要代码如下（代码清单：chapter7/EX07_2_5_2）：

```
1    #!/usr/bin/python
2    #-*- coding: UTF-8-*-
3    '''
4    线性代数 NumPy.matrix vs 2-D NumPy.ndarray
5    '''
6    import NumPy as np
7    from scipy import linalg
8    A = np.array([[1,2],[3,4]])
9    #打印输出二维数组 A
10    print(A)
11    #打印输出二维数组 A 的逆矩阵
```

```
12    print(linalg.inv(A))
13    b = np.array([[5,6]])
14    #打印输出对象 b
15    print(b)
16    #打印输出 b 的转置
17    print(b.T)
18    #打印 A*b  注意不是矩阵的相乘
19    print(A*b)
20    #矩阵相乘
21    print(A.dot(b.T))
22    #初始化一维数组 c
23    c = np.array([5,6])
24    #注意，结果并不能输出矩阵的转置
25    print(c.T)
26    #一维条件下，矩阵的相乘并不能发生
27    print(A.dot(c))
```

运行结果如图 7-10 所示。

```
EX07_2_5_2
[[1 2]
 [3 4]]
[[-2.   1. ]
 [ 1.5 -0.5]]
[[5 6]]
[[5]
 [6]]
[[ 5 12]
 [15 24]]
[[17]
 [39]]
[5 6]
[17 39]
```

图 7-10　运行结果

7.3　SciPy 应用案例：使用最小二乘法预测房价走势

最小二乘法是一种统计学习优化技术，它的目标是求最小化误差平方之和，并将其作为目标 $J(\theta)$，从而找到最优模型。

$$J(\theta) = \min \sum_{i=1}^{m} (f(x_i) - y_i)^2 \qquad \text{（公式 8）}$$

其中，$f(x_i) = a_0+a_1x^1+a_2x^2+\cdots+a_nx^n$ 是要找的模型 A，而 y_i 是已有的观测值。SciPy 的 linalg 下的 lstsq 方法只需给出方程 $f(x_i)$（模型 A）及样本 y_i 便可求得方程的各个系数。

本案例将对二手房每年均价 x 进行最小二乘法拟合，利用机器学习中的线性回归方法

来预测房价的未来走势，本案例的主要代码如下（代码清单：chapter7/EX07_3_1_1）：

```
1    #!/usr/bin/python
2    #-*- coding: UTF-8-*-
3    '''
4    对郑东新区二手房每年均价进行最小二乘法拟合
5    '''
6    import NumPy as np
7    import scipy.linalg as la
8    import matplotlib.pyplot as plt
9    import pandas as pd
10
11    #解决中文显示问题
12    plt.rcParams['font.sans-serif'] = ['KaiTi'] #在Windows下指定默认字体
13    #plt.rcParams['font.sans-serif'] = ['Arial Unicode MS']
      #在macOS下指定默认字体
14    plt.rcParams['axes.unicode_minus'] = False
      #解决保存图像时，负号'-'显示为方块的问题
15    def transition_data(bulid_date):
16        '''
17        转换并清洗建筑年代数据，替换中文字'年建造'为空
18        转换：2020年建造 >> 2020
19        :return: 数字年代
20        '''
21        return  int(str(bulid_date).replace('年建造',''))
22
23    #使用Pandas读取Excel文件，即郑州市二手房数据
24    df1 = pd.read_excel('../datafile/郑州市二手房数据.xls')
25    df1 = df1[['区域','建筑年代','单价']].loc[lambda x: x['区域']=='郑东新区']
26    #提取区域列，单价大于0的列均为有效列
27    df1 = df1[['建筑年代','单价']].loc[lambda x: x['单价']>0]
28    #根据建筑年代修复数据转化数字
29    df1['时间'] = df1.apply(lambda x:transition_data(x['建筑年代']),axis=1)
30    #按照时间升序排列并且只提取 2000—2018年的数据
31    df1 = df1.sort_values(["时间"],ascending=True).loc[lambda x: x['时
间']>2000].loc[lambda x: x['时间']<2018]
32    #x轴用于设置时间
33    xi = df1.groupby('时间').mean()["单价"].index.values
34    #y轴用于设置郑州市二手房的每年均价
35    yi =df1.groupby('时间').mean()["单价"][df1.groupby('时间').mean()["单
价"].index].values
```

```
36    m = 10
37    x = np.linspace(2000, 2020, m)
38    y_exact = 1 + 2 * x
39
40    A = np.vstack([xi**0, xi**1])
41    sol, r, rank, s = la.lstsq(A.T, yi)
42    y_fit = sol[0] + sol[1] * x
43    #打印
44    print(sol,r ,rank,s)
45    fig, ax = plt.subplots(figsize=(8, 8))
46    ax.plot(xi, yi, 'go', alpha=0.5, label='郑东新区二手房每年均价')
47    ax.plot(x, y_exact, 'k', lw=2, label='真实值 $y = 1 + 2x$')
48    ax.plot(x, y_fit, 'b', lw=2, label='最小二乘法拟合')
49    ax.set_xlabel(r"$x$", fontsize=18)
50    ax.set_ylabel(r"$y$", fontsize=18)
51    ax.legend(loc=2)
52    plt.show()
```

运行结果如图 7-11 所示。

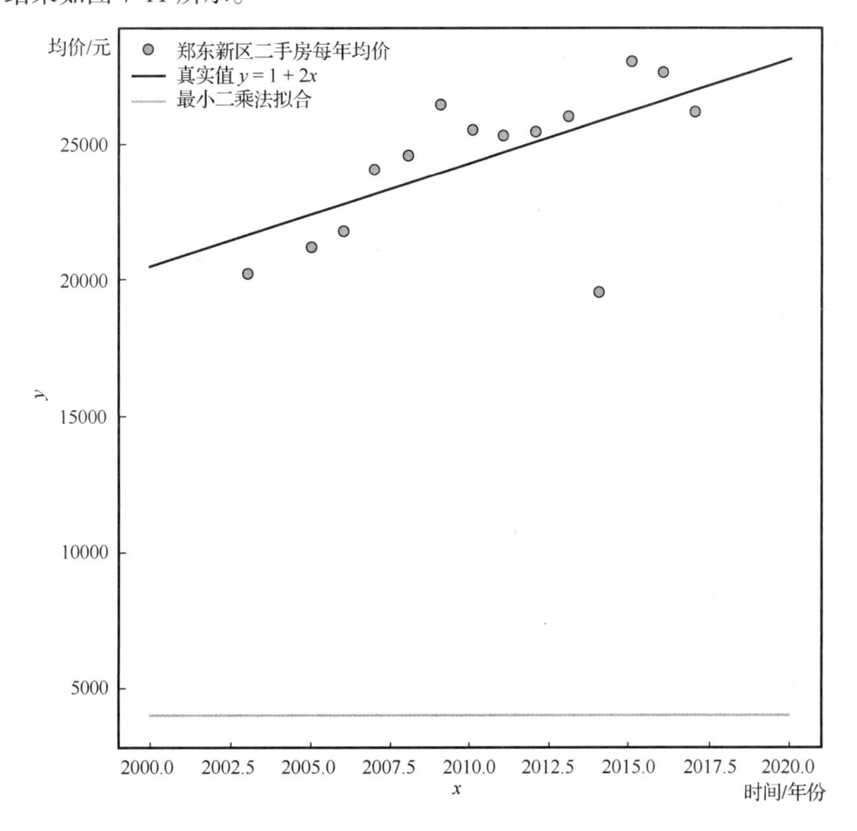

图 7-11　运行结果

7.4 SciPy 延展

本节介绍一些关于 SciPy 扩展的内容。

1. 空间数据结构和算法

scipy.spatial 可以利用 Qhull 库计算一组点的三角剖分、Voronoi 图和凸包。此外，Qhull 库包含 KDTree，用于最近邻点的查询，以及用于各种度量中距离计算的实用程序。

2. Delaunay 三角剖分

计算 Delaunay 三角剖分的方法是 scipy.spatial，该方法将一组点细分为一组非重叠的三角形，这样，任何点都不会位于由任意三个点构成的三角形的外接圆之内。在实践中，这种三角剖分趋向于避免具有小角度的三角形。

输入任意边数的多边形（多边形的顶点数大于或等于 3 个），通过 scipy.spatial 方法完成三角化处理，把多边形分割成多个三角形。本案例的主要代码如下（代码清单：chapter7/EX07_3_1_1）：

```
1   #!/usr/bin/python
2   #-*- coding: UTF-8-*-
3   '''
4   三角剖分
5   '''
6   import NumPy as np
7   from scipy.spatial import Delaunay
8   points = np.array([[0, 0], [0, 1.1], [1, 0], [1, 1]])
9   tri = Delaunay(points)
10   import matplotlib.pyplot as plt
11   plt.triplot(points[:,0], points[:,1], tri.simplices)
12   plt.plot(points[:,0], points[:,1], 'o')
13   for j, p in enumerate(points):
14      plt.text(p[0] - 0.03, p[1] + 0.03, j, ha='right')  #label the points
15   for j, s in enumerate(tri.simplices):
16      p = points[s].mean(axis=0)
17      plt.text(p[0], p[1], '#%d' % j, ha='center')  #label triangles
18   plt.xlim(-0.5, 1.5);
19   plt.ylim(-0.5, 1.5)
20   plt.show()
```

运行结果如图 7-12 所示。

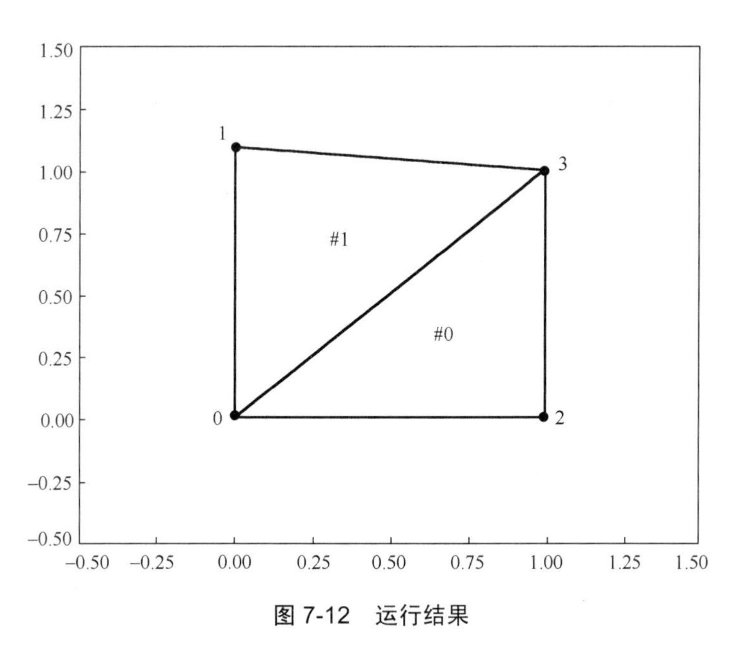

图 7-12　运行结果

总之，与 SciPy 相关的数值计算方法能够帮助开发人员快速解决实际的应用问题，如上面案例的三角剖分。在 3D 建模领域中，SciPy 发挥着极大的作用。正是因为有了类似三角剖分这样的解决方案，才能在计算机的世界中通过 3D 形态勾勒出任意形状的物体，最大程度上还原真实的造型。

第 3 篇　数据展示篇

小孟在对郑州市二手房相关数据进行分析整理、拆分、合并、清理后，面临着数据可视化的工作，即如何将数据更加有效地展示。本篇将由浅入深、循序渐进地介绍 Python 可视化技术，主要讲解 Matplotlib、Seaborn 和 pyecharts 在数据可视化应用中的基本功能和使用技巧，使读者真正掌握专业的可视化方法与技巧，提升读者数据分析的整体能力。

第 8 章　数据可视化之 Matplotlib

本章主要内容

- 图表的基本构成元素
- 第一个 Matplotlib 绘图程序
- 绘制柱状图
- 绘制饼状图
- 绘制散点图
- 综合应用实例

Matplotlib 是一个受 MATLAB 启发构建的 Python 语言的第三方 2D 绘图类库，它支持多种平台，并且功能强大，能够轻松绘制出各种专业的图像。Matplotlib 可以绘制的图表有线图、散点图、柱状图、饼状图、图片及图形动画等，具有良好的系统兼容性，支持 Python、NumPy、Pandas 基本数据结构，以其运行高效且具有丰富的图表库的优点，成为数据科学中不可或缺的一部分。

Matplotlib 作为第三方库，Python 自身的类库并没有这个模块，需要用户自己安装。在 Windows 命令行窗口中输入“pip install matplotlib”即可自动安装。

8.1　图表的基本构成元素

在正式画图前，有必要了解在 Matplotlib 中一幅图表是由哪些元素组成的。因为在以后的使用过程中，很多时候都是在对这些元素进行细致的调节，以满足不同情况下的绘制需求。

Matplotlib 基本图表结构包括坐标轴（X label、Y label）、坐标轴标签（Axis Label）、坐标轴刻度（Tick）、坐标轴刻度标签（Tick Label）、绘图区（Axes）、画布（Figure），如图 8-1 所示。

对于 Matplotlib 中的 pyplot 包，即 Matplotlib.pyplot，封装了很多绘图的函数，其常用的函数及作用如表 8-1 所示。

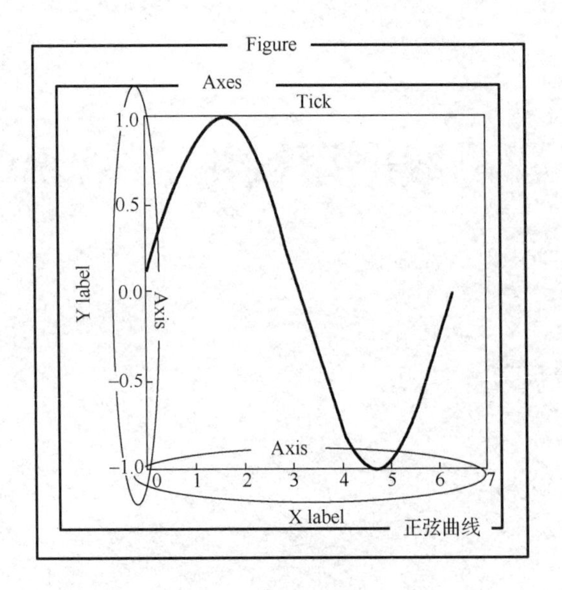

图 8-1　图表的基本构成元素

表 8-1　Matplotlib.pyplot 中常用的函数及作用

函 数 名 称	函 数 作 用
plot(x,y,format_string,**kwargs)	绘制点和线，并且对其样式进行控制
bar(left, height, width, color, align, yerr)	绘制柱形图
pie(x,autopct,labels,explode)	绘制饼状图
scatter(x,y,sz,c)	绘制散点图
figure(figsize=(x, y))	用于画图，自定义画布大小
subplot(m，n，p)	将 figure 设置的画布划分为多个子图
xlim(xmin, xmax)/ylim(ymin, ymax)	设置 x 轴和 y 轴的数值显示范围
xticks()/yticks()	设置 x 轴和 y 轴的刻度显示值
xlabel/ylabel	设置 x 轴和 y 轴的坐标名称
title	设置图标题
legend()	显示图例
savefig	保存图表
show()	显示图形

8.2　第一个 Matplotlib 绘图程序

8.2.1　折线图的绘制、存储与显示

在使用 Matplotlib 绘图时，可以先导入模块 pyplot，然后使用该模块的 plot 函数来绘制简单的折线图、二维点图和线图，这里介绍折线图的绘制。

plot 函数的一般调用形式为 plot(X, Y, LineSpec)。其中，X 由所有输入点坐标的 x 值组成，Y 是由与 X 中包含的 x 对应的 y 所组成的向量。LineSpec 是用户指定的绘图样式，默认样式是实线。

在脚本中，使用 savefig()函数自动保存图表，由 show()函数显示图形。本案例的主要代码如下（程序清单为 chapter8/EX08_2_1）：

```
1    #导入模块 pyplot
2    import matplotlib.pyplot as plt
3    #x 轴坐标数据
4    x = [1,2,4,5]
5    #y 轴坐标数据
6    y = [7,8,9,10]
7    #绘制线段
8    plt.plot(x,y)
9    #保存图表
10   plt.savefig("plot.png")
11   #打开 matplotlib 查看器，并显示绘制的图表
12   plt.show()
```

运行结果如图 8-2 所示。

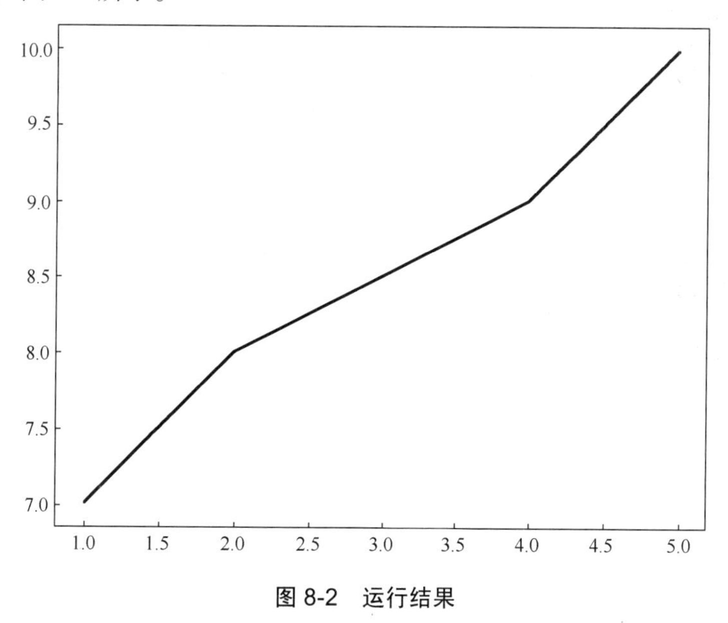

图 8-2　运行结果

8.2.2　折线图的更多设置

在绘制出折线图后，可以设置图的大小、图标题、x 轴与 y 轴的坐标名称及 legend 图例。本案例的主要代码如下（程序清单为 chapter8/EX08_2_2）：

```
1    import matplotlib.pyplot as plt
2    #x 轴坐标数据
3    x = [1,2,4,5]
4    #y 轴坐标数据
```

```
5    y = [7,8,9,10]
6    #表示 figure 的大小为宽、长（单位为 inch）
7    plt.figure(figsize=(10,5))
8    #设置 x 轴、y 轴和“line1”的名称为红色
9    plt.plot(x,y,label="line1",color='red')
10   #设置图标题、x 轴和 y 轴的坐标名称
11   plt.title('a straight line')
12   plt.xlabel('x value')
13   plt.ylabel('y value')
14   #获取并设置 legend 图例
15   #plt.plot()中的参数 label 传入字符串类型的值"line1"是图例的名称
16   plt.legend()
17   plt.savefig("plot.png")
18   plt.show()
```

运行结果如图 8-3 所示。

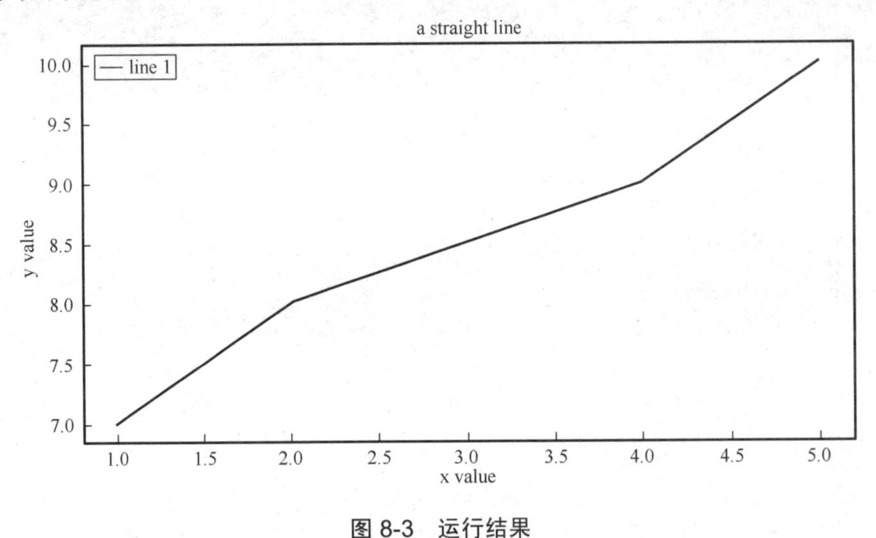

图 8-3 运行结果

8.2.3 设置中文字体

通过使用 rc 配置文件来自定义图形的各种默认属性，该过程称为“rc 配置”或“rc 参数”。 rc 参数存储在字典变量中，通过字典的方式进行访问，这里设置中文字体样式和字号大小。本案例主要代码如下（程序清单为 chapter8/EX08_2_3）：

```
1    import matplotlib.pyplot as plt
2    #设置字体样式
3    plt.rcParams['font.sans-serif']=['SimHei']
4    #设置字号大小
5    plt.rcParams['font.size'] = '20'
6    x = [1,2,4,5]
7    y = [7,8,9,10]
8    plt.figure(figsize=(10,5))
```

```
9	plt.plot(x,y,label="线1",color='red')
10	plt.ylabel('y轴')
11	plt.xlabel('x轴')
12	plt.title('绘制折线图')
13	plt.legend()
14	plt.savefig("plot.png")
15	plt.show()
```

运行结果如图 8-4 所示。

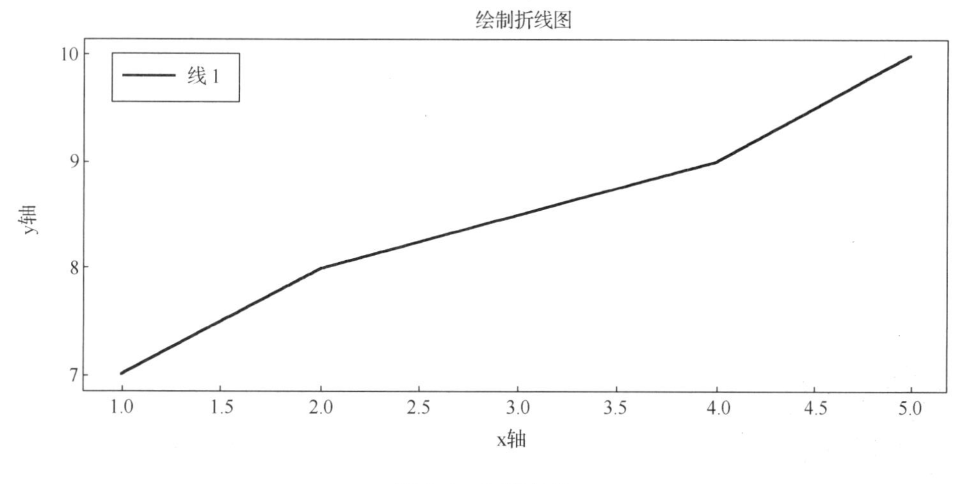

图 8-4　运行结果

8.2.4　绘制多个图形

有些情况下，可能需要在一张图纸中绘制多个图形，这里同时绘制了(x, y)与(x1, y)两个图形。图形绘制结束后，通过增加一个字符串参数来调整图形的颜色、点及线的样式，如“r*-”，其中 r 表示红色，*表示星标的点，- 表示实线。

常见的颜色的表示方式如表 8-2 所示。

表 8-2　常见的颜色的表示方式

颜　色	表 示 方 式
蓝色	b
绿色	g
红色	r
青色	c
品红	m
黄色	y
黑色	k
白色	w

常见的点的表示方式如表 8-3 所示。

表 8-3　常见的点的表示方式

点的类型	表示方式
点	.
圆圈	o
菱形	D
星号	*
方形	s
三角形	^
无	,

常见的线的表示方式如表 8-4 所示。

表 8-4　常见的线的表示方式

点的类型	表示方式
直线	-
虚线	--
点线	:
点画线	-.
无	,

本案例主要代码如下（程序清单为 chapter8/EX08_2_4）：

```
1    import matplotlib.pyplot as plt
2    plt.rcParams['font.sans-serif']=['SimHei']
3    plt.rcParams['font.size'] = '20'
4    x = [1,2,4,5]
5    y = [7,8,9,10]
6    x1 =[5,4,2,1]
7    plt.figure(figsize=(10,5))
8    #曲线的颜色为红色，曲线的点为*，曲线的类型为实线
9    plt.plot(x,y,"r*-",label="线 1")
10   #曲线的颜色为蓝色，曲线的点为圆圈，曲线的类型为点线
11   plt.plot(x1,y,'bo:',label="线 2")
12   plt.ylabel('y 轴')
13   plt.xlabel('x 轴')
14   plt.title('绘制多条折线图')
15   plt.legend()
16   plt.savefig("plot.png")
17   plt.show()
```

运行结果如图 8-5 所示。

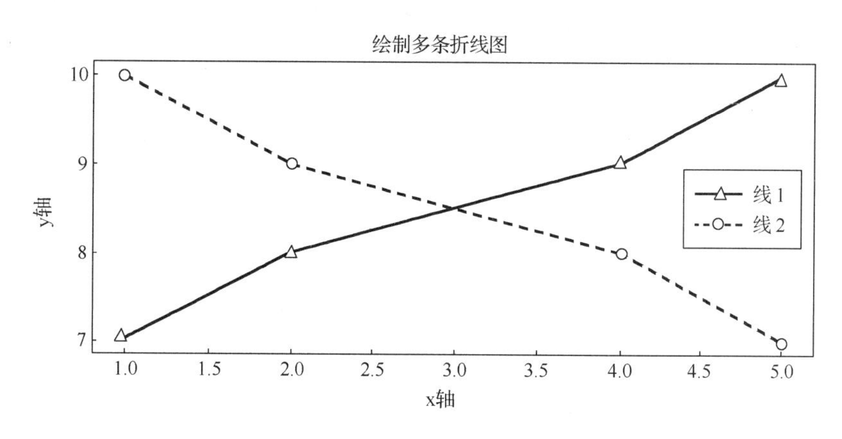

图 8-5　运行结果

8.2.5　使用子图

有些情况下，需要将多张子图放在一起展示，这时可以使用函数 subplot()来实现，即在调用函数 plot()前，需要先调用函数 subplot()。该函数的第一个参数表示子图的总行数，第二个参数表示子图的总列数，第三个参数表示活跃区域。本案例主要代码如下（程序清单为 chapter8/EX08_2_5）：

```
1   import matplotlib.pyplot as plt
2   plt.rcParams['font.sans-serif']=['SimHei']
3   plt.rcParams['font.size'] = '20'
4   x = [1,2,4,5]
5   y = [7,8,9,10]
6   x1 =[5,4,2,1]
7   x2 =[1,2,4,5]
8   x3 =[5,4,2,1]
9   #（行，列，活跃区）
10  ax1 = plt.subplot(2, 2, 1)
11  plt.plot(x, y, 'r')
12  #与 ax1 共享 y 轴
13  ax2 = plt.subplot(2, 2, 2, sharey=ax1)
14  plt.plot(x1, y, 'g')
15  ax3 = plt.subplot(2, 2, 3)
16  plt.plot(x2, y, 'b')
17  #与 ax3 共享 y 轴
18  ax4 = plt.subplot(2, 2, 4, sharey=ax3)
19  plt.plot(x3, y, 'y')
20  plt.savefig("plot.png")
21  plt.show()
```

运行结果如图 8-6 所示。

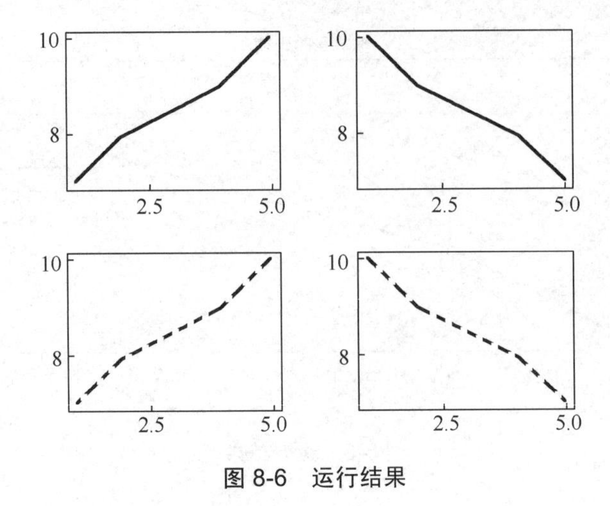

图 8-6　运行结果

8.3　绘制柱状图

函数 plt.bar(x,y)的功能是在 x 轴上绘制定性数据的分布特征，x 表示在 x 轴上的定性数据的类别；y 表示每种定性数据的类别的数量。因此，可以使用 bar 方法绘制柱状图。例如，可视化各个班级的人数，先准备两组数据，即 students 为人数，x 为班级编号。在绘制柱状图时，将变量 x 作为坐标系的 x 轴，student 作为 y 轴，先调用方法 bar 来绘图，最后再调用方法 show 进行显示。可以使用 plt.xticks()和 plt.yticks()来设置刻度，需要传入的是原刻度及对应刻度，如 plt.xticks(x,ticks)，这样就可以将 x 轴显示为想要显示的刻度了。本案例主要代码如下（程序清单为 chapter8/EX08_3_1）：

```
1    import matplotlib.pyplot as plt
2    #解决中文乱码问题
3    plt.rcParams['font.sans-serif'] = ['simHei']
4    plt.rcParams['font.size'] = '20'
5    students = [42,51,30,49]
6    x = [1,2,3,4]
7    plt.xlabel("班级")
8    plt.ylabel("人数")
9    #显示 x 轴的刻标及对应的标签
10   plt.xticks(x, ["一班", "二班", "三班", "四班"])
11   #绘制柱状图，柱体在 x 轴上的坐标位置，柱体的高度
12   plt.bar(x=x, height=students)
13   plt.show()
```

运行结果如图 8-7 所示。

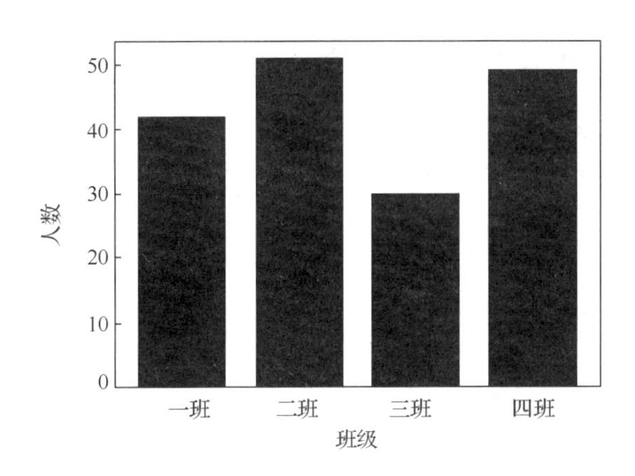

图 8-7　运行结果

8.4　绘制饼状图

绘制饼状图使用的函数是 pie(x, explode=None, labels=None⋯), 该函数的参数列表如表 8-5 所示。

表 8-5　pie 函数的参数列表

属　性	说　明	类　型
x	数据	list
labels	标签	list
autopct	数据标签	%0.1%% 保留一位小数
explode	指定饼状图某些部分的突出显示，即呈现爆炸式	list
shadow	是否显示阴影	bool
pctdistance	数据标签距离圆心的位置	0~1
labeldistance	标签的比例	float
startangle	开始绘图的起始角度，默认从 0°开始逆时针旋转	float
radius	半径的长度	默认为 1

本案例的主要代码如下（程序清单为 chapter8/EX08_4_1）：

```
1   import matplotlib.pyplot as plt
2   plt.rcParams['font.sans-serif'] = ['SimHei']
3   plt.rcParams['font.size'] = '15'
4   #各部分标签
5   labels = ['娱乐','育儿','饮食','房贷','交通','其他']
6   #各部分所示比例的大小
7   sizes = [2,5,12,70,2,9]
8   #各部分突出值
9   explode = (0,0,0,0.1,0,0)
10  plt.pie(sizes,explode=explode,
11          labels=labels,autopct='%1.1f%%',
```

```
12              shadow=False,startangle=150)
13      plt.title("饼状图示例—8 月份家庭支出")
14      #设置横轴和纵轴大小相等，这样饼状图才是圆的
15      plt.axis("equal")
16      plt.legend()
17      plt.show()
```

运行结果如图 8-8 所示。

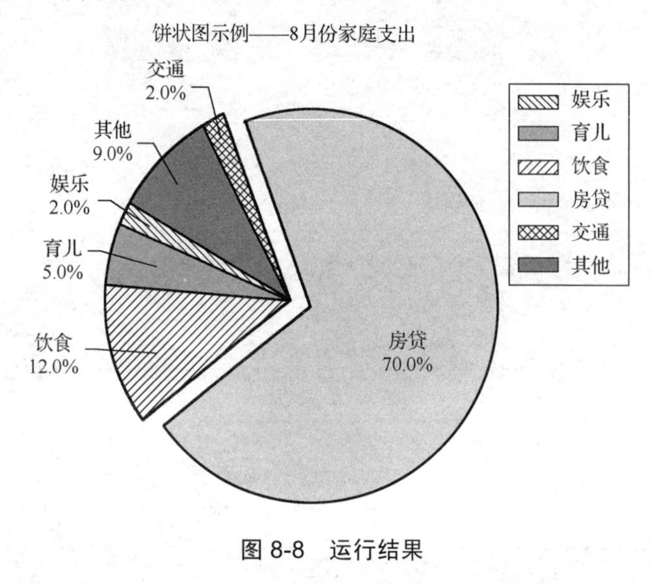

图 8-8　运行结果

8.5　绘制散点图

在数据可视化中，二维散点图的应用范围很广，如用来观测两个变量之间的相关性、展示销量的走势等，这些都是散点图的常规用法。绘制散点图使用的函数是 scatter(x, y, s, c ,marker, alpha)。

函数 scatter 专门用于绘制散点图，其使用方法与 plot 的使用方法类似，区别在于前者具有更高的灵活性，可以单独控制每个散点与数据匹配，并让每个散点具有不同的属性。

参数说明：x 与 y：x 轴与 y 轴的数据；s：点的面积；c：点的颜色；marker：点的样式，若样式没有设置，则默认为圆点；alpha：透明度。

本案例的主要代码如下（程序清单为 chapter8/EX08_5_1）：

```
1   import NumPy as np
2   import matplotlib.pyplot as plt
3   #用来正常显示中文标签
4   plt.rcParams['font.sans-serif'] = ['SimHei']
5   #用来正常显示负号
6   plt.rcParams['axes.unicode_minus']=False
```

```
7     plt.rcParams['font.size'] = '15'
8     #产生一个随机状态种子
9     rdm = np.random.RandomState(10)
10    #随机产生 100 个在区间内[0,1)的随机数作为坐标点
11    x = rdm.rand(100)
12    y = rdm.rand(100)
13    #散点的颜色和大小的设置
14    colors = rdm.rand(100)
15    sizes = 1000*rdm.rand(100)
16    #散点透明度的设置
17    plt.scatter(x,y,c=colors,s=sizes,alpha=0.3)
18    plt.title("散点图示例")
19    #将颜色自动映射成颜色条 colorbar()显示
20    plt.colorbar()
21    plt.show()
```

运行结果如图 8-9 所示。

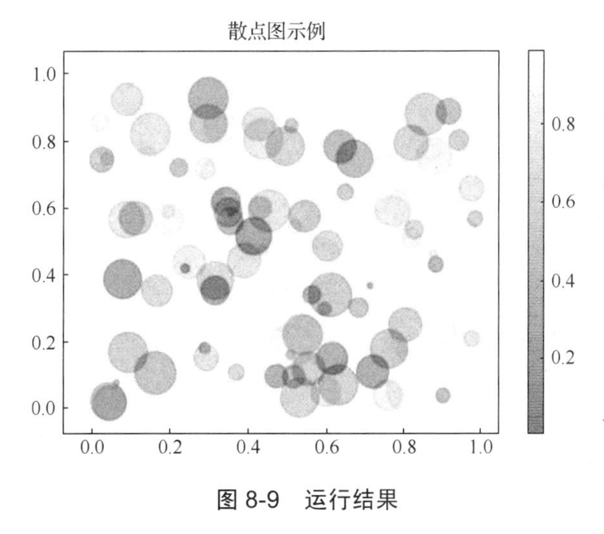

图 8-9　运行结果

8.6　综合应用实例

8.6.1　郑州市二手房各区域分布柱状图

小孟在对郑州市二手房相关数据进行分析后，计划将郑州市每个区域的二手房的数量均通过柱状图进行展示，这样可以更加直观地展示郑州市二手房数量在不同区域的分布情况。本案例的主要代码如下（程序清单为 chapter/EX08_6_1）：

```
1     import NumPy as np
2     import xlrd
3     import matplotlib.pyplot as plt
4     #读 Excel 文件
```

```
5    xls_file = xlrd.open_workbook(r'../datafile/郑州市二手房数据.xls')
6    #定义一个列表
7    xls_sheet = []
8    #取第一个表格的区域那一列
9    xls_sheet.append(xls_file.sheets()[0].col_values(1))
10   #删除表格第一行
11   del xls_sheet[0][0]
12   #转换成数组
13   arr = np.array(xls_sheet)
14   #去除数组中的重复内容，并在排序后输出
15   key = np.unique(xls_sheet)
16   #定义字典
17   result = {}
18   #获取所有元素出现的次数
19   for k in key:
20       mask = (arr == k)
21       arr_new = arr[mask]
22       v = arr_new.size
23       result[k] = v
24   #result 是类似于这样的一个字典：{'上街区': 715, '中原区': 516.....}
25   #获取字典的键：二手房区域
26   x = list(result.keys())
27   #获取字典的值：二手房数量
28   y = list(result.values())
29   #数据整理，合并相同区域的数据
30   for i in range(len(x)):
31       if x[i] == "上街":
32           x[i] = "上街区"
33       elif x[i] == "中原":
34           x[i] = "中原区"
35       elif x[i] == "中牟":
36           x[i] = "中牟县"
37       elif x[i] == "二七":
38           x[i] = "二七区"
39       elif x[i] == "新郑":
40           x[i] = "新郑市"
41       elif x[i] == "管城":
42           x[i] = "管城回族区"
43       elif x[i] == "荥阳":
44           x[i] = "荥阳市"
45       elif x[i] == "金水":
46           x[i] = "金水区"
47   data = {}
48   #使用序列解包同时遍历多个序列，获得合并后的数据
49   for key, val in zip(x, y):
50       data[key] = data.get(key, 0) + val
```

```
51    #获取合并后字典的键：二手房区域
52    x = list(data.keys())
53    #获取合并后字典的值：二手房数量
54    y = list(data.values())
55    plt.xlabel("郑州市二手房分布各区域名称")
56    plt.ylabel("二手房数量")
57    #画图，设置 x 轴和 y 轴的数据
58    plt.bar(x, y, align='center')
59    #用来正常显示中文标签
60    plt.rcParams['font.sans-serif'] = ['SimHei']
61    #在柱状图上添加高度值
62    for x, y in zip(x, y):
63        #横向、纵向对齐方式的设置
64        plt.text(x, y + 0.05, '%.0f' % y, ha='center', va='bottom')
65    #利用 rotation 设置 x 轴标签的旋转度数
66    plt.xticks(rotation=90)
67    plt.show()
```

本案例运行后，得到郑州市二手房各区域分布柱状图，运行结果如图 8-10 所示。

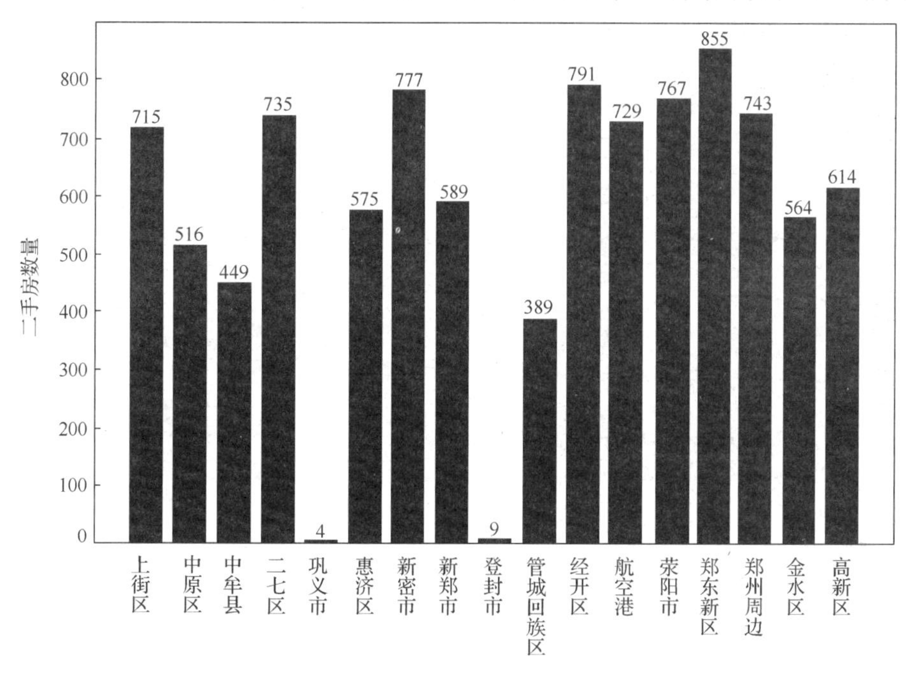

图 8-10　运行结果

8.6.2　郑州市二手房房屋类型饼状图

小孟在对郑州市二手房相关数据进行分析后，把郑州市二手房房屋类型比例通过饼状图进行展示，这样可以更加直观地展示二手房房屋类型的分布情况。本案例的主要代码如

下（程序清单为 chapter8/EX08_6_2）：

```
1    import xlrd
2    import NumPy as np
3    import matplotlib.pyplot as plt
4    #读 Excel 文件
5    workbook = xlrd.open_workbook(r'../datafile/郑州市二手房数据.xls')
6    #定义一个列表
7    xls_sheet = []
8    #取第一个表格的房屋类型那一列
9    xls_sheet.append(workbook.sheets()[0].col_values(10))
10   #删除表格第一行
11   del xls_sheet[0][0]
12   #转换成数组
13   arr = np.array(xls_sheet)
14   #去除数组中的重复内容，并在排序后输出
15   key = np.unique(xls_sheet)
16   #定义字典
17   result = {}
18   #获取所有元素出现的次数
19   for k in key:
20       mask = (arr == k)
21       arr_new = arr[mask]
22       v = arr_new.size
23       result[k] = v
24   #获取字典的键：房屋类型
25   x = list(result.keys())
26   #获取字典的值：房屋类型数量
27   y = list(result.values())
28   #数据整理，把“暂无数据”划归到“其他”
29   for i in range(len(x)):
30       if x[i] == "暂无数据":
31           x[i] = "其他"
32   data = {}
33   #使用序列解包同时遍历多个序列，获得合并后的数据
34   for key, val in zip(x, y):
35       data[key] = data.get(key, 0) + val
36   #获取合并后字典的键：房屋类型
37   x = list(data.keys())
38   #获取合并后字典的值：房屋类型数量
39   y = list(data.values())
40   size = []
41   #统计总的房屋类型数量
42   t = sum(y)
43   label = x
44   #计算每种房屋类型所占的比例
45   for u in y:
```

```
46        i = u / t
47        size.append(i)
48
49    plt.title('郑州市二手房房屋类型饼状图')
50    #正常显示中文标签
51    plt.rcParams['font.sans-serif'] = ['SimHei']
52    #字体大小
53    plt.rcParams['font.size'] = '12'
54    plt.pie(size, labels=label,radius=0.9,
55            #size 是数据, labels 是标签, radius 是饼状图半径
56            autopct='%1.1f%%',     #显示所占比例(百分数)
57            startangle=180         #从 x 轴逆时针旋转到饼状图的开始角度
58            )
59    plt.legend()
60    plt.show()
```

本案例运行后，得到郑州市二手房房屋类型饼状图，运行结果如图 8-11 所示。

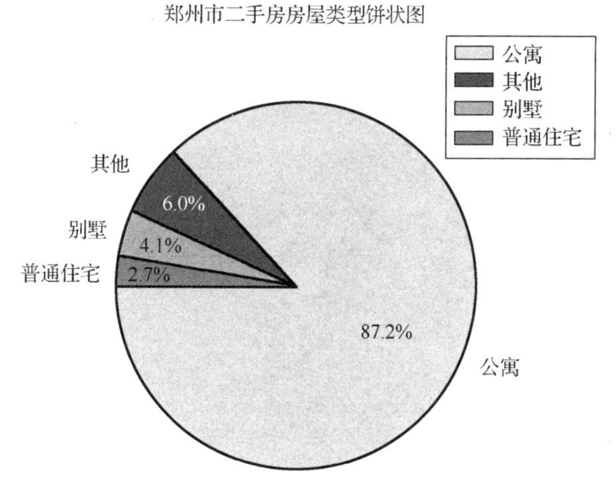

图 8-11　运行结果

8.6.3　郑州市二手房地理位置分布图

小孟使用的数据集是郑州市二手房房源数据集，每个样本均属于一个地理位置。数据集中共有 39 个属性，包含经度、纬度、区域、板块、地址等。在绘制散点图时，将经度视为 x，纬度视为 y，即可得到这些二手房的地理位置分布图。

本案例的主要代码如下（程序清单为 chapter8/EX08_6_3）：

```
1    #引入 pandas 包
2    import pandas as pd
3    import matplotlib.pyplot as plt
4    plt.rcParams['font.sans-serif'] = 'SimHei'
5    #读取 Excel 文件数据
```

```
6    data = pd.read_excel(r'../datafile/郑州市二手房数据.xls')
7    #fig 表示绘图窗口（Figure），ax 表示这个绘图窗口上的坐标系（axes）
8    #plt.subplots()返回一个包含 figure 对象和 axes 对象的元组
9    fig,ax = plt.subplots(figsize=(9,6))
10   ax.scatter(x='longitude',y='latitude',data=data)
11   plt.xlabel('经度')
12   plt.ylabel('纬度')
13   plt.legend()
14   plt.show()
```

运行结果如图 8-12 所示。

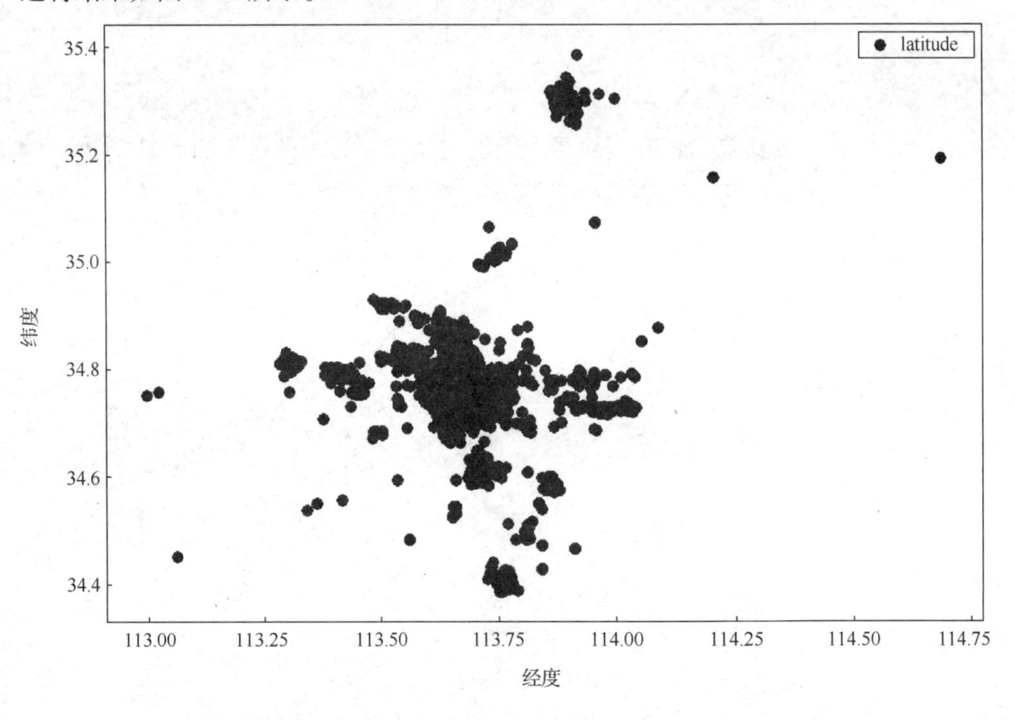

图 8-12　运行结果

散点图大致勾勒出了郑州市二手房房源的地理轮廓，一个点表示了一个二手房的地理位置。

但这张图反映不出郑州市二手房的密集程度，原因在于很多时候两套二手房在经纬度上相差不大，在散点图上的表现就是重叠成一个点。

针对这个问题，可以设置 alpha 参数，控制散点的透明度，设置了透明度后，颜色越深的部分就表示越多的散点在这里重叠，即该区域的二手房密集程度越高，增加代码如下：

```
1    #alpha 取值范围为 0~1，具体取何值取决于对密集程度的定义，这里取 0.3
2    ax.scatter(x='longitude',y='latitude',data=data,alpha=0.3)
```

优化后的运行结果如图 8-13 所示。

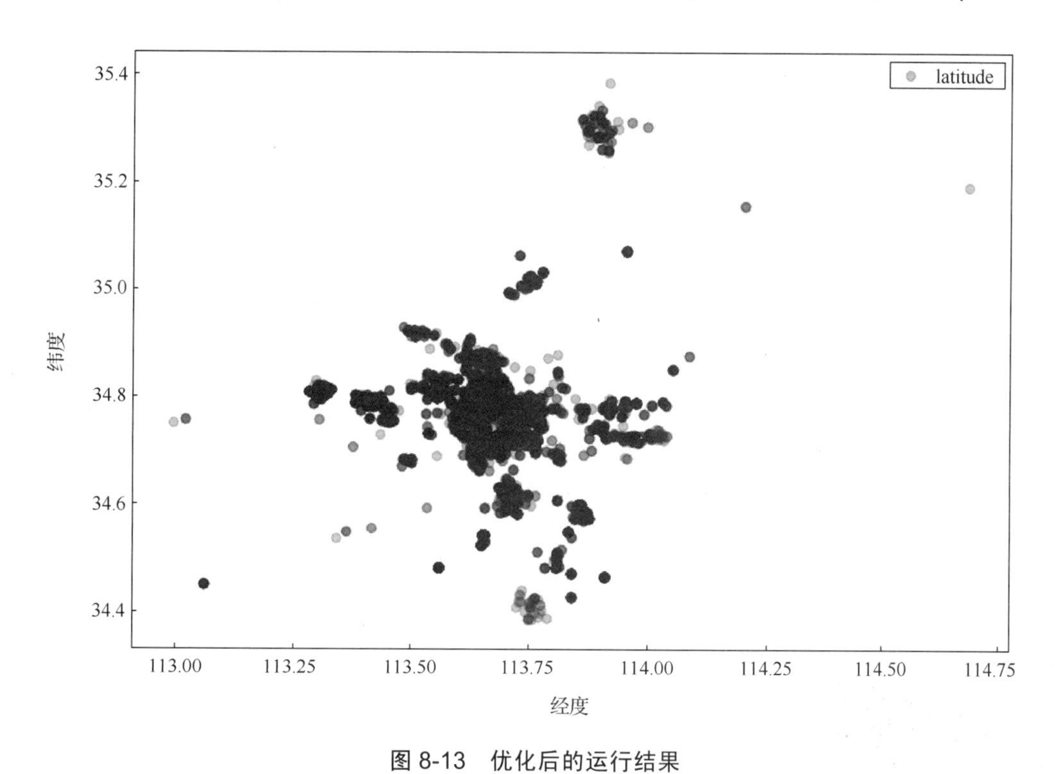

图 8-13　优化后的运行结果

所以通过设置 alpha（透明度），可以在散点图上非常直观地展示二手房地理位置的密集程度。

第 9 章　数据可视化之 Seaborn

本章主要内容

- Seaborn 简介、安装和使用
- Seaborn 的样式绘制
- 直方图和密度曲线图
- 条形图
- 散点图
- 箱线图
- 小提琴图
- 综合应用实例

Seaborn 是一个非常受欢迎的基于 Python 图形可视化的类库，在 Matplotlib 基础上，进行了更高级的封装，使得绘图更加方便、快捷。即便是没有什么学习基础的读者，也能通过非常简单的代码，绘制出既具有分析价值又美观的图形。

9.1　Seaborn 简介、安装和使用

Seaborn 主要针对数据挖掘和机器学习中的变量特征进行选取，可以用简短的代码绘制描述更多维度数据的可视化效果图。与 Matplotlib 相比，Seaborn 的画图效果更美观，因此该可视化工具在数据分析中也用得比较多。

（1）Seaborn 的优点如下。

- 简化了复杂数据集的表示。
- 可以轻松构建复杂的可视化，简洁地控制 Matplotlib 图形样式与几个内置主题。
- Seaborn 不可以替代 Matplotlib，而是对 Matplotlib 的很好补充。

（2）Seaborn 的安装和使用如下。

安装：在 cmd 中运行命令 pip install seaborn。

调用：import seaborn as sns、import seaborn。

（3）常用函数。Seaborn 是 Matplotlib 的扩展，主要专注于统计学的分析，包含一系列绘图函数。常用的 Seaborn 绘图函数名称和作用如表 9-1 所示。

表 9-1 常用的 Seaborn 绘图函数名称和作用

函 数 名 称	函 数 作 用
set()	设置默认系统风格
set_style()	设置主题
load_dataset()	加载数据集
lineplot(data)	绘制线图
distplot(data)	绘制直方图和密度图
barplot(x,y,data)	绘制条形图
stripplot(x, y, data, jitter)	绘制散点图
boxplot(x,y,data)	绘制箱线图
violinplot(x,y,data)	绘制小提琴图

（4）加载内置数据集。在 Seaborn 内置数据集的网页上下载 zip 格式的文档，然后对压缩文件包进行解压缩，解压缩完成后，对于 Linux 系统，一般存放在 home 目录下，而对于 Windows 系统，一般存放在 user 目录，即存放到本地用户的 seabon-data 文件夹中，如 C:\Users\用户名\seaborn-data，这样就可以正确导入数据集了。

Seaborn 内置了十几个示例数据集，通过 load_dataset 函数可以调用相关数据集，其中包括常见的泰坦尼克号、鸢尾花等经典数据集。下面通过一个实例来展示这些数据集的调用方法。本案例的主要代码如下（程序清单为 chapter9/EX09_1_1）：

```
1   #查看数据集的种类
2   import seaborn as sns
3   print(sns.get_dataset_names())
4   #导出“泰坦尼克号”数据集
5   data = sns.load_dataset('titanic')
6   print(data.head())
```

运行结果如下所示。

['anagrams', 'anscombe', 'attention', 'brain_networks', 'car_crashes', 'diamonds', 'dots', 'exercise', 'flights', 'fmri', 'gammas', 'geyser', 'iris', 'mpg', 'penguins', 'planets', 'tips', 'titanic']

	survived	pclass	sex	age	sibsp	parch	fare	embarked	class
0	0	3	male	22.0	1	0	7.2500	S	Third
1	1	1	female	38.0	1	0	71.2833	C	First
2	1	3	female	26.0	0	0	7.9250	S	Third
3	1	1	female	35.0	1	0	53.1000	S	First
4	0	3	male	35.0	0	0	8.0500	S	Third

	who	adult_male	deck	embark_town	alive	alone
0	man	NaN	NaN	Southampton	no	False
1	woman	False	C	Cherbourg	yes	False
2	woman	False	NaN	Southampton	yes	True

```
3     woman    False        C          Southampton     yes     False
4     man      True         NaN        Southampton     no      True
```

titanic 数据集包含 15 个特征值，其具体含义如表 9-2 所示。

表 9-2 titanic 数据集中的特征值的具体含义

英文字段名称	中 文 含 义	数据值描述
survived	是否生还	0 表示死亡，1 表示存活
pclass	客舱等级（用数字表示）	1 = 高级， 2 = 中等， 3 = 低等
sex	性别	male 和 female
age	年龄（有缺失）	浮点数，177 条记录缺失
sibsp	船上兄弟姐妹/配偶的个数	整数
parch	船上乘客父母/孩子的个数	整数
fare	船票价格	浮点数，0 ~ 500 不等
embark	登船港口（单个字符）	C = Cherbourg, Q = Queenstown, S = Southampton
class	客舱等级（字符表示）	First, Second, Third
who	乘客类型	man,woman,child
adult_male	是否为成年男性	TRUE，FALSE
deck	舱面（有缺失）	A，C，D，E，G
embark_town	登船港口全名	C = Cherbourg, Q = Queenstown, S = Southampton
alive	是否生还	no，yes
alone	是否为单独一人	TRUE，FALSE

9.2 Seaborn 的样式绘制

开发人员在使用 Seaborn 绘图时，只需通过调用 sns.set()方法使用 Seaborn 默认的绘图设置，并调用 set_style()设置其主题。设置样式案例的主要代码如下（程序清单为 chapter9/EX09_2_1）：

```
1    import NumPy as np
2    import matplotlib.pyplot as plt
3    import seaborn as sns
4    #定义一个函数
5    def sinplot(flip=1):
6        #生成一个含 100 个数值，取值范围在 0 ~ 14 的等间隔数
7        x = np.linspace(0, 14, 100)
8        #画出 5 条正弦曲线
9        for i in range(5):
```

```
10          plt.plot(x, np.sin(x+i*0.5) * (7-i))
11  #调用函数
12  sinplot()
13  plt.show()
```

运行结果如图 9-1 所示。

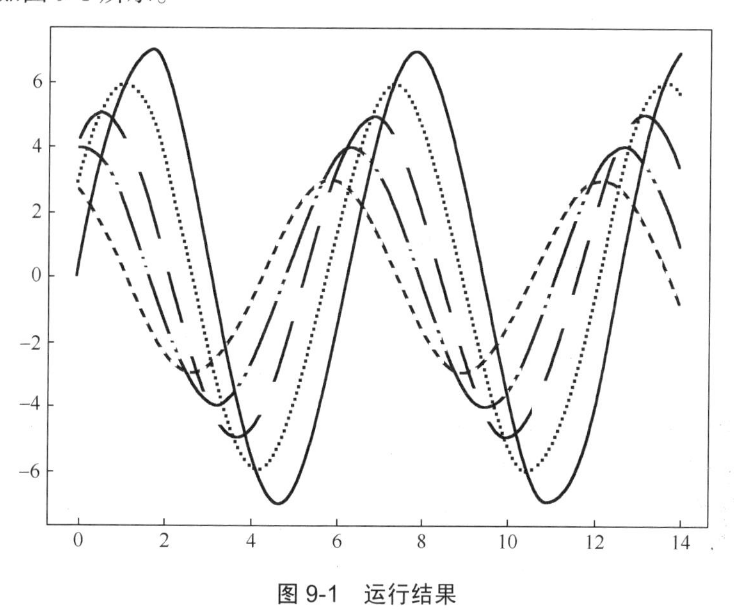

图 9-1 运行结果

只需调用 sns.set( )方法即可使用 Seaborn 的默认系统风格，相关代码如下。

```
1   import NumPy as np
2   import matplotlib.pyplot as plt
3   import seaborn as sns
4   #定义一个函数
5   def sinplot(flip=1):
6       #生成一个含 100 个数值，取值范围在 0 ~ 14 的等间隔数
7       x = np.linspace(0, 14, 100)
8       #画出 5 条正弦曲线
9       for i in range(5):
10          plt.plot(x, np.sin(x+i*0.5) * (7-i))
11  #使用默认的绘图设置
12  sns.set()
13  #调用函数
14  sinplot()
15  plt.show()
```

运行结果如图 9-2 所示。

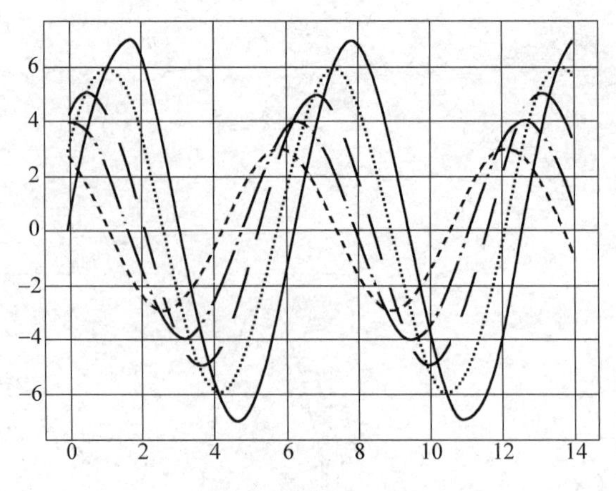

图 9-2 运行结果

若需要设置主题，则可以使用 set_style()方法来进行。Seaborn 有 5 个预设好的主题：darkgrid，whitegrid，dark，white 和 ticks，默认主题为 darkgrid。

```
1    import NumPy as np
2    import matplotlib.pyplot as plt
3    import seaborn as sns
4    #定义一个函数
5    def sinplot(flip=1):
6        #生成一个含 100 个数值，取值范围在 0 ~ 14 的等间隔数
7        x = np.linspace(0, 14, 100)
8     #画出 5 条正弦曲线
9        for i in range(5):
10           plt.plot(x, np.sin(x+i*0.5) * (7-i))
11    #设置主题
12    sns.set_style("dark")
13    #调用函数
14    sinplot()
15    plt.show()
```

运行结果如图 9-3 所示。

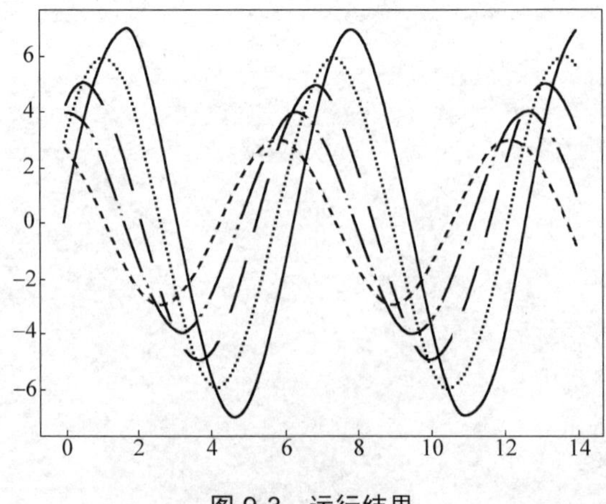

图 9-3 运行结果

9.3　直方图和密度曲线图

通常在分析一组数据时，首先要看变量的分布规律，而直方图则提供了简单、快速的方式。在 Seaborn 中，可以用函数 distplot()实现直方图的绘制。

Seaborn 中的函数 displot()集合了 Matplotlib 中的函数 hist()与核函数估计 kdeplot 的功能，增加了 rugplot 分布观测条显示与利用 scipy 库中的 fit 拟合参数分布的新用途。

通过观察数据，下面对 titanic 数据集中的 age 数据进行直方图展示。但在绘图之前，观测到'age'字段中存在缺失值，需要先用 dropna()方法删除存在缺失值的数据，否则无法绘制出图形。本案例的主要代码如下（程序清单为 chapter9/EX09_3_1）：

```
1    import NumPy as np
2    import matplotlib.pyplot as plt
3    import seaborn as sns
4
5    #导入数据集 titanic，并将其命名为 titanic
6    titanic=sns.load_dataset('titanic')
7    #删除 age 中的缺失值
8    age1=titanic['age'].dropna()
9    #打印删除缺失值后样本的总体年龄分布
10    print(age1.describe())
11    #实现直方图和密度曲线图
12    sns.distplot(age1)
13    plt.show()
```

运行结果如图 9-4 所示。

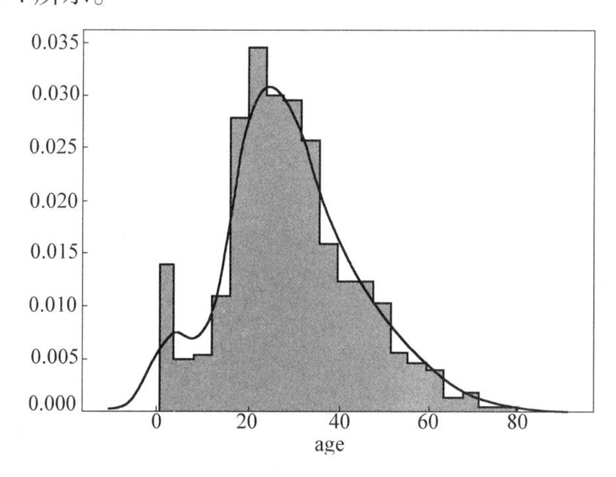

图 9-4　运行结果

在图 9-4 中，矩形表示在不同年龄段的数量分布，并且 distplot()默认拟合出了密度曲线，可以看出分布的变化规律。age1.describe()输出数据的描述统计，内容如下：

```
count    714.000000
```

```
mean      29.699118
std       14.526497
min        0.420000
25%       20.125000
50%       28.000000
75%       38.000000
max       80.000000
Name: age, dtype: float64
```

样本的总体年龄分布：删除缺失值后，样本总共有 714 个，平均年龄约为 30 岁，标准差约为 14 岁，最小年龄为 0.42 岁，最大年龄为 80 岁。

9.4 条 形 图

条形图可用于绘制分类列和数字列。在绘制条形图时，可以通过 barplot()方法来表示矩阵条的高度，进而反映数值变量的集中趋势；通过 errorbar()方法（差棒图）来估计变量之间的差值统计（置信区间）。需要注意的是，barplot()默认展示的是某种变量分布的平均值（可通过参数修改为 max、median 等）。

在本例中，仍然以 titanic 数据集为例，将'class'设为 x 轴，'survived'设为 y 轴。本案例的主要代码如下（程序清单为 chapter9/EX09_4_1）：

```
1    import NumPy as np
2    import matplotlib.pyplot as plt
3    import seaborn as sns
4    #导入数据集 titanic，并将其命名为 titanic
5    titanic=sns.load_dataset('titanic')
6    #将 class 设为 x 轴，survived 设为 y 轴，传入 titanic 数据
7    sns.barplot(x='class',y='survived',data=titanic)
8    plt.show()
```

运行结果如图 9-5 所示。

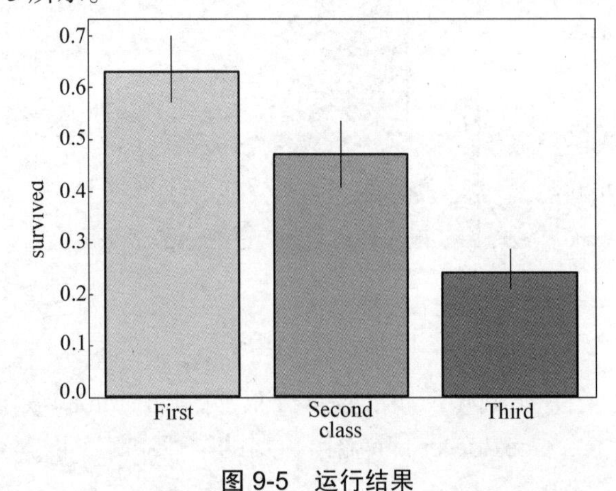

图 9-5　运行结果

在图 9-5 中，可以看出乘客等级越高，生存率越高。

此外，还可以通过设置参数 hue 对 x 轴的数据进行细分，细分的条件就是 hue 的参数值。在图 9-5 中，x 轴是 class（仓位等级），还可以将其按 sex（性别）再进行细分，例如：

```
sns.barplot(x='class',y='survived',hue='sex',data=titanic)
```

运行结果如图 9-6 所示。

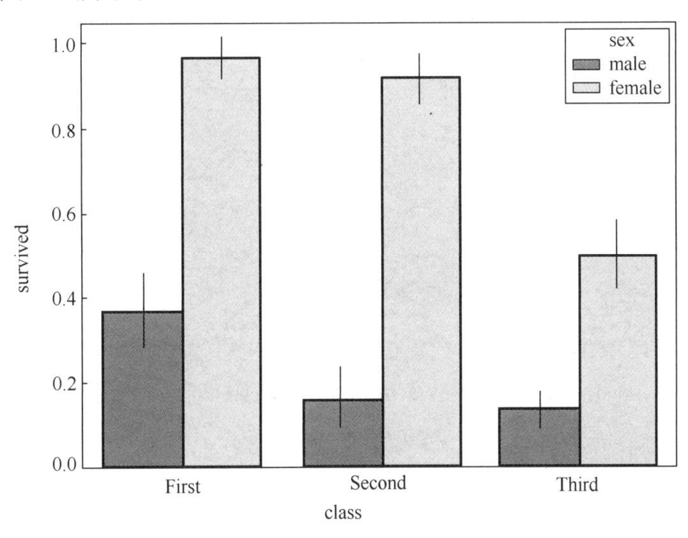

图 9-6　运行结果

9.5　散　点　图

在 Seaborn 中，有两种不同的分类散点图，stripplot()方法是用少量的随机“抖动”调整分类轴上的点的位置，通过设置参数 jitter 来控制抖动的大小，即让数据分散开，如设置 jitter = 0.1。

swarmplot()表示带分布属性的散点图，该函数类似于 stripplot()，但该函数可以对数据点进行一些调整，使得数据点不重叠。swarmplot()可以实现对数据分类的展现，也可以作为盒形图或小提琴图的一种补充，用来显示所有结果及数据点基本分布情况。

本案例的主要代码如下（程序清单为 chapter9/EX09_5_1）：

```
1    import NumPy as np
2    import matplotlib.pyplot as plt
3    import seaborn as sns
4    #导入数据集 titanic，并将其命名为 titanic
5    titanic=sns.load_dataset('titanic')
6    sns.stripplot(x="survived", y="age", data=titanic, jitter=0.1)
7    plt.show()
```

运行结果如图 9-7 所示。

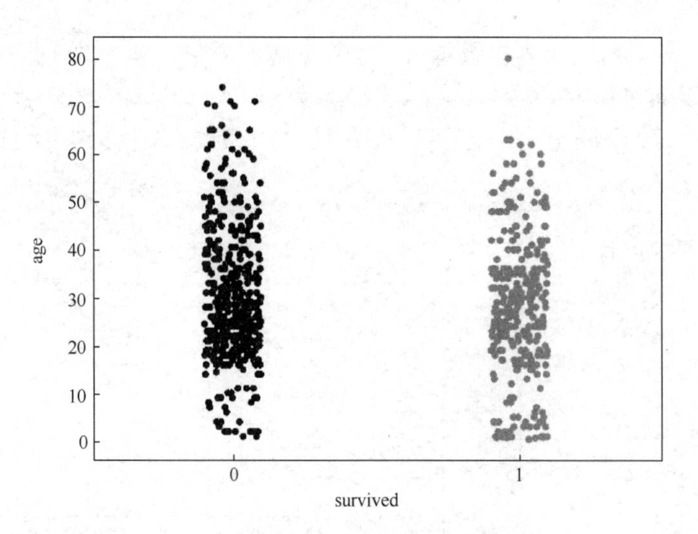

图 9-7　运行结果

在图 9-7 中，可以看出年龄小或者正值壮年的人生存率高。

修改上述代码，将 stripplot 改为 swarmplot，则代码如下：

```
sns.swarmplot(x="survived", y="age", data=titanic)
```

运行结果如图 9-8 所示。

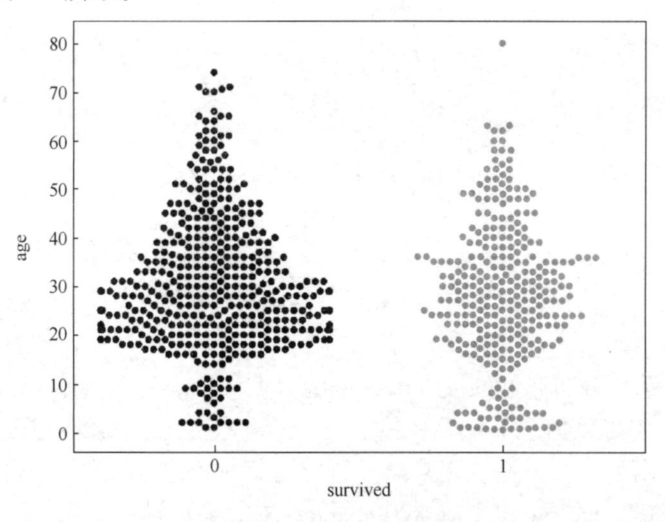

图 9-8　运行结果

在图 9-8 中，可以看出数据点是不重叠的分类散点，这样使每个年龄段的死亡和生存的分簇都更加清晰。

9.6　箱　线　图

boxplot（箱线图）是一种用于显示一组数据分散情况的统计图，它能显示一组数据中的异常值、极大值、极小值、中位数及上下四分位数。因其形状像箱子而得名。这意味着箱线图中的每个值都对应一个数据中的实际观察值，如图 9-9 所示。

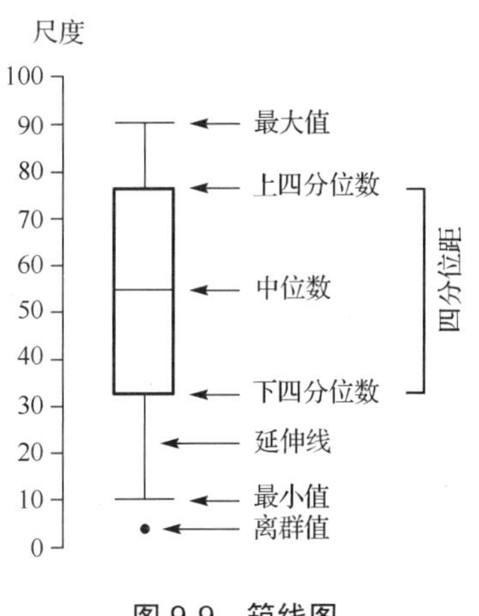

图 9-9　箱线图

利用数据中的 5 个统计量：最小值、第一四分位数 Q1(下四分位数 25%)、第二四分位数 Q2(中位数 50%)、第三四分位数 Q3（上四分位数）与最大值是一种常用的描述数据的方法。第三、四分位数与第一、四分位数的差距又称四分位距（Inter Quartile Range, IQR），可以通过四分位距粗略地看出数据是否具有对称性、分布的离散程度等信息。

本案例以 titanic 数据集为例，探索不同的 class（客舱等级）中的乘客的 age（年龄）情况。本案例主要代码如下（程序清单为 chapter9/EX09_6_1）：

```
1    import NumPy as np
2    import matplotlib.pyplot as plt
3    import seaborn as sns
4    #导入数据集 titanic，并命名为 titanic
5    titanic=sns.load_dataset('titanic')
6    sns.boxplot(x='class',y='age',data=titanic)
7    plt.show()
```

运行结果如图 9-10 所示。

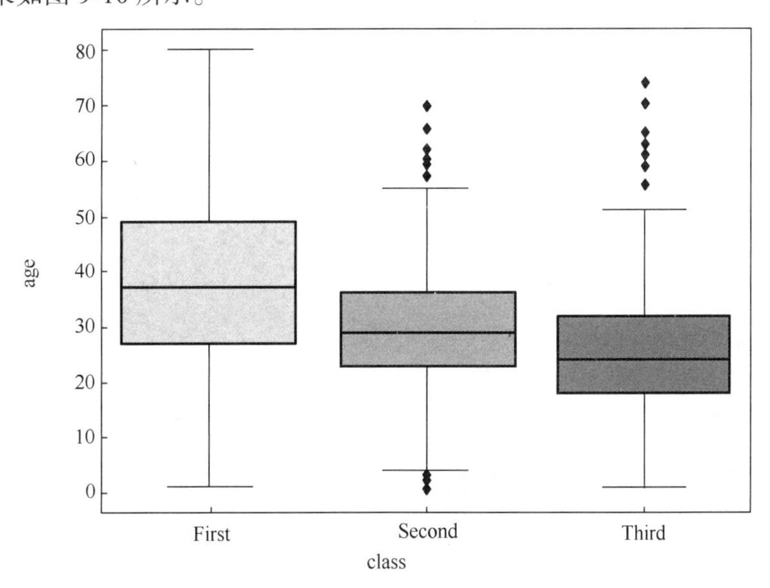

图 9-10　运行结果

在图 9-10 中，可以看出客舱等级越高的乘客，其年龄也越大。

同样地，可以通过传入 hue 的参数来对 x 轴的字段进行细分，这里通过 who 来进行分类观察，相关代码如下：

```
sns.boxplot(x='class',y='age',hue='who',data=titanic)
```

运行结果如图 9-11 所示。

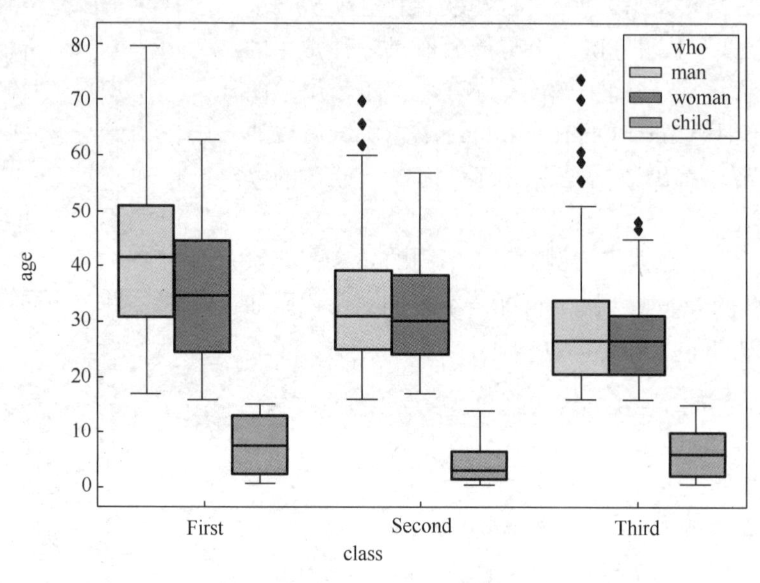

图 9-11　运行结果

9.7 小提琴图

小提琴图（violinplot）其实是箱线图与核密度图的结合，箱线图展示了分位数的位置，小提琴图则展示了任意位置的密度，通过小提琴图可以知道哪些位置的密度较大。

本案例以 titanic 数据集为例，探索不同 class（客舱等级）乘客的 age（年龄）情况。在图 9-12 中，白点是中位数，黑色盒形的范围是下四分位点到上四分位点，细黑线表示外部形状即为核密度估计。本案例的主要代码如下（程序清单为 chapter9/EX09_7_1）：

```
1   import NumPy as np
2   import matplotlib.pyplot as plt
3   import seaborn as sns
4   #导入数据集'titanic'，命名为'titanic'
5   titanic=sns.load_dataset('titanic')
6   sns.violinplot(x='class',y='age',data=titanic)
7   plt.show()
```

运行结果如图 9-12 所示。

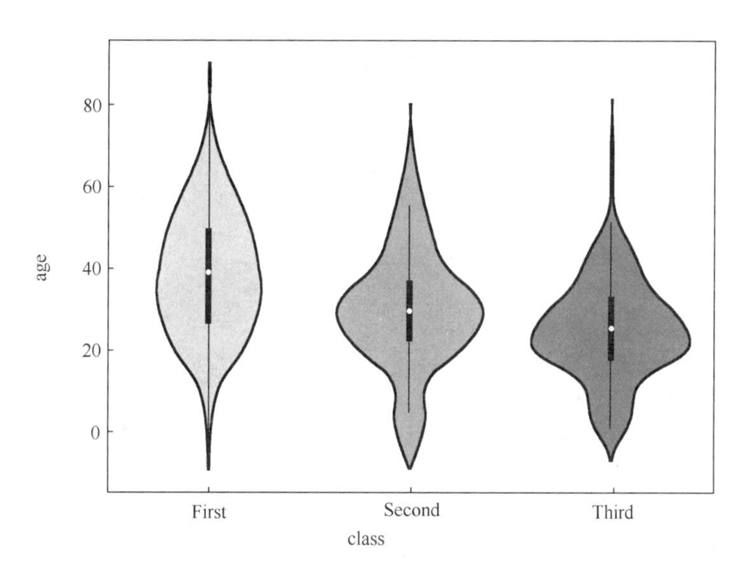

图 9-12　运行结果

同样，通过设置 hue 参数来对字段进行细分，相关代码如下：

```
sns.violinplot(x='class',y='age',hue='who',data=titanic)
```

运行结果如图 9-13 所示。

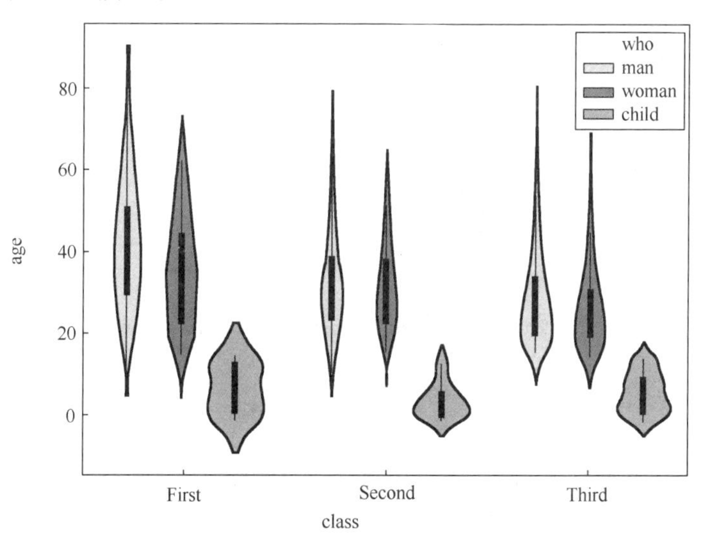

图 9-13　运行结果

9.8　综合应用实例

9.8.1　绘制郑州市二手房价格直方图和密度曲线图

小孟在对郑州市二手房相关数据进行分析后，对采集到的数据进行清洗，绘制郑州市二手房价格的直方图和密度曲线图，可以更加直观地展示郑州市二手房价格的分布情况。本案例的主要代码如下（程序清单为 chapter/EX09_8_1）：

```
1    import pandas as pd
2    import matplotlib.pyplot as plt
3    import seaborn as sns
4    #读取郑州市二手房数据
5    df = pd.read_excel(r'../datafile/郑州市二手房数据.xls','Sheet1')
6    #通过“~”取反，选取不包含数字 0 的行
7    df1=df[~df['单价'].isin([0])]
8    #删除所有包含 NaN 的行
9    df2=df1['单价'].dropna()
10   #使用 bins 调节横坐标分区个数，分成 20 个区间
11   sns.distplot(df2, bins=20, color='purple')
12   sns.set_style('whitegrid',{'font.sans-serif':['simhei','Arial']})
13   plt.show()
```

运行结果如图 9-14 所示。

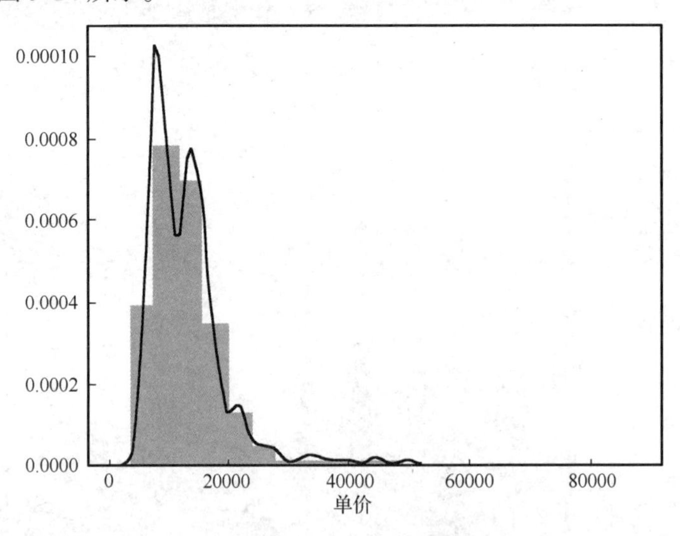

图 9-14　运行结果

在图 9-14 中，可以看出“单价”变量呈现右偏的状态，大多数房屋价格都在 6000 ~ 18000 元。

9.8.2　绘制郑州市二手房价格条形图

小孟将郑州市二手房的价格与区域结合并进行数据的绘制，可以更加直观地展示郑州市二手房的价格在不同区域的分布情况。可以使用“区域”和“价格”创建一个条形图，查看哪个区域的二手房价格高。本案例的主要代码如下（程序清单为 chapter/EX09_8_2）：

```
1    import pandas as pd
2    import matplotlib.pyplot as plt
3    import seaborn as sns
```

```
4    #显示中文
5    plt.rcParams["font.sans-serif"]=["SimHei"]
6    plt.rcParams["axes.unicode_minus"]=False
7    #读取郑州市二手房数据
8    df = pd.read_excel(r'../datafile/郑州市二手房数据.xls','Sheet1')
9    #数据整理，使用 replace()方法合并相同区域的数据
10   df['区域'].replace(['上街','中原','中牟','二七','新郑',
11                      '管城','荥阳','金水'],
12                     ['上街区','中原区','中牟县','二七区','新郑市',
13                      '管城回族区','荥阳市','金水区'],
14                     inplace=True)
15   #将区域设为 x 轴，价格为 y 轴，传入郑州市二手房数据
16   sns.barplot(x='区域',y='单价',data=df)
17   #使用 rotation 设置 x 轴标签的旋转度数
18   plt.xticks(rotation=90)
19   plt.show()
```

运行结果如图 9-15 所示。

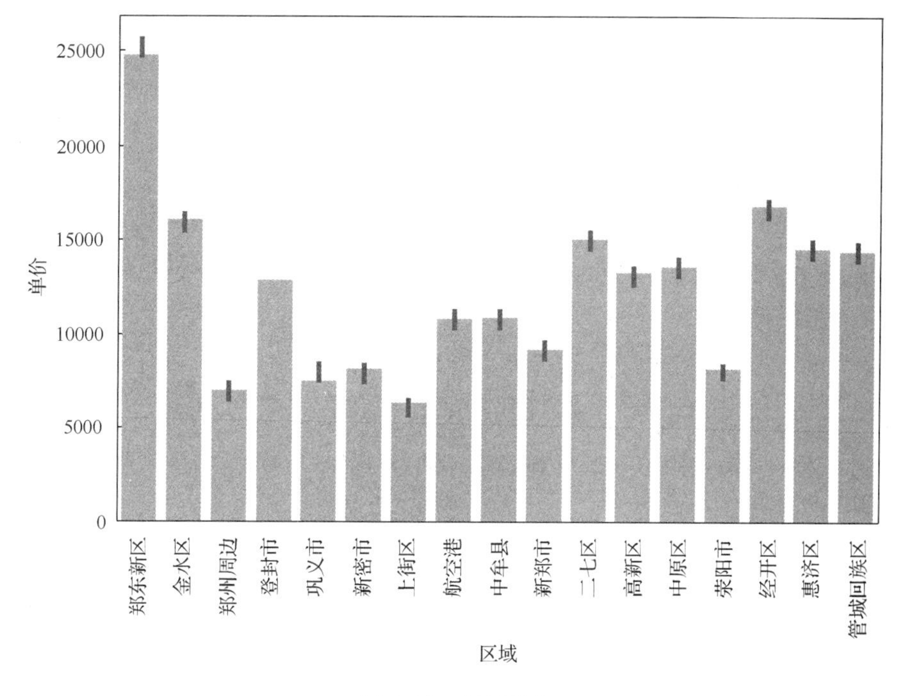

图 9-15　运行结果

由图 9-15 可知，郑东新区二手房的平均价格最高，上街区二手房的平均价格最低。

第 10 章　数据可视化之 pyecharts

本章主要内容

- pyecharts 简介、安装和使用
- pyecharts 常用图表
- 柱状图
- 折线图
- 饼状图
- 词云图
- 雷达图
- 综合应用实例

Echarts 是百度开源的一个数据可视化 JS 库，生成图的可视化效果非常好。pyecharts 是一个为了 Echarts 与 Python 进行对接，方便在 Python 中直接使用数据并生成 Echarts 图表的类库。pyecharts 对中文非常友好，可制作的图表种类也很丰富，囊括了 30 多种常见图表。

10.1　pyecharts 简介、安装和使用

（1）pyecharts 的版本。

pyecharts 的版本分为 v0.5.X 和 v1 两大版本，v0.5.X 和 v1 之间互相不兼容，v1 是一个全新的版本。本书案例使用的是 v0.5.11 版本，支持 Python 2.7、3.4+等。

（2）pyecharts 的安装和卸载。

安装：在 cmd 中，运行命令 pip install pyecharts 或命令 pip install pyecharts==0.5.11。

卸载：使用命令 pip uninstall pyecharts。

（3）检查使用版本。

```
import pyecharts
print(pyecharts._ _version_ _)
```

（4）使用步骤（基本上所有的图表类型都是这样绘制的）如下：

步骤 1：引入图类型类。

步骤 2：chart_name=Type()初始化具体类型图表。

步骤 3：add()添加数据及配置项。

步骤 4：render()生成.html 文件。

（5）pyecharts 主要图表类型和函数如表 10-1 所示。

表 10-1　pyecharts 主要图表类型和函数

基本类型	函数名称	函　数
基本图表	日历图	Calendar()
	平行坐标系	Parallel()
	饼状图	Pie()
	极坐标图	Polar()
	雷达图	Radar()
	词云图	WordCloud()
直角坐标系图表	柱状图/条形图	Bar()
	箱形图	Boxplot()
	涟漪特效散点图	EffectScatter()
	热力图	HeatMap()
	K 线图	Kline()/Candlestick()
	折线图/面积图	Line()
	散点图	Scatter()
	层叠多图	Overlap()
树形图	树图	Tree()
	矩形树图	TreeMap()
地理图	地理坐标系	Geo()
	地图	Map()
3D 图	3D 柱状图	Bar3D()
	3D 折线图	Line3D()
	3D 散点图	Scatter3D()

10.2　pyecharts 常用图表

10.2.1　柱状图

1．基本柱状图

基本柱状图适合用于展示二维数据集，其中一个轴表示需要对比的分类维度，另一个轴表示相应的数值。绘制柱状图主要用到 Bar()函数，调用它的 add()方法来添加柱状图的数据。本案例的主要代码如下（程序清单为 chapter10/EX010_2_1_1）：

```
1    from pyecharts import Bar  #导入柱状图包
2    #基本柱状图
3    bar = Bar("基本柱状图", "副标题")
```

```
4    bar.use_theme('dark') #暗黑色主题
5    bar.add('真实成本',  #label
       ["1 月", "2 月", "3 月", "4 月", "5 月", "6 月"],  #横坐标
6
7      [5, 20, 36, 10, 75, 90],  #纵坐标
8      is_more_utils=True)  #设置最右侧工具栏
9    bar.render('bar_demo.html') #生成 html 文件
```

运行结果如图 10-1 所示。

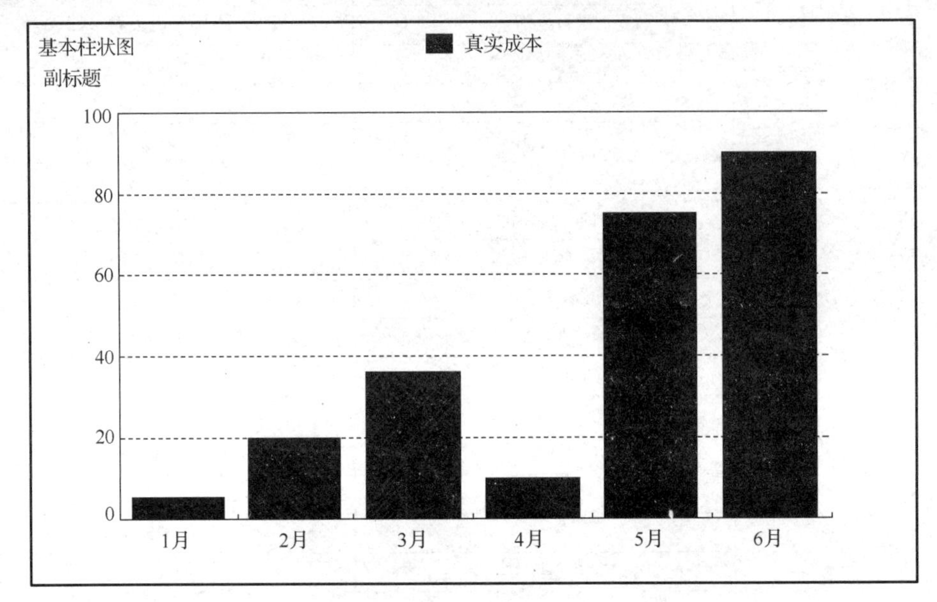

图 10-1　运行结果

2．堆叠柱状图

通过使用 is_stack 实现数据堆叠，即同个类目轴上配置相同的 stack 值，并且可以堆叠放置，将同一维度多个指标堆积起来，可以更直观地看到整体和各部分的分布情况。本案例的主要代码如下（程序清单为 chapter10/EX010_2_1_2）：

```
1    from pyecharts import Bar
2    #堆叠柱状图
3    x_attr = ["1 月", "2 月", "3 月", "4 月", "5 月", "6 月"]
4    data1 = [5, 20, 36, 10, 75, 90]
5    data2 = [10, 25, 8, 60, 20, 80]
6    bar1 = Bar('柱状信息堆叠图')
7    bar1.add('商家 1', x_attr, data1, is_stack=True)
      #is_stack=True 表示堆叠在一起
8    bar1.add('商家 2', x_attr, data2, is_stack=True)
9    bar1.render('bar1_demo.html')
```

运行结果如图 10-2 所示。

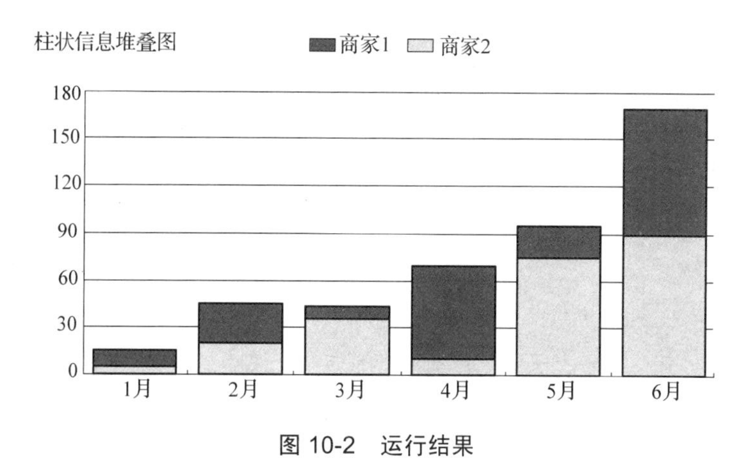

图 10-2　运行结果

3. 并列柱状图

并列柱状图将数据展示在一个维度上，是多个同质指标数量的比较，如按月份的苹果产量与桃子产量。此外，数据显示功能是指可以通过图表直观地看到数据，将用户最为关注的数据直观地标记出来，如平均值、最小值和最大值。通过设置标准值，可以标注数据的区间范围，数据分布一目了然。本案例的主要代码如下（程序清单为 chapter10/EX010_2_1_3）：

```
1    from pyecharts import Bar
2    #并列柱状图
3    x_attr = ["1月", "2月", "3月", "4月", "5月", "6月"]
4    data1 = [5, 20, 36, 10, 75, 90]
5    data2 = [10, 25, 8, 60, 20, 80]
6    bar2 = Bar('并列柱状图', '标记线和标记示例')
7    #标记点：商家1的平均值
8    bar2.add('商家1', x_attr, data1, mark_point=['average'])
9    #标记线：商家2的最小值和最大值
10   bar2.add('商家2', x_attr, data2, mark_line=['min', 'max'])
11   bar2.render('bar2_demo.html')
```

运行结果如图 10-3 所示。

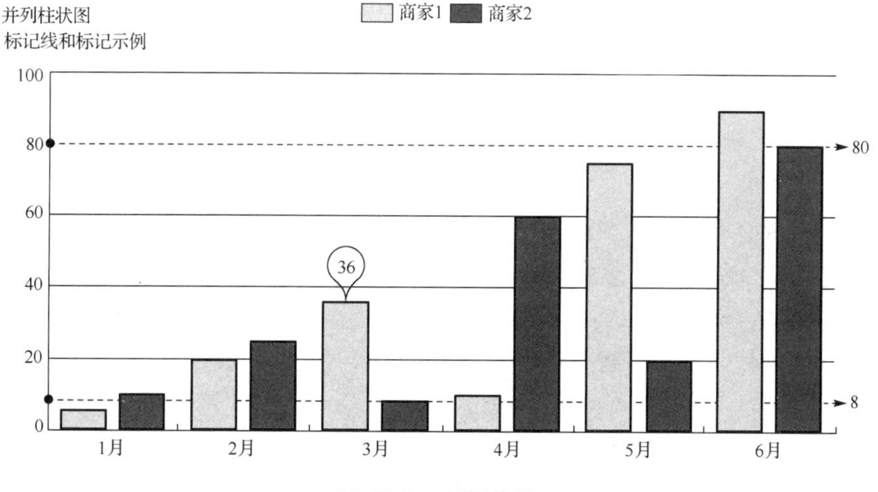

图 10-3　运行结果

4. 横向并列柱状图

将并列柱状图的方向转换为横向，就得到了横向并列柱状图。当对比的指标比较多时，并列柱状图不能很清晰、直观地展示，此时可以使用横向并列柱状图。本案例的主要代码如下（程序清单为 chapter10/EX010_2_1_4）：

```
1    from pyecharts import Bar
2    #横向并列柱状图
3    x_attr = ["1月", "2月", "3月", "4月", "5月", "6月"]
4    data1 = [5, 20, 36, 10, 75, 90]
5    data2 = [10, 25, 8, 60, 20, 80]
6    bar3 = Bar('横向并列柱状图', 'x轴与y轴互换')
7    bar3.add('商家1', x_attr, data1)
8    #is_convert=True :x轴与y轴互换
9    bar3.add('商家2', x_attr, data2, is_convert=True)
10   bar3.render('bar3_demo.html')
```

运行结果如图 10-4 所示。

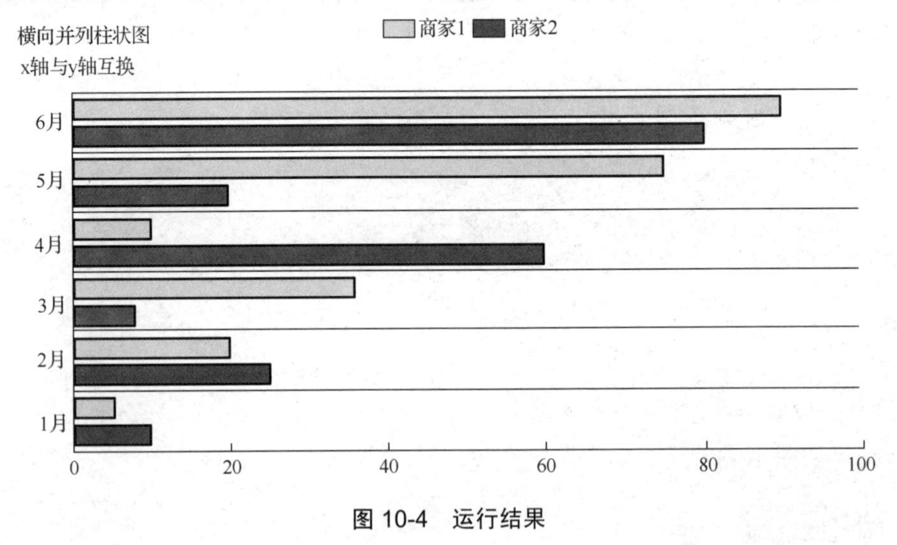

图 10-4 运行结果

10.2.2 折线图

1. 基础折线图

折线图的数据是在一个有序的因变量上变化的，折线图的特点是反映事物随序列发生变化的趋势，可以清晰地展现增减趋势、增减速率、增减规律、峰值等特征。is_smooth=True 可以将折线变平滑，mark_line 可以将用户最为关注的数据直观标记出来，如最大值和平均值。本案例的主要代码如下（程序清单为 chapter10/EX010_2_2_1）：

```
1    from pyecharts import Line
2    x_attr = ["1月", "2月", "3月", "4月", "5月", "6月"]
3    data1 = [5, 20, 36, 10, 75, 90]
```

```
4    data2 = [10, 25, 8, 60, 20, 80]
5    #折线示例图
6    line = Line("折线面积图")
7    line.add('商家1', x_attr, data1, mark_point=['average'])
8    #is_smooth 是否为平滑曲线显示，默认为 False
9    line.add('商家2', x_attr, data2, is_smooth=True,
10            mark_line=['max', 'average'])
11   line.render('line.demo.html')
```

运行结果如图 10-5 所示。

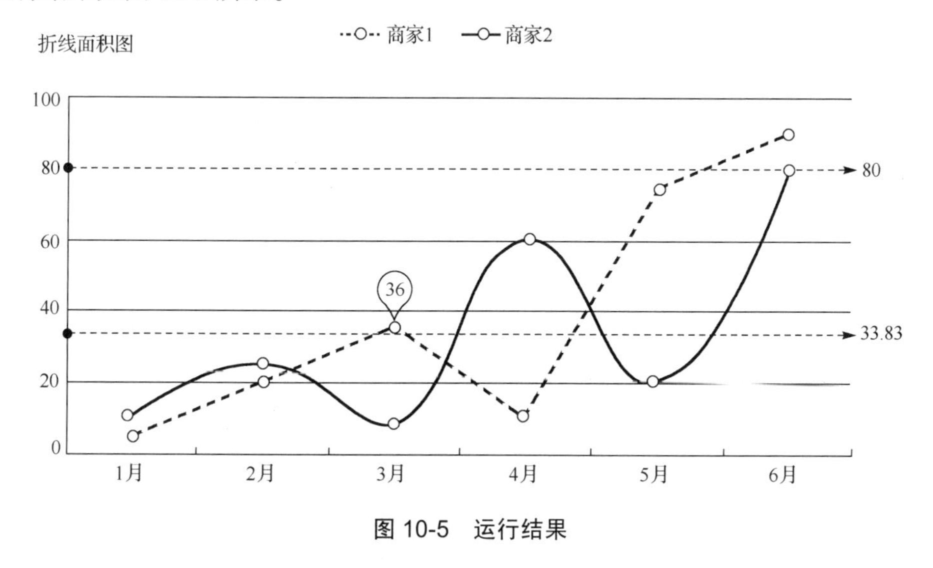

图 10-5　运行结果

2. 折线面积图

折线面积图与基础折线图基本是相同的，只是折线面积图在规划线下是有颜色填充的。本案例的主要代码如下（程序清单为 chapter10/EX010_2_2_2）：

```
1    from pyecharts import Line
2    x_attr = ["1月", "2月", "3月", "4月", "5月", "6月"]
3    data1 = [5, 20, 36, 10, 75, 90]
4    data2 = [10, 25, 8, 60, 20, 80]
5    #折线面积图
6    line = Line('折线面积图')
7    #is_fill: 是否填充颜色 line_opacity: 折线透明度
8    #area_opacity: 填充区域透明度  symbol: 标记点类型
9    line.add('商家1', x_attr, data1, is_fill=True,
10            line_opacity=0.2, area_opacity=0.4,
11            symbol='circle')
12   #line_color: 折线颜色
13   line.add('商家2', x_attr, data2, line_color='#FF0000',
14            area_opacity=0.3, is_smooth=True)
15   line.render('line2_demo.html')
```

运行结果如图 10-6 所示。

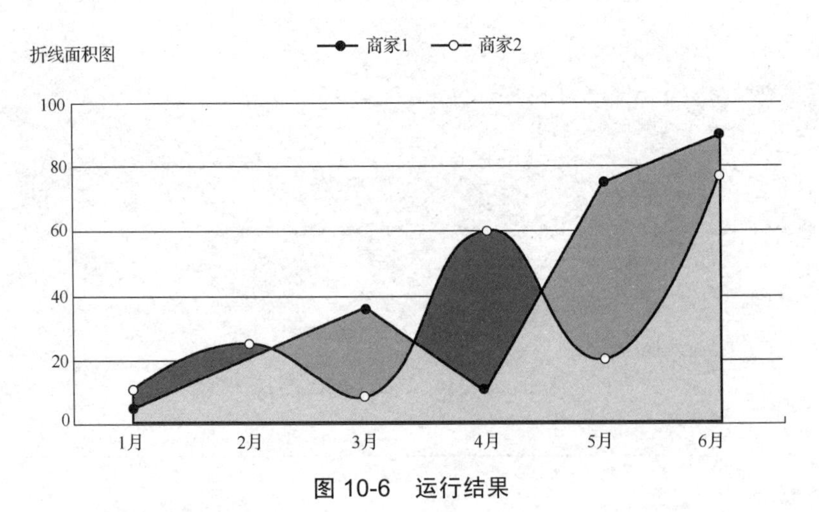

图 10-6 运行结果

3. 线性闪烁图（组合图）

线性闪烁图就是以第一张图表为基础，将后面的数据画在第一张图上。本案例的主要代码如下（程序清单为 chapter10/EX010_2_2_3）：

```
1   from pyecharts import Line
2   from pyecharts import EffectScatter, Overlap
3   x_attr = ["1月", "2月", "3月", "4月", "5月", "6月"]
4   data1 = [5, 20, 36, 10, 75, 90]
5   data2 = [10, 25, 8, 60, 20, 80]
6   #线性闪烁图
7   line2 = Line('线性闪烁图')
8   line2.add('线', x_attr, data1, is_random=True)
9   #带有涟漪特效动画的散点图
10  es = EffectScatter()
11  es.add('点', x_attr, data1, effect_scale=8) #闪烁
12  #Overlap结合不同类型图表叠加
13  overlop = Overlap()
14  overlop.add(line2)   #必须先添加线，再添加点
15  overlop.add(es)
16  overlop.render('line-es.html')
```

运行结果如图 10-7 所示。

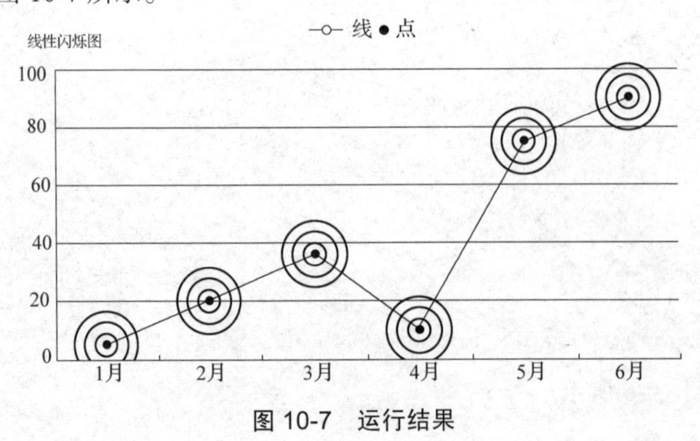

图 10-7 运行结果

10.2.3　饼状图

饼状图主要用于表现比例、份额类的数据。本案例的主要代码如下（程序清单为 chapter/EX010_2_3_1）：

```
1    from pyecharts import Pie
2    x_attr = ["1 月", "2 月", "3 月", "4 月", "5 月", "6 月"]
3    data1 = [5, 20, 36, 10, 75, 90]
4    #饼状图
5    pie = Pie('饼状图')
6    pie.add('', x_attr, data1, is_label_show=True)
7    pie.render('pie_demo.html')
```

运行结果如图 10-8 所示。

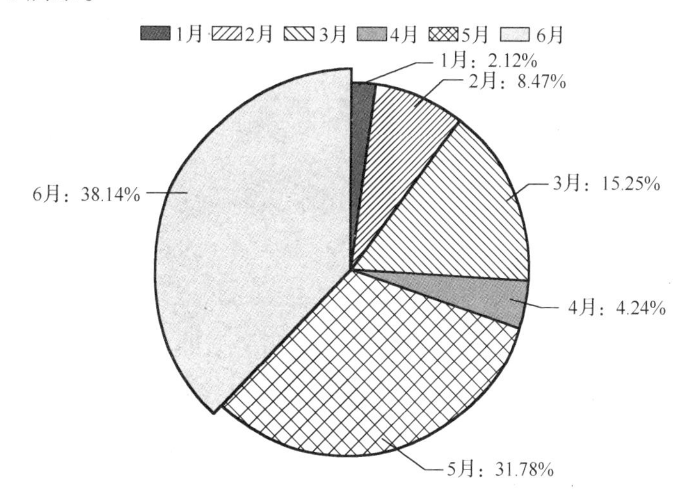

图 10-8　运行结果

10.2.4　词云图

词云图是一种用来展现高频关键词的可视化表达，通过文字、色彩、图形的搭配，产生有冲击力的视觉效果，而且能够传达有价值的信息。pyecharts 同样支持制作词云。本案例主要代码如下（程序清单为 chapter10/EX010_2_4_1）：

```
1    from pyecharts import WordCloud
2    #词云图显示的词语
3    name = ['Echarts', '图表制作','炫酷', '真牛', 'Python',
4            '编程','简单','方便', '快捷','好玩好看',
5             'Python 方法好', 'Wow!', '不知道说啥了',
6            '提交作业最后一天', '点赞', '给力','哈哈',
7            '数据可视化','一入 Python 门，深似海',
8            '学无止境', '无 Pycharm 不欢', '数据科学',
9            '爬虫','文本分析','带你玩 Python','pyecharts']
10   #词语权重，相当于词频
```

```
11   value = [7000, 6181, 6000, 4386, 4055, 2467,
            2244, 1898, 1484, 1112,1112,1112,
            965, 847, 847, 555, 555,555,550,
            462, 366, 360,299, 10000, 7000,8000]
15   #设置背景宽和高
16   worldcloud = WordCloud(width=1300, height=620)
17   #word_size_range: 单词字号大小范围
18   worldcloud.add('词云', name, value, word_size_range=[20, 100])
19   worldcloud.render('wordcloud.html')
```

运行结果如图 10-9 所示。

图 10-9 运行结果

10.2.5 雷达图

Matplotlib 没有直接绘制雷达图的函数，需要借助数学知识一步步实现。但是 pyecharts 中有对应的函数 Radar，生成的图片简洁、美观而且互动性强。本案例的主要代码如下（程序清单为 chapter10/EX010_2_5_1）：

```
1    from pyecharts import Radar
2    radar = Radar("雷达图", "一年的降水量与蒸发量")
3    #雷达图传入的数据为多维数据
4    radar_data1 = [[2.0, 4.9, 7.0, 23.2, 25.6, 76.7,
5                    135.6, 162.2, 32.6, 20.0, 6.4, 3.3]]
6    radar_data2 = [[2.6, 5.9, 9.0, 26.4, 28.7, 70.7,
7                    175.6, 182.2, 48.7, 18.8, 6.0, 2.3]]
8    #设置 column 的最大值，为了使雷达图更直观，月份最大值的设置有所不同
9    schema = [
10       ("Jan", 5), ("Feb",10), ("Mar", 10),
11       ("Apr", 50), ("May", 50), ("Jun", 200),
12       ("Jul", 200), ("Aug", 200), ("Sep", 50),
13       ("Oct", 50), ("Nov", 10), ("Dec", 5)
14   ]
15   #传入坐标
16   radar.config(schema)
17   radar.add("降水量",radar_data1)
18   #一般默认为同一种颜色，为了便于区分，需要设置 item 的颜色
```

```
19   radar.add("蒸发量",radar_data2,item_color="#1C86EE")
20   radar.render('radar.html')
```

运行结果如图 10-10 所示。

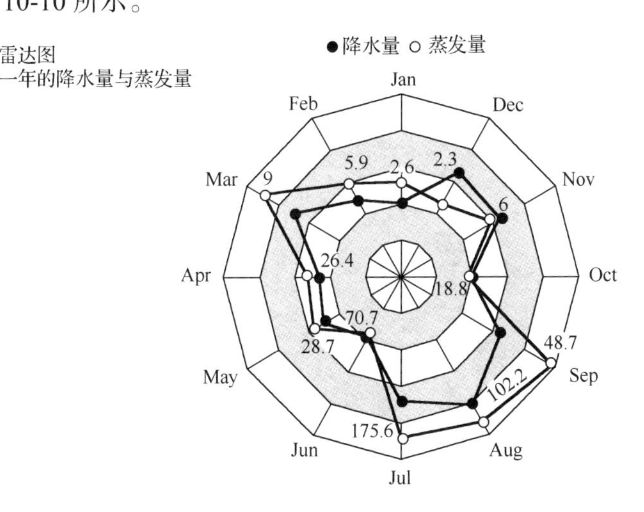

图 10-10　运行结果

10.3　综合应用实例

10.3.1　绘制郑州市二手房数量区域分布图

小孟在对郑州市二手房相关数据进行分析后，把各区域的二手房的数量都通过柱状图进行了展示，可以更加直观地展示郑州市二手房数量在不同区域的分布情况。本案例的主要代码如下（程序清单为 chapter10/EX010_3_1）：

```
1    import NumPy as np
2    import xlrd
3    from pyecharts import Bar
4    #读 Excel 数据文件
5    xls_file = xlrd.open_workbook(r'../datafile/郑州市二手房数据.xls')
6    #定义一个列表
7    xls_sheet = []
8    #取第一个表格的区域那一列
9    xls_sheet.append(xls_file.sheets()[0].col_values(1))
10   #删除表格第一行
11   del xls_sheet[0][0]
12   #转换成数组
13   arr = np.array(xls_sheet)
14   #去除数组中的重复内容，并排序后输出
15   key = np.unique(xls_sheet)
16   #定义字典
```

```
17  result = {}
18  #获取所有元素的出现次数
19  for k in key:
20      mask = (arr == k)
21      arr_new = arr[mask]
22      v = arr_new.size
23      result[k] = v
24  #result 是类似于这样的一个字典: {'上街区': 715, '中原区': 516…}
25  #获取字典的键: 二手房区域
26  x = list(result.keys())
27  #获取字典的值: 二手房数量
28  y = list(result.values())
29  #数据整理, 合并相同区域的数据
30  for i in range(len(x)):
31      if x[i] == "上街":
32          x[i] = "上街区"
33      elif x[i] == "中原":
34          x[i] = "中原区"
35      elif x[i] == "中牟":
36          x[i] = "中牟县"
37      elif x[i] == "二七":
38          x[i] = "二七区"
39      elif x[i] == "新郑":
40          x[i] = "新郑市"
41      elif x[i] == "管城":
42          x[i] = "管城回族区"
43      elif x[i] == "荥阳":
44          x[i] = "荥阳市"
45      elif x[i] == "金水":
46          x[i] = "金水区"
47  data = {}
48  #用序列解包同时遍历多个序列, 获得合并后的数据
49  for key, val in zip(x, y):
50      data[key] = data.get(key, 0) + val
51  #获取合并后字典的键: 二手房区域
52  x = list(data.keys())
53  #获取合并后字典的值: 二手房数量
54  y = list(data.values())
55  bar = Bar('郑州市二手房数量区域分布柱状图', '郑州市二手房区域数量')
56  #mark_point=["max","min"] 用于显示最值标签
57  #mark_line=["average"]用于显示平均线
58  #xaxis_rotate :x 轴刻度标签旋转的角度
59  bar.add('郑州市二手房数量区域分布', x, y,mark_line=["average"],
60          mark_point=["max","min"], xaxis_rotate=45)
61  bar.render('second_hand.html')
```

运行结果如图 10-11 所示。

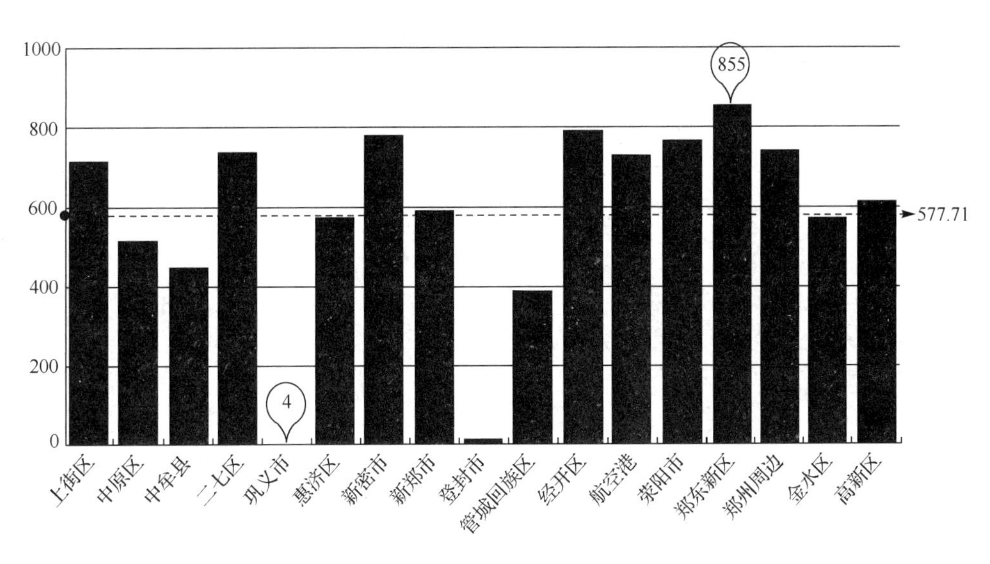

图 10-11 运行结果

10.3.2 绘制郑州市二手房房屋类型饼状图

小孟在对郑州市二手房相关数据进行分析后，把郑州市二手房房屋类型比例通过饼状图进行展示，可以更加直观地展示郑州市二手房房屋类型的比例分布情况。本案例的主要代码如下（程序清单为 chapter10/EX010_3_2）：

```
1    from pyecharts import Pie
2    import xlrd
3    import NumPy as np
4    #读 Excel 数据文件
5    workbook = xlrd.open_workbook(r'../datafile/郑州市二手房数据.xls')
6    #定义一个列表
7    xls_sheet = []
8    #取第一个表格的房屋类型那一列
9    xls_sheet.append(workbook.sheets()[0].col_values(10))
10   #删除表格第一行
11   del xls_sheet[0][0]
12   #转换成数组
13   arr = np.array(xls_sheet)
14   #去除数组中的重复内容，并排序后输出
15   key = np.unique(xls_sheet)
16   #定义字典
17   result = {}
18   #获取所有元素的出现次数
19   for k in key:
20       mask = (arr == k)
21       arr_new = arr[mask]
22       v = arr_new.size
23       result[k] = v
24   print(result)
```

```
25    #获取字典的键:房屋类型
26    x = list(result.keys())
27    #获取字典的值:房屋类型数量
28    y = list(result.values())
29    #数据整理，把“暂无数据”划归到“其他”
30    for i in range(len(x)):
31        if x[i] == “暂无数据”:
32            x[i] = “其他”
33    data = {}
34    #用序列解包同时遍历多个序列，获得合并后的数据
35    for key, val in zip(x, y):
36        data[key] = data.get(key, 0) + val
37    print(data)
38    #获取合并后字典的键: 房屋类型
39    x = list(data.keys())
40    #获取合并后字典的值:房屋类型数量
41    y = list(data.values())
42    size = []
43    #统计总的房屋类型数量
44    t = sum(y)
45    label = x
46    #计算每种房屋类型所占的比例
47    for u in y:
48        i = u / t
49        size.append(i)
50    #饼状图
51    pie = Pie('郑州市二手房房屋类型比例')
52    pie.add('', x, size, is_label_show=True)
53    pie.render('second_hand_pie.html')
```

运行结果如图 10-12 所示。

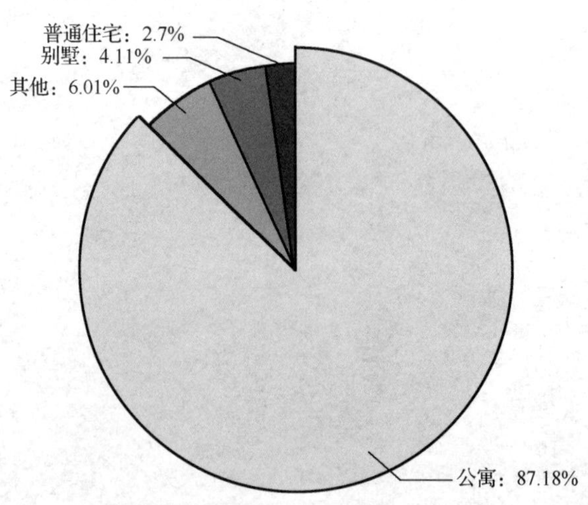

图 10-12　运行结果

参 考 文 献

[1] 韦斯 · 麦金尼. 利用 Python 进行数据分析[M]. 北京：机械工业出版社, 2018.

[2] 克林顿 · 布朗利著, 陈光欣译. Python 数据分析基础[M]. 北京：人民邮电出版社, 2017.

[3] 沈祥壮. Python 数据分析入门——从数据获取到可视化[M]. 北京：电子工业出版社, 2018.

[4] 张杰. Python 数据可视化之美[M]. 北京：电子工业出版社, 2020.

[5] 魏伟一, 李晓红. Python 数据分析与可视化[M]. 北京：清华大学出版社, 2019.

反侵权盗版声明